教育部高职高专规划教材

建 筑 制 图

钱可强 主编
管巧娟 赵惠琳 副主编
陈锦昌 主审
邓学雄 陈炽坤 审稿

化学工业出版社
教材出版中心
·北 京·

内 容 提 要

本书是教育部高职高专院校土建类专业规划教材。由钱可强，管巧娟主编。全书共10章，内容以别具特色的小别墅作为主线，介绍了制图基本知识，正投影法基础，建筑形体表面交线，轴测图与透视图，建筑形体表达方法，建筑施工图，结构施工图，设备施工图，机械图样的识读，计算机绘图基础等。全书很好地将工程实际与课程体系有机结合。突出了工程图例的分析，实用性较强。

本书体现了高等职业技术教育特点，将知识点与能力点紧密结合，力求文字精炼，图文并茂，并强化读图训练。本书内容体系由浅入深，循序渐进，通俗易懂，突出重点，尤其是平面图形构思颇具新意，有利于学生空间思维能力的培养。全书采用2002年4月颁布的《房屋建筑制图统一标准》等六种国家标准。

与本书配套的《建筑制图习题集》以及《建筑图样读解》同时出版。

本书可供高职高专院校土建类专业作为教材。也可供成教、电大相关专业选用或作为职业培训教材。

图书在版编目（CIP）数据

建筑制图/钱可强主编. —北京：化学工业出版社，2002.7（2023.8重印）

教育部高职高专规划教材

ISBN 978-7-5025-3936-8

Ⅰ. 建… Ⅱ. 钱… Ⅲ. 建筑制图-高等学校：技术学校-教材 Ⅳ. TU204

中国版本图书馆CIP数据核字（2002）第045745号

副编辑：管巧娟　赵惠琳　　　　主审：陈锦昌

责任编辑：张建茹　潘新文　　　审稿：邓学雄　陈炽坤

责任校对：陶燕华　　　　　　　装帧设计：郑小红

出版发行：化学工业出版社（北京市东城区青年湖南街13号　邮政编码100011）

印　　装：北京七彩京通数码快印有限公司

787mm×1092mm　1/16　印张12½　字数309千字　　2023年8月北京第1版第18次印刷

购书咨询：010-64518888　　　　售后服务：010-64518899

网　　址：http://www.cip.com.cn

凡购买本书，如有缺损质量问题，本社销售中心负责调换。

定　　价：30.00元

出　版　说　明

高职高专教材建设工作是整个高职高专教学工作中的重要组成部分。改革开放以来，在各级教育行政部门、有关学校和出版社的共同努力下，各地先后出版了一些高职高专教育教材。但从整体上看，具有高职高专教育特色的教材极其匮乏，不少院校尚在借用本科或中专教材，教材建设落后于高职高专教育的发展需要。为此，1999 年教育部组织制定了《高职高专教育专门课课程基本要求》（以下简称《基本要求》）和《高职高专教育专业人才培养目标及规格》（以下简称《培养规格》），通过推荐、招标及遴选，组织了一批学术水平高、教学经验丰富、实践能力强的教师，成立了“教育部高职高专规划教材”编写队伍，并在有关出版社的积极配合下，推出一批“教育部高职高专规划教材”。

“教育部高职高专规划教材”计划出版 500 种，用 5 年左右时间完成。这 500 种教材中，专门课（专业基础课、专业理论与专业能力课）教材将占很高的比例。专门课教材建设在很大程度上影响着高职高专教学质量。专门课教材是按照《培养规格》的要求，在对有关专业的人才培养模式和教学内容体系改革进行充分调查研究和论证的基础上，充分吸取高职、高专和成人高等学校在探索培养技术应用性专门人才方面取得的成功经验和教学成果编写而成的。这套教材充分体现了高等职业教育的应用特色和能力本位，调整了新世纪人才必须具备的文化基础和技术基础，突出了人才的创新素质和创新能力的培养。在有关课程开发委员会组织下，专门课教材建设得到了举办高职高专教育的广大院校的积极支持。我们计划先用 2～3 年的时间，在继承原有高职高专和成人高等学校教材建设成果的基础上，充分汲取近几年来各类学校在探索培养技术应用性专门人才方面取得的成功经验，解决新形势下高职高专教育教材的有无问题；然后再用 2～3 年的时间，在《新世纪高职高专教育人才培养模式和教学内容体系改革与建设项目计划》立项研究的基础上，通过研究、改革和建设，推出一大批教育部高职高专规划教材，从而形成优化配套的高职高专教育教材体系。

本套教材适用于各级各类举办高职高专教育的院校使用。希望各用书学校积极选用这批经过系统论证、严格审查、正式出版的规划教材，并组织本校教师以对事业的责任感对教材教学开展研究工作，不断推动规划教材建设工作的发展与提高。

教育部高等教育司

前　言

高等职业教育是培养技术应用型专门人才，以适应社会需要为目标，注重实践能力和职业技能训练。针对这一特点，本书在编写过程中注意了以下几点。

1. 基础理论不强调完整、系统，而以应用为目的，以必需和够用为度的教学原则，删减在实际工程中应用甚少的内容，将投影基本理论融合在建筑形体的表达之中。

2. 紧密联系工程实际，选择富有时代感的小型别墅作为典型图例，介绍建筑施工图、结构施工图和设备施工图等内容，使学生对房屋建筑有一个完整的认识，使教学更加贴近工程应用和生产实际。

3. 增加了平面图形构思、组合形体构型设计的内容，有利于创造思维和创新能力的培养，提高学生的学习兴趣，起到引发和调动发展非智力因素的积极作用。

4. 本教材单列一章“计算机绘图基础”，各校可根据实际情况集中训练或分散执行。要求学生学会使用一种绘图软件绘制简单的建筑图样。

5. 全书采用了2002年发布的《房屋建筑制图统一标准》以及《建筑制图标准》、《建筑结构标准》、《总图制图标准》、《给水排水制图标准》、《暖通空调制图标准》等六种国家标准。

与教材配套的习题集同时出版。习题和作业仍以尺规绘图为主，增加徒手作图，构思、构型设计，填空、选择等题型，从不同的方式和不同角度加深理解和掌握课程内容。

与教材、习题集配套使用的《建筑图集读解》同时出版。《图集》通过剖析一幢内容更完整全面的房屋建筑，作为教材的补充和深化，并帮助读者开阔思路，进一步了解现代建筑的先进技术和内容，掌握建筑图样的识读方法和规律，《图集》还介绍了颇具特色的装饰工程实例。

本书由同济大学钱可强任主编，深圳职业技术学院管巧娟、广东建设职业技术学院赵惠琳任副主编。参加编写工作的还有四川建筑职业技术学院钟建、洛阳大学马然芝、安阳大学李进舜、广东省现代营销高级职业技术培训学院黄锦源等。

本书由华南理工大学陈锦昌、邓学雄、陈炽坤担任主审，他们仔细审阅全书并提出了许多宝贵意见，在此表示衷心感谢。

本书在编写过程中参考了国内外专家的著作，同济大学建筑设计研究院章迎尔教授提供了有关资料，同济大学张士良教授对教材体系、内容提出了很好的建议，在此深表谢意。

热忱欢迎使用本教材的老师和学生提出修正和补充意见。

编者　2002. 6

目　　录

绪　　论

一、为什么要学习《建筑制图》课程

自从劳动开创人类文明史以来，图形与语言、文字一样，是人们认识自然、表达和交流思想的基本工具，远古时代，人类从制造简单工具和营造建筑物，就开始使用图形来表达意图，但都是以直观、写真的方法来画图。随着生产的发展，这种简单的图形不能正确表达形体，迫切需要总结出一套绘制工程图的方法，以满足既能表达形体，又便于绘图和度量，将工程图的表达与绘制规范化，以便按照图样制造或施工。经过不断的完善和发展，逐渐形成了一门独立的学科——工程图学。

在建筑工程中，无论建造工厂、住宅或者其他建筑物，从设计到施工，都离不开工程图样。这是因为建筑物的形状、大小都不是语言或文字能表述清楚的。而工程图样能够准确而详尽地表达建筑物的外观造型、室内布局，结构构造以及各种设备。因此，工程图样被称为工程界的共同语言。所以，从事建筑工程的技术人员，必须掌握建筑工程图样的绘制和识读方法。如果不会绘图，就无法表达自己的设计构思，而不会读图，也不能理解别人的设计意图。

《建筑制图》是研究建筑图样绘制和识读的一门课程，是建筑工程技术人员表达设计意图、交流技术、指导生产施工等必备的基本知识和技能。所以，《建筑制图》课程是高等职业技术院校建筑及其相关专业的学生必须学习的内容，也是为学习后继课程必备的知识基础。

二、《建筑制图》课程的学习内容和要求

本课程的主要内容包括：制图基本知识与技能、正投影法基本原理、建筑工程图以及计算机绘图等四部分。学完本课程，应达到如下要求。

1. 通过学习制图基本知识与技能，应了解并贯彻国家标准规定的制图基本规范，学会正确使用绘图仪器和工具的方法，掌握绘图基本技能。

2. 正投影法基本原理是绘制和识读工程图样的理论基础，通过学习，掌握用正投影法表达空间形体，培养空间想像能力和构思能力。

3. 建筑工程图包括建筑施工图、结构施工图和设备施工图，这部分是学习本课程的主要内容，通过学习，应掌握建筑工程图样的图示特点和表达方法，了解并熟悉《建筑制图》国家标准中有关符号、图样画法、尺寸标注等有关规定。初步具备绘制和识读建筑平、立、剖面图和钢筋混凝土结构（如梁、板、柱）的图样。

4. 随着计算机技术的发展和普及，计算机绘图将逐步代替手工绘图。在学习本课程的过程中，除了掌握尺规绘图和徒手绘图的基本技能外，还必须学会一种绘图软件的操作并绘制简单的建筑图样。但必须指出，计算机绘图的出现，并不意味着降低绘图技能的重要性，正如计算器的发明不能否认珠算的作用一样。所以，只有掌握绘图基本技能在操纵计算机进行绘图时才能得心应手。

三、《建筑制图》课程学习方法提示

本课程是一门既有理论又是实践性较强的技术基础课，其核心内容主要是学习如何用二维平面图形来表达三维空间形体的形状，由已画好的二维平面图形来想像空间三维形体的形状，初步掌握绘制和识读建筑工程图样的能力。因此，学习本课程的一个重要方法是自始至终把物体的投影与物体的形状紧密联系，既要想像物体的形状，又要思考作图的投影规律。

工程图样不仅是我国工程界的技术语言，也是国际性的工程技术语言，不同国籍的工程技术人员都能看懂。所以具有这种性质，是因为工程图样是按国际上共同遵守的若干规则绘制的。这些规则可归纳为两个方面，一方面是规律性的投影绘图，另一方面是规范性的制图标准。学习本课程时，应遵循这两类规则，联系空间形体与平面图形的对应关系，由物画图，由图想物，不断提高空间想像能力和构思、构型设计能力。同时，要了解并熟悉《建筑制图》国家标准和有关专业制图标准的统一规定，来指导绘制和识读建筑工程图样。

工程图样是指导生产的技术文件，是建筑施工的依据。因此，在绘制或阅读图样时决不允许发生差错，否则会直接影响工程质量甚至造成严重事故。因此，在学习本课程的过程中，应注意培养严肃认真，一丝不苟的作风。

第一章

制图基本知识与技能

第一节　制图的基本规定

图样是现代工业生产中最基本的文件。为了正确绘制和阅读工程图样，必须熟悉和掌握有关标准和规定。国家标准《技术制图》和《房屋建筑制图统一标准》是工程界重要技术基础标准，是绘制和阅读工程图样的依据。需要指出的是：《房屋建筑制图统一标准》适用于建筑图样，而《技术制图》标准则普遍适用于工程界各种专业技术图样。

我国国家标准（简称国标）的代号是"GB"，例如《GB/T 17451—1998　技术制图　图样画法　视图》，表示制图标准中图样画法的视图部分，GB/T 表示推荐性国标，17451 为编号，1998 是发布年号。

建筑制图国家标准共有六种，包括总纲性质的《房屋建筑制图统一标准》(GB/T 50001—2001) 和专业部分的《总图制图标准》(GB/T 50103—2001)、《建筑制图标准》(GB/T 50104—2001)、《建筑结构制图标准》(GB/T 50105—2001)、《给水排水制图标准》(GB/T 50106—2001)、《暖通空调制图标准》(GB/T 50114—2001)。

本节摘要介绍制图标准中的图纸幅面、比例、字体和图线等制图基本规定，其他标准将在有关章节中叙述。

一、图纸幅面和格式（GB/T 14689—1993）

绘制图样时，应优先选用表 1-1 中规定的图纸基本幅面。

表 1-1　图纸基本幅面尺寸

幅面代号	尺寸 $B\times L$	留边宽度	
		a	c
A_0	841×1189	25	10
A_1	594×841		
A_2	420×594		
A_3	297×420		5
A_4	210×297		

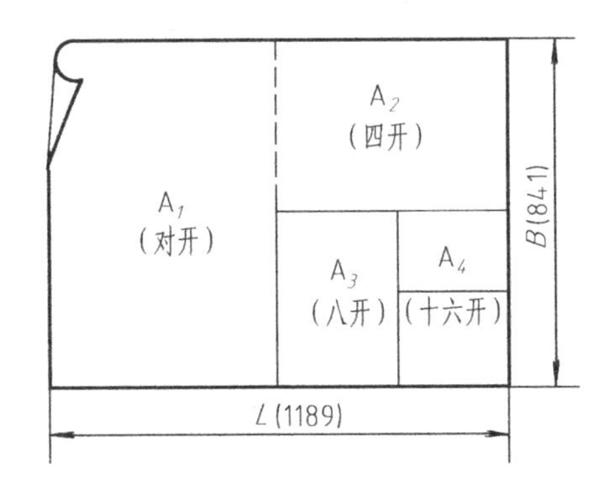

图纸的幅面是指图纸的大小规格，图框是图纸上供绘图范围的边线。图框格式有横式和立式幅面，如图 1-1 所示。图框右下角必须画出标题栏，标题栏中的文字方向为看图方向。为了

使图样复制和缩微摄影时定位方便，应在图纸各边长的中点处分别画出对中符号（粗实线）。

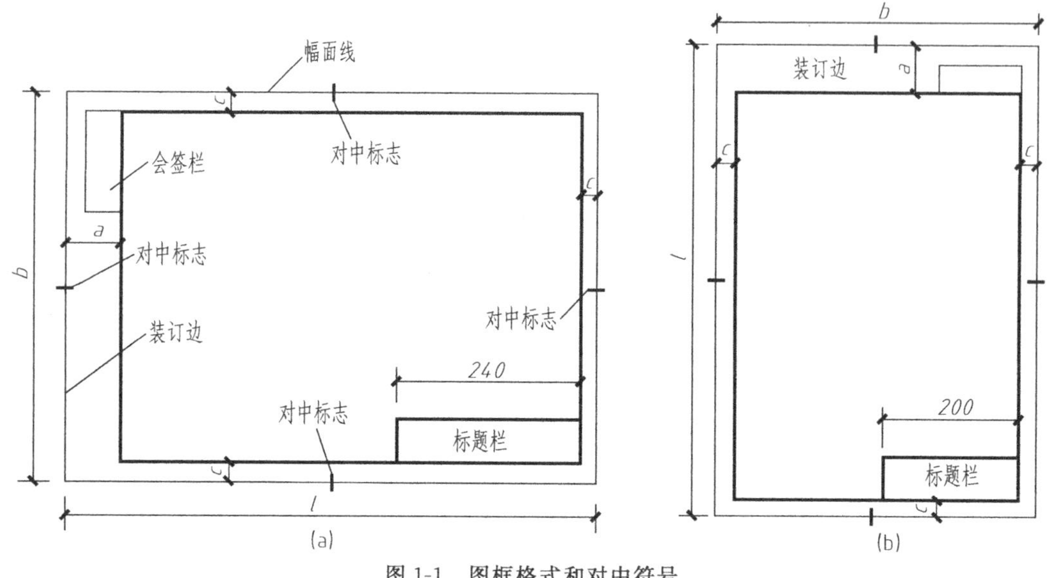

图 1-1　图框格式和对中符号

标题栏的内容、格式及尺寸，国家标准 GB/T 10609.1—1989 作了规定。制图教学中作业的标题栏推荐使用图 1-2 所示格式绘制。

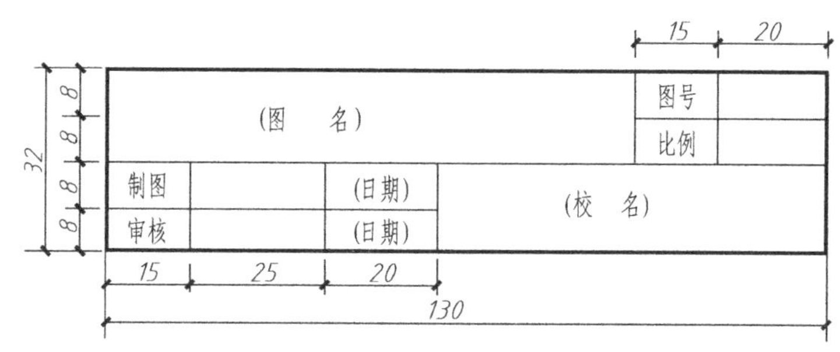

图 1-2　制图作业标题栏格式

二、比例（GB/T 14690—1993）

比例是指图样中图形与实物相应要素的线性尺寸之比。

绘制图样时，应根据图样的用途与所绘形体的复杂程度，从表 1-2 规定的系列中选用适当比例。

表 1-2　建筑施工图的比例

图　　名	常　用　比　例	备　　注
总平面图	1∶500，1∶1000，1∶2000	
平面图、立面图、剖面图	1∶50，1∶100，1∶200	
次要平面图	1∶300，1∶400	次要平面图指屋面平面图、工业建筑的地面平面图
详图	1∶1，1∶2，1∶5，1∶10，1∶20，1∶25，1∶50	1∶25 仅适用于结构构件详图

比例的符号应以“∶”表示，比例的表示方法如 1∶1、1∶100、20∶1 等。建筑工程图的比例一般注写在图名的右侧。

三、字体（GB/T 14691—1993）

图样中书写的汉字、数字和字母，必须做到：字体工整、笔画清楚、间隔均匀、排列整齐。字体的号数即字体的高度（h），分为 20、14、10、7、5、3.5、2.5、1.8mm 八种。

汉字应写成长仿宋体，字高不应小于 3.5mm，其字宽一般为 $h/\sqrt{2}$。

数字和字母可写成斜体或直体。斜体字字头向右倾斜，与水平基准线约成 75°。

1. 汉字（长仿宋体）示例

10 号字

字体工整笔画清楚间隔均匀排列整齐

7 号字

横平竖直注意起落结构均匀填满方格

5 号字

技术制图机械电子汽车航空船舶土木建筑矿山井坑港口纺织服装

3.5 号字

螺纹齿轮端子接线飞行指导驾驶舱位挖填施工引水通风闸阀坝棉麻化纤

变 1/2 1/2　材 1/2 1/2　章 1/3 1/3 1/3　锻 1/3 1/3 1/3　1/3 2/3 符　2/3 1/3 塑　2/5 3/5 泵　锌 2/5 3/5

汉字的基本笔画为点、横、竖、撇、捺、挑、折、勾，其笔法可参阅表 1-3。

表 1-3　汉字的基本笔法

名称	点	横	竖	撇	捺	挑	折	勾
基本笔画及运笔法	尖点 垂点 撇点 上挑点	平横 斜横	竖	平撇 斜撇 直撇	斜捺 平捺	平挑 斜挑	左折 右折 斜折 双折	竖勾 左曲勾 右曲勾 平勾 竖弯勾 包勾 横折弯勾 竖折折勾
举例	方光 心活	左七 下代	十 上	千月 八床	术分 建超	均公 技线	凹 周 安 及	牙 子 代 买 孔 力 气 码

2. 数字、字母示例

A 型斜体拉丁字母示例：

A 型斜体数字示例：

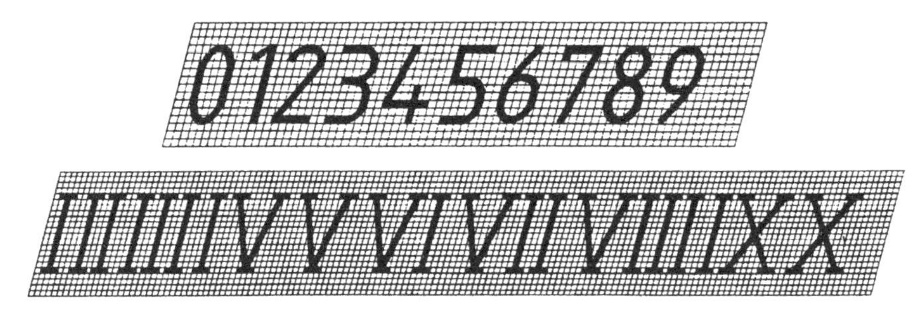

四、图线

建筑专业、室内设计专业制图采用的各种图线，应符合表 1-4 的规定。

表 1-4 建筑工程图图线的线宽和用途

名　称	线　型	线宽	用　途
粗实线	————	b	1. 平、剖面图中被剖切的主要建筑构造（包括构配件）的轮廓线 2. 建筑立面图或室内立面图的外轮廓线 3. 建筑构造详图中被剖切的主要部分的轮廓线 4. 建筑构配件详图中的外轮廓线 5. 平、立、剖面图的剖切符号
中实线	————	$0.5b$	1. 平、剖面图中被剖切的次要建筑构造（包括构配件）的轮廓线 2. 建筑平、立、剖面图中建筑构配件的轮廓线 3. 建筑构造详图及建筑构配件详图中的一般轮廓线
细实线	————	$0.25b$	小于 $0.5b$ 的图形线、尺寸线、尺寸界线、图例线、索引符号、标高符号、详图材料做法引出线等

续表

名　　称	线　　型	线宽	用　　途
中虚线	— — — — — — —	0.5b	1. 建筑构造详图及建筑构配件不可见的轮廓线 2. 平面图中的起重机（吊车）轮廓线 3. 拟扩建的建筑物轮廓线
细虚线	— — — — — — — —	0.25b	图例线、小于 0.5b 的不可见轮廓线
粗单点长划线	—·—·—	b	起重机（吊车）轨道线
细单点长划线	—·—·—	0.25b	中心线、对称线、定位轴线
折断线	—\/—	0.25b	不需画全的断开界线
波浪线	～～～	0.25b	不需画全的断开界线 构造层次的断开界线
注：地平线的线宽可用 1.4b			

所有线型的图线的宽度(b)宜从下列线宽系列中选取：2.0、1.4、1.0、0.7、0.5、0.35mm。所有线型的图线分粗线、中粗线和细线三种，其宽度比率为 4∶2∶1。

图 1-3 分别列出单面图、剖面图和详图的图线宽度选用示例。

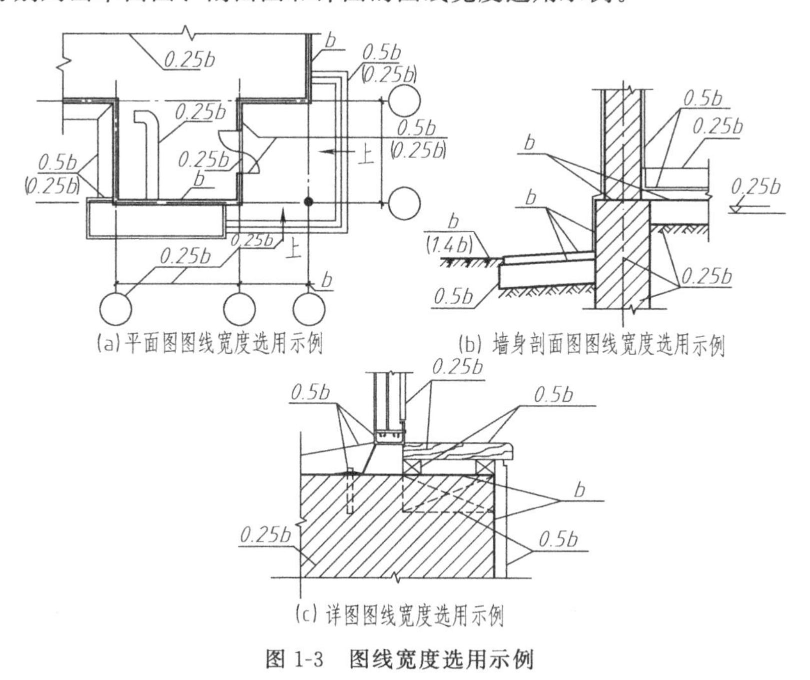

图 1-3　图线宽度选用示例

第二节　尺寸注法

图形只能表示物体的形状，而其大小则由标注的尺寸确定。标注尺寸时应做到正确、齐全、清晰。要严格遵守国家标准有关尺寸标注的规定。

一、尺寸的组成

图样上的尺寸由尺寸界线、尺寸线和起止符号、尺寸数字组成，如图1-4(a)所示。图

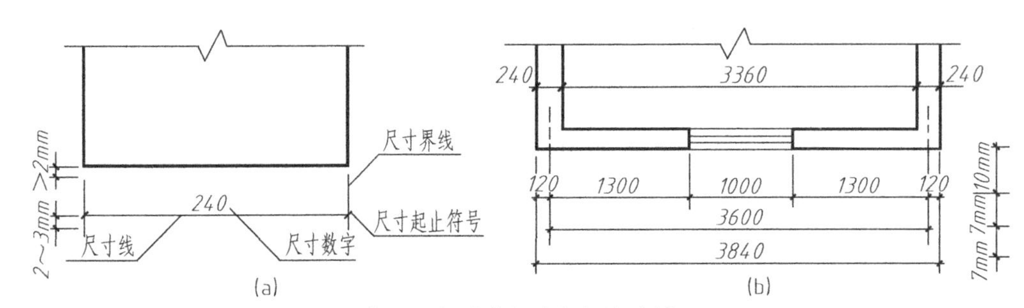

图 1-4　尺寸的组成与标注示例

1-4(b)为标注尺寸示例。

尺寸界线表示尺寸的范围，用细实线绘制，其一端离开图样的轮廓线不小于 2mm，另一端宜超出尺寸线 2～3mm。必要时可利用轮廓线作为尺寸界线，如图（b）中的 240 和 3360。

尺寸线用细实线绘制，应与被注长度平行，且不宜超出尺寸界线之外，尺寸起止符号一般用中粗短斜线绘制，其倾斜方向应与尺寸界线成顺时针 45°角，长度宜为 2～3mm。

尺寸数字必须是物体的实际大小，与绘图所用的比例或绘图的准确度无关。建筑工程图上标注的尺寸，除标高和总平面图以 m（米）为单位外，其他一律以 mm（毫米）为单位，图上的尺寸数字不再注写单位。

如图1-4(b)，互相平行的尺寸线，应从轮廓线向外排列，大尺寸要标在小尺寸的外面。尺寸线与图样轮廓线之间的距离一般不小于 10mm，平行排列的尺寸线之间的距离应一致，约为 7mm。

二、半径、直径和角度尺寸的标注

标注半径、直径和角度尺寸时，尺寸起止符号不用 45°短斜线而用箭头表示，如图 1-5 所示。角度数字一律水平书写。

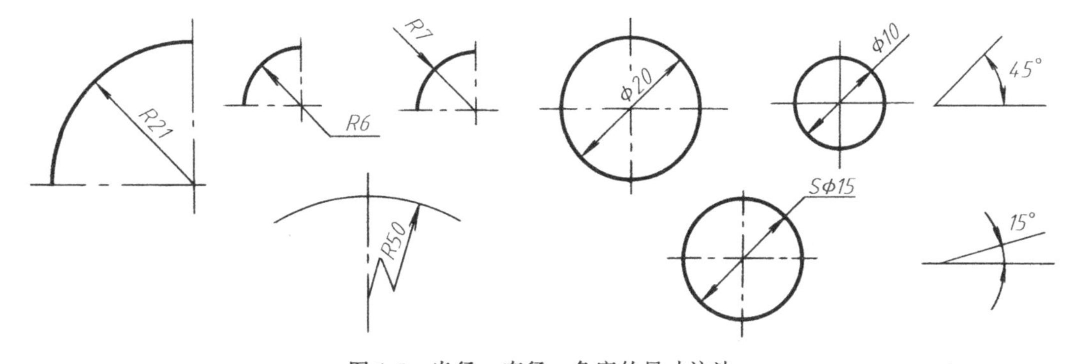

图 1-5　半径、直径、角度的尺寸注法

三、坡度的标注

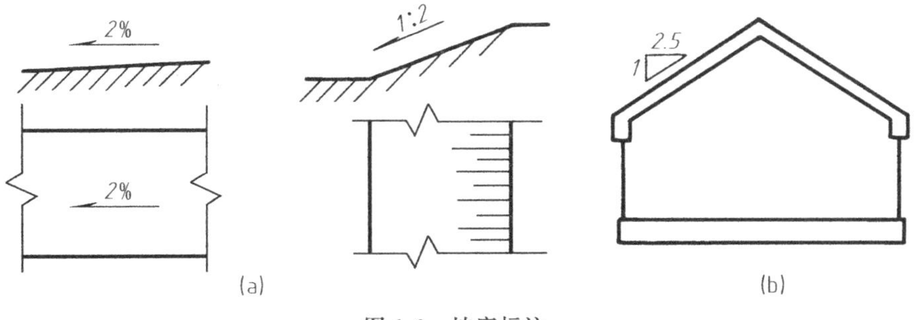

图 1-6　坡度标注

坡度可采用百分数、比数的形式标注，数字下面要加画箭头表示标注坡度时，应加注坡度符号←，该符号为单面箭头，箭头应指向下坡方向。2%表示每100单位下降2个单位，1∶2表示每下降一个单位，水平距离为2个单位，如图1-6(a)所示。坡度也可用直角三角形形式标注，如图1-6(b)。

四、网格式标注

在土木、建筑等工程图样中较复杂的图形可采用网格方式加注尺寸表示，如图1-7。

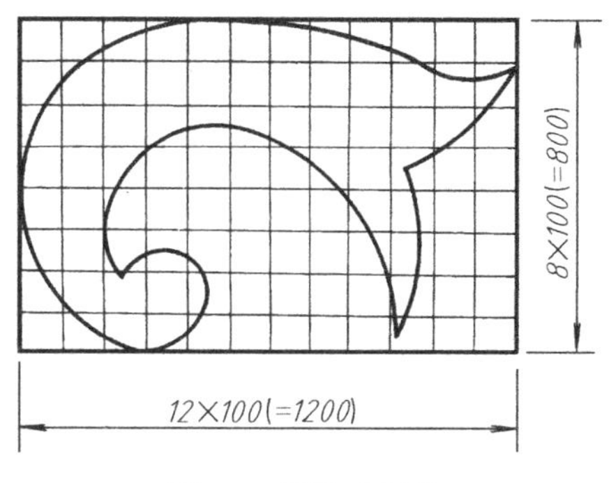

图1-7　网格式标注

第三节　尺规绘图的工具及其使用

正确使用绘图工具和仪器，是保证绘图质量和速度的前提。因此，必须熟练掌握绘图工具和仪器的使用方法。绘图工具种类很多，本节仅介绍常用的工具和仪器。

一、图板、丁字尺、三角板

图板　表面必须平整、光洁。图板左侧作为导边，必须平直。

丁字尺　用于绘制水平线，使用时将尺头内侧紧靠图板左侧导边上下移动，自左向右画水平线，如图1-8(a)。

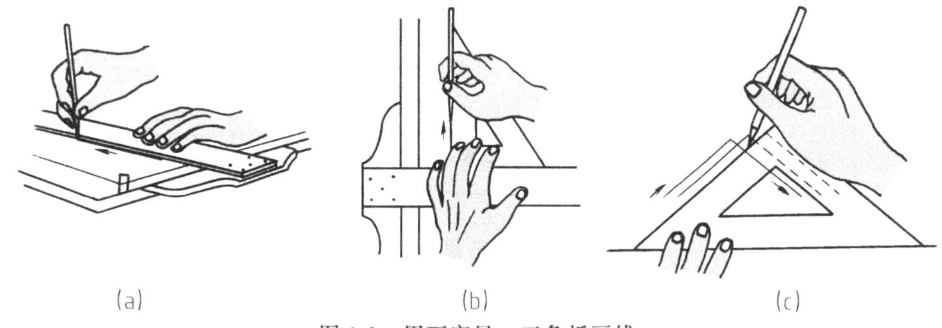

图1-8　用丁字尺、三角板画线

三角板　一副三角板由45°和30°-60°各一块组成。三角板与丁字尺配合使用，可画垂直线以及与水平线成30°、45°、60°的倾斜线，如图1-8(b)、(c)。用两块三角板可以画与水平线成15°、75°的倾斜线，还可以画任意已知直线的平行线和垂直线，如图1-9。

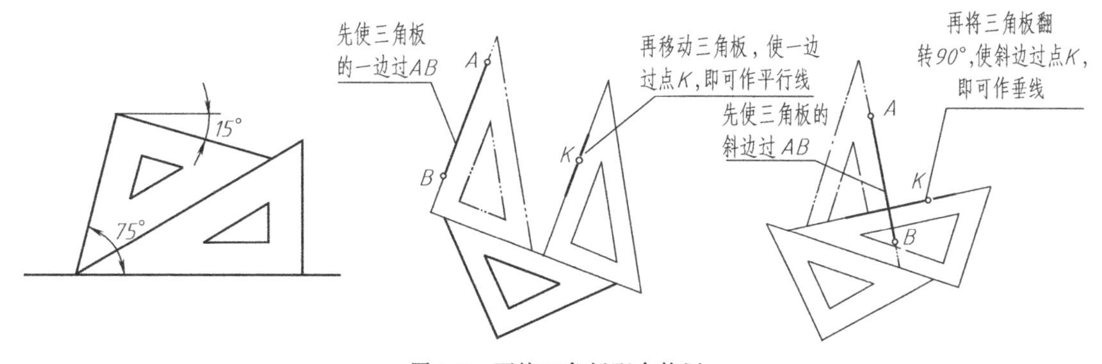

图1-9　两块三角板配合使用

二、圆规与分规

圆规　用来画圆和圆弧。圆规的一腿装有带台阶的钢针，用来固定圆心，另一腿上装铅芯插脚或钢针（作分规时用）。画圆时，当钢针插入图板后，钢针的台阶应与铅芯尖端平齐，并使笔尖与纸面垂直，转动圆规手柄，均匀地沿顺时针方向一笔画成，如图 1-10。

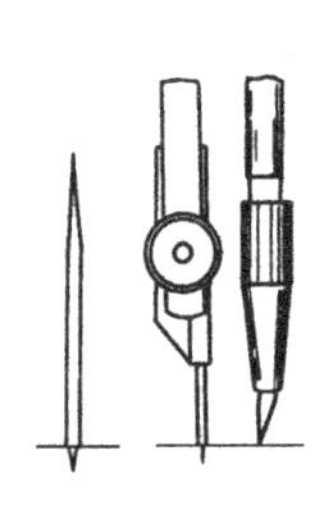
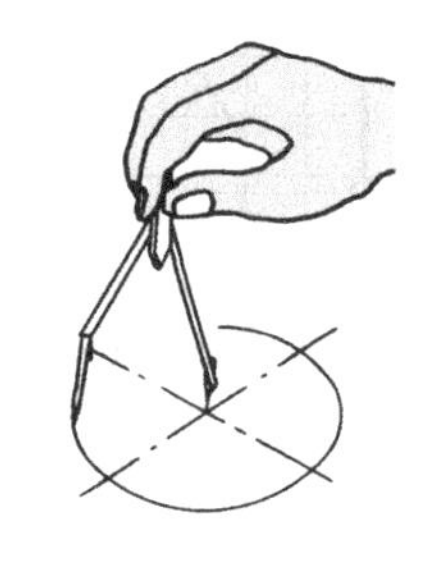

图 1-10　圆规的用法

分规　用来量取尺寸和等分线段。使用前先并拢两针尖，检查是否平齐，用分规等分线段的方法如图 1-11。

三、比例尺

常用的比例尺为三棱尺（图 1-12），有三个尺面，刻有六种不同比例的尺标，如 1∶100、1∶200、……1∶600 等。当使用比例尺上某一比例时，可直接按尺面上所刻的数值截取或读出所刻线段的长度。例如按比例 1∶100 画图时，图上每 1m 长度即表示实际长度为 100m。1∶100 可当作 1∶1 使用，每一小格刻度为 1mm，1∶200 可当作 1∶2 使用，每一小格刻度为 2mm。

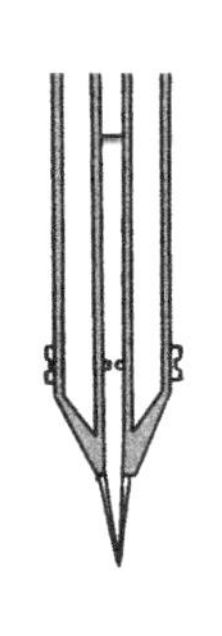
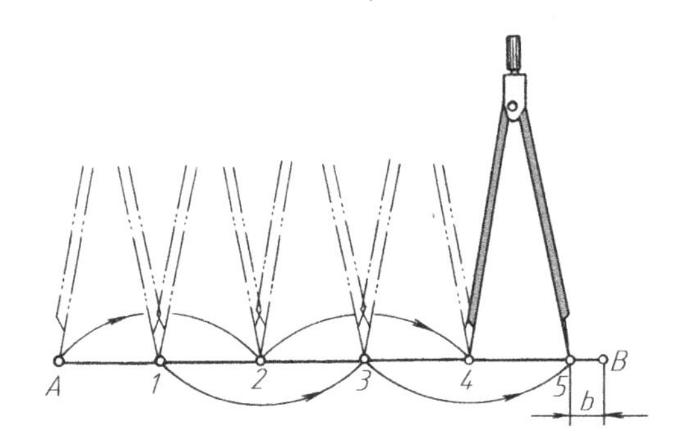

图 1-11　分规的用法

四、铅笔

绘图铅笔用“B”和“H”代表铅芯的软硬程度。“H”表示硬性铅笔，H 前面的数字越大，表示铅芯越硬（淡）；“B”表示软性铅笔，B 前面的数字越大，表示铅心越软（黑）。HB 表示铅心软硬适当。画粗实线常用 B 或 2B，写字常用 HB，画细线或画底稿时用 2H 或 H。

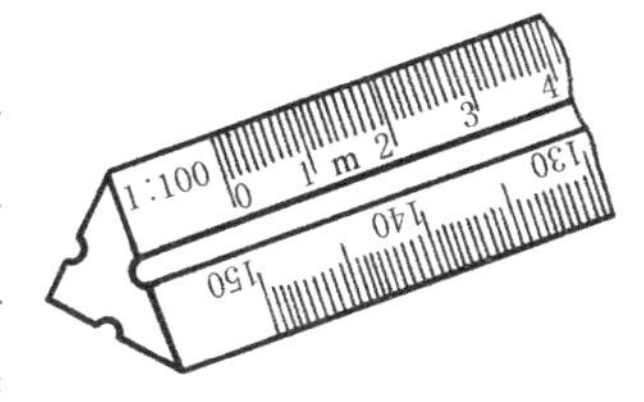

图 1-12　比例尺

除了上述工具外，绘图时还要备有削铅笔的小刀、磨铅笔的砂纸、固定图纸用的胶带纸、橡皮等。有时为了画非圆曲线，还要用到曲线板。如果需要描图，还要用直线笔或针管笔。

第四节　平面图形画法

任何建筑物或构筑物的轮廓或细部形态，一般都是由直线、圆弧和非圆曲线组成的几何图形。因此，在绘制图样时，经常要运用一些基本的几何作图方法。

一、等分（表 1-5）

表 1-5　等分线段、图幅和圆周

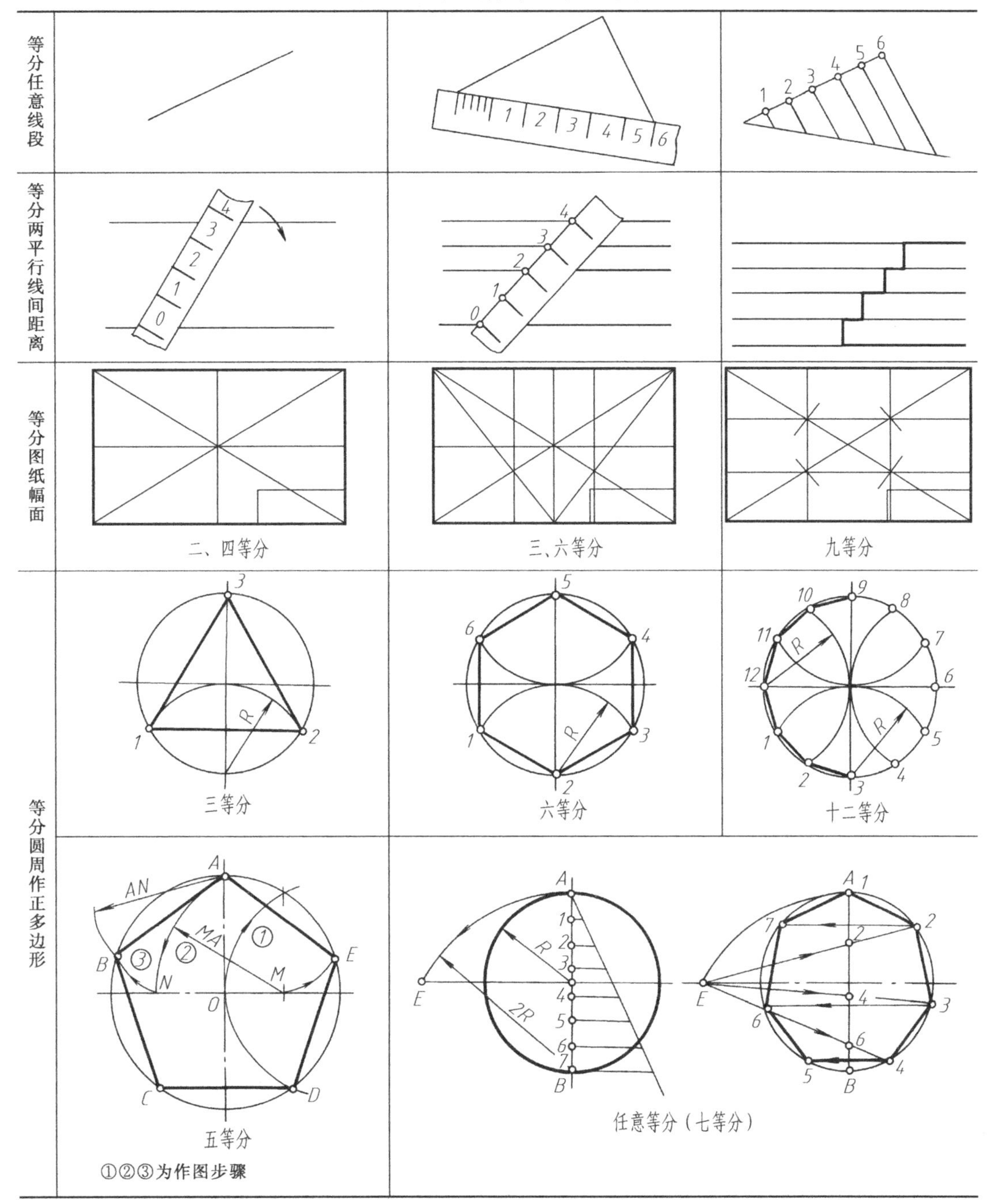

二、黄金分割直线段（图 1-13）

在建筑物或工艺品的设计构思过程中，为使图形比例优美，常使矩形的长边与短边成“短边∶长边＝长边∶(短边＋长边)”的比例关系。这样的比值称为“黄金比”。直线段（如 EA）的黄金比为 $ED:DA=DA:EA$，这样的比例关系称为“黄金分割”。作图方法如图 1-13 所示：过 E 点作 EA 的垂线，使$OE=EA/2$，作圆；连 AO 并延长，与圆周交于 D 和 D_1；以 A 点为圆心，AD 为半径作圆弧在 EA 上得 D 点；以 AD_1 为半径作圆弧在 EA 延长线上得

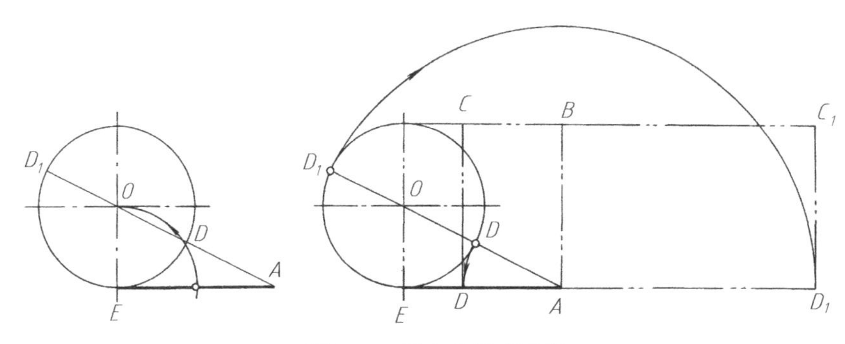

图 1-13　黄金分割直线段

D_1 点。则 D 和 D_1 为 EA 线段的内、外分割点。图中的矩形 $ABCD$ 和 ABC_1D_1 分别是边长为黄金比的矩形。

黄金分割直线段的简易作图方法如图 1-14 所示：取 AB 的中点 E，以 B 点为圆心 BE 为半径作圆弧，与过 B 点 AB 的垂线相交，得 E_1，连 E_1A 与圆弧交于 F_1，再以 A 为圆心，AF_1 为半径求得 F，F 即为黄金分割点。

图 1-15(a) 所示为已知以正方形一边为短边，和图 1-15(b) 所示以正方形一边为长边求作黄金矩形的简易作图法。

图纸幅面（矩形）的短边和长边尺寸之比为 $1:\sqrt{2}$，即$\sqrt{2}$长方形。这是一种近似的黄金比矩形。如图 1-16，把$\sqrt{2}$长方形的长边二等分，取一半，然后依次做出一系列越来越小的$\sqrt{2}$长方形，即成各种规格的图纸幅面（通常所谓的开本）。

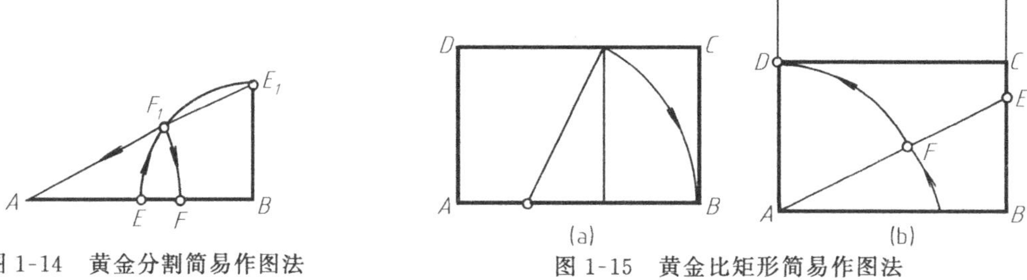

图 1-14　黄金分割简易作图法

图 1-15　黄金比矩形简易作图法

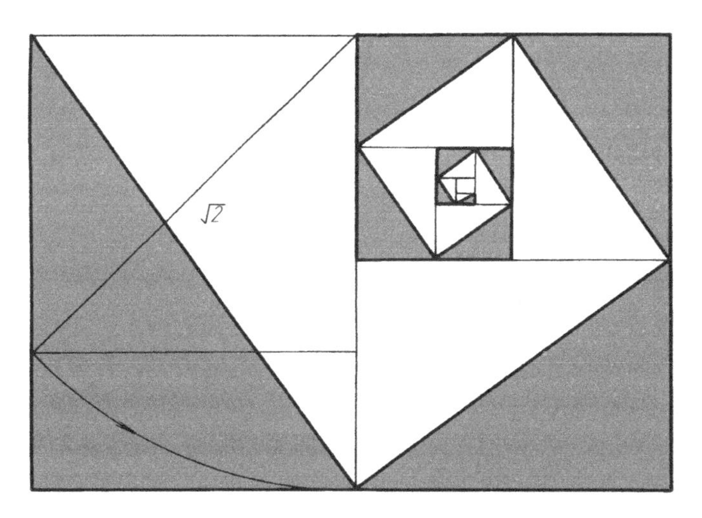

图 1-16　图纸幅面近似黄金比矩形的分割

三、椭圆画法（表 1-6）

表 1-6　椭圆画法、卵圆画法

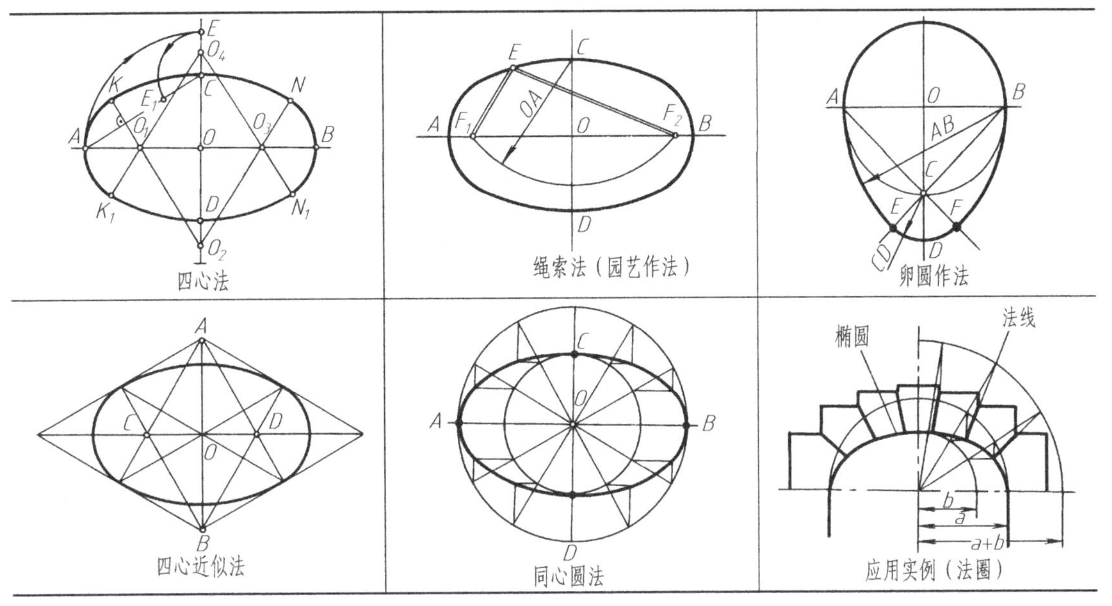

四、抛物线画法（图 1-17）

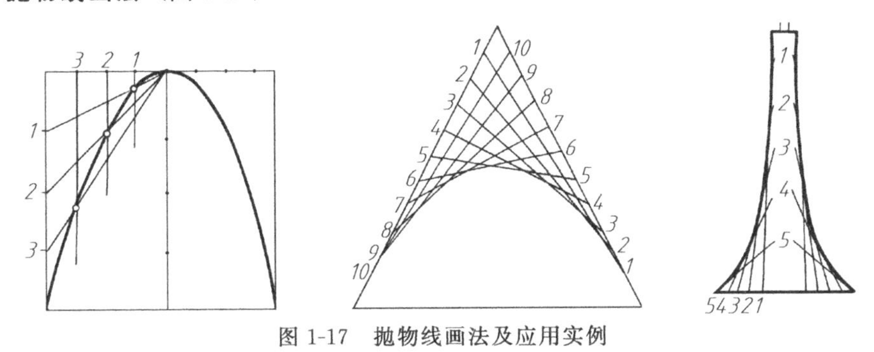

图 1-17　**抛物线画法及应用实例**

五、螺旋线画法（图 1-18）

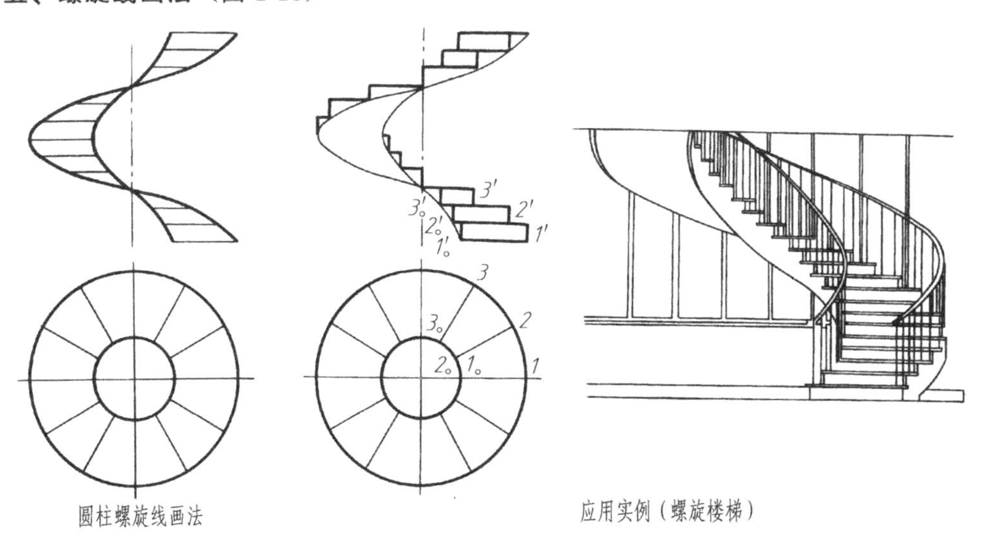

图 1-18　**螺旋线画法及应用实例**

六、圆弧连接（表 1-7）

表 1-7 圆弧连接画法

种类	已知条件	作图步骤		
		求连接圆弧圆心	求切点	画连接弧
圆弧连接两已知直线	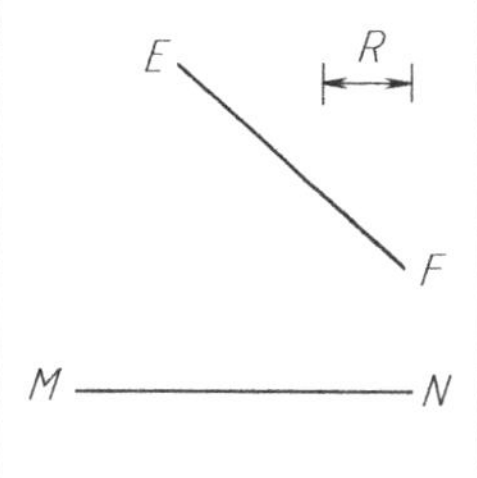 E R F M N	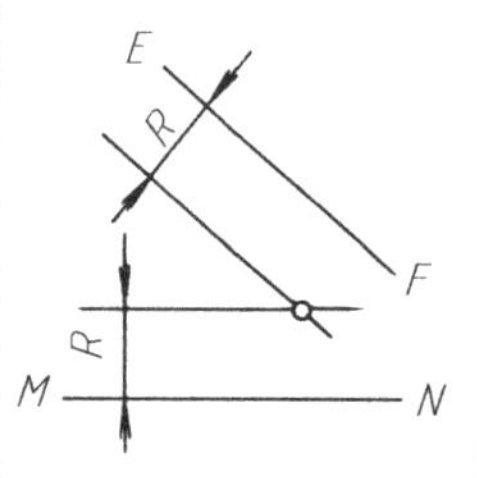 E R F R M N	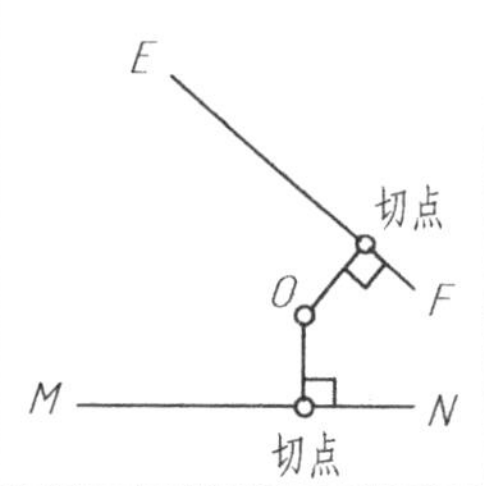 E 切点 O F M N 切点	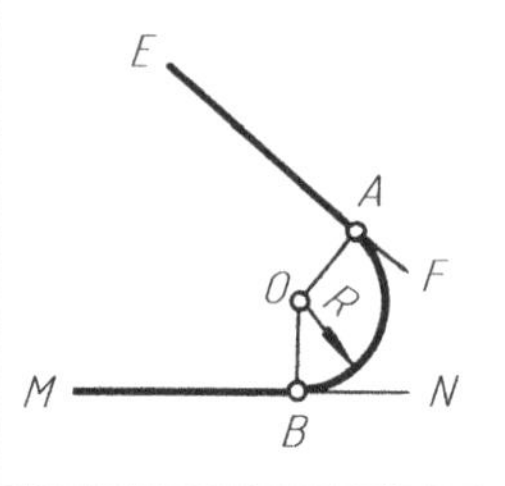 E A O R F M N B
圆弧内连接已知直线和圆弧	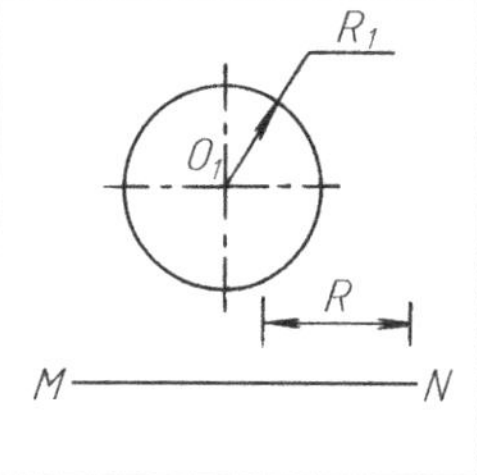 R_1 O_1 R M N	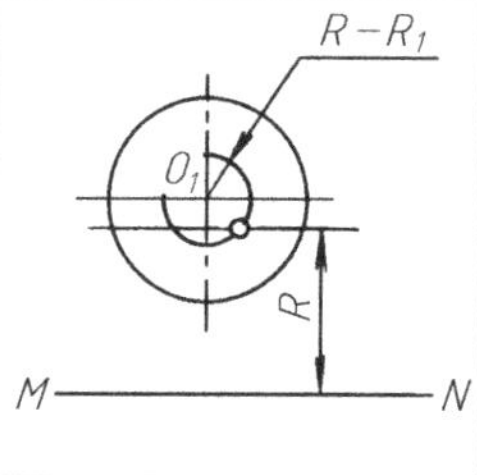 $R-R_1$ O_1 R M N	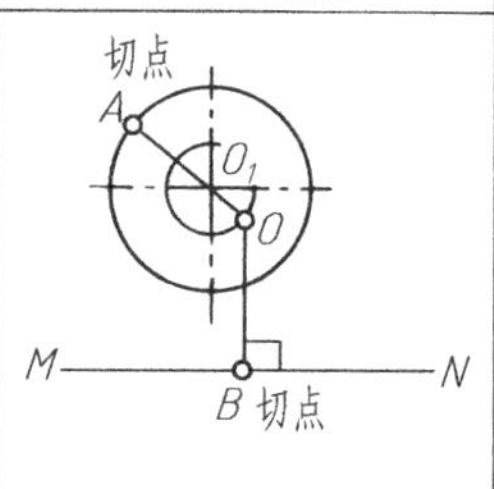 切点 A O_1 O M N B 切点	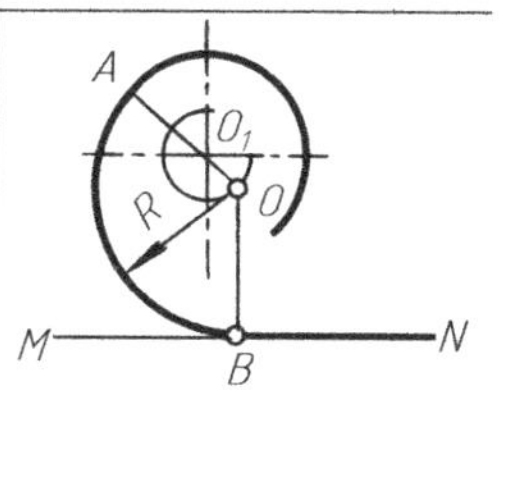 A O_1 O R M N B
圆弧外连接两已知圆弧	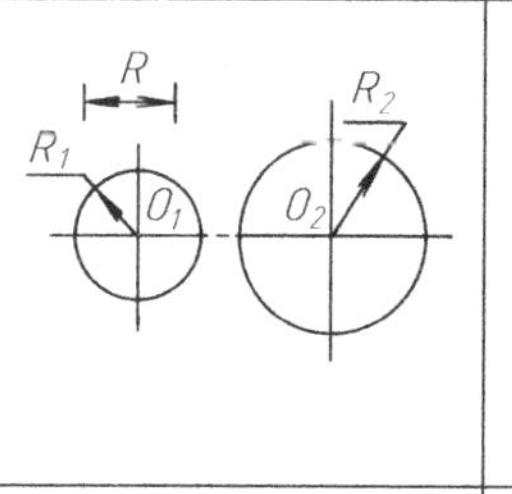 R R_2 R_1 O_1 O_2	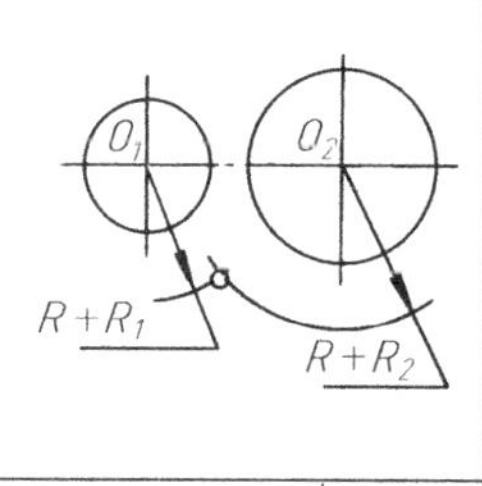 O_1 O_2 $R+R_1$ $R+R_2$	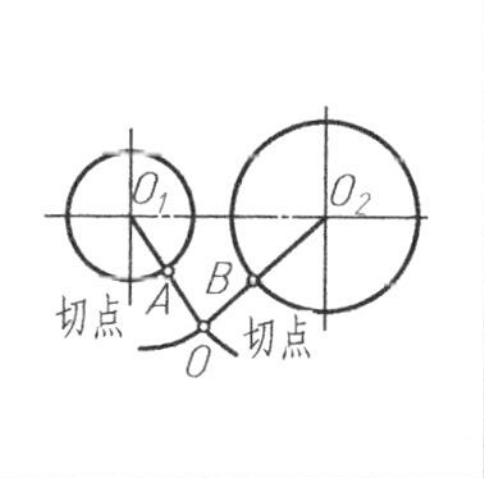 O_1 O_2 切点 A B 切点 O	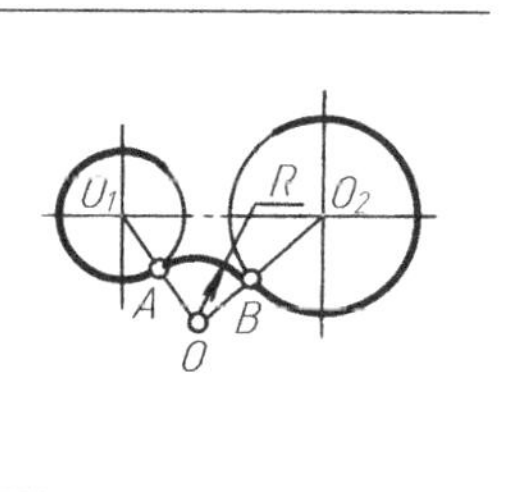 O_1 R O_2 A O B
圆弧内连接两已知圆弧	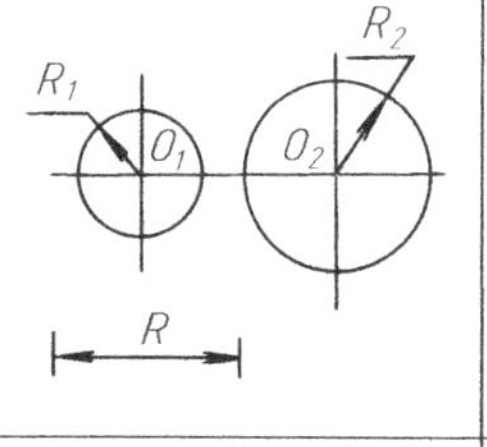 R_2 R_1 O_1 O_2 R	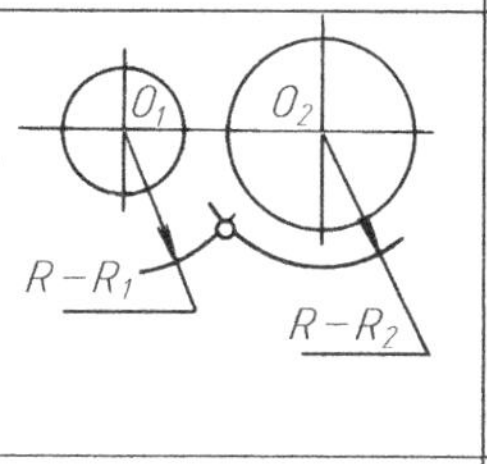 O_1 O_2 $R-R_1$ $R-R_2$	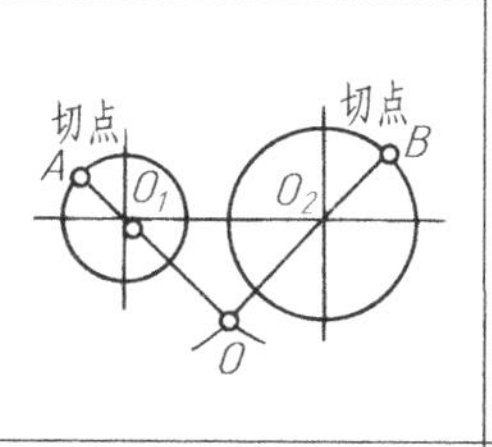 切点 切点 A O_1 O_2 B O	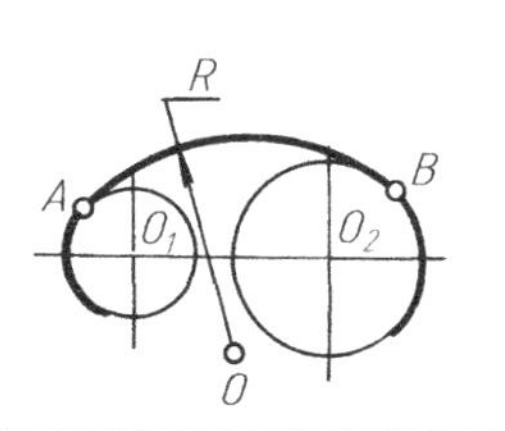 R A O_1 O_2 B O
圆弧分别内外连接两已知圆弧	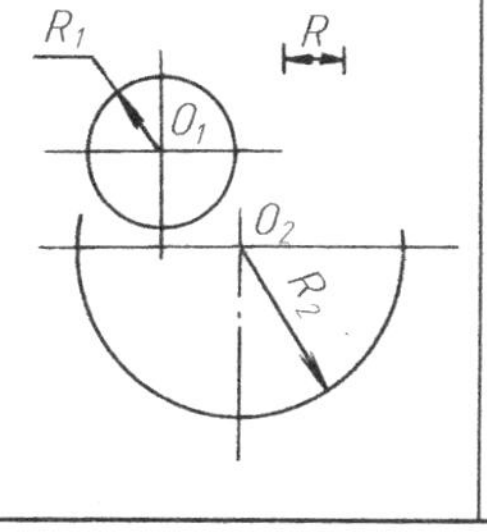 R_1 R O_1 O_2 R_2	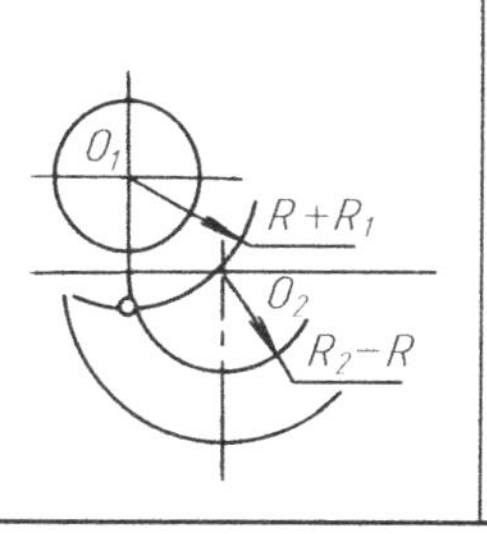 O_1 $R+R_1$ O_2 R_2-R	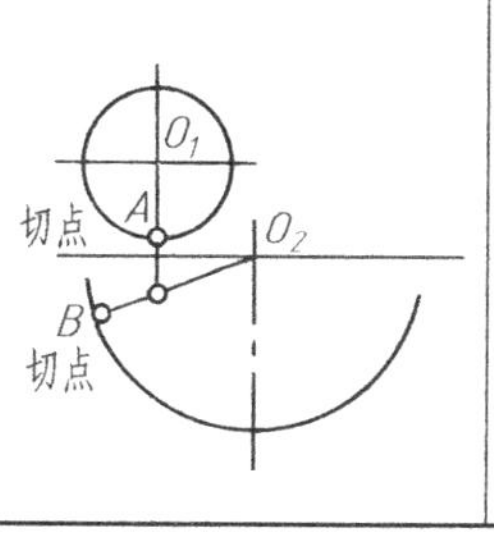 O_1 切点 A O_2 B 切点	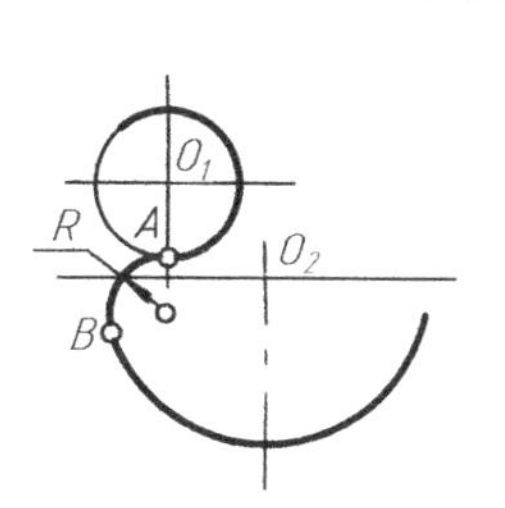 O_1 R A O_2 B

第五节 尺规绘图的方法与步骤

正确使用绘图工具和仪器，应用几何作图的方法，掌握图线线型的画法以及适当的绘图步骤，是提高图面质量和制图速度的保证。

现以图1-19(a)所示平面图形（扶手）为例，介绍绘图的方法与步骤。

一、作图的一般步骤

① 图形分析。分析图形中哪些是已知线段，哪些是连接线段，以及图形各部分尺寸大小。

② 根据图形大小选择比例及图纸幅面。

③ 固定图纸。

④ 用 2H 或 H 铅笔画底稿，画底稿的步骤如图1-19(b)、(c)、(d)。

⑤ 检查无误，擦去多余作图线，描深并标注尺寸。

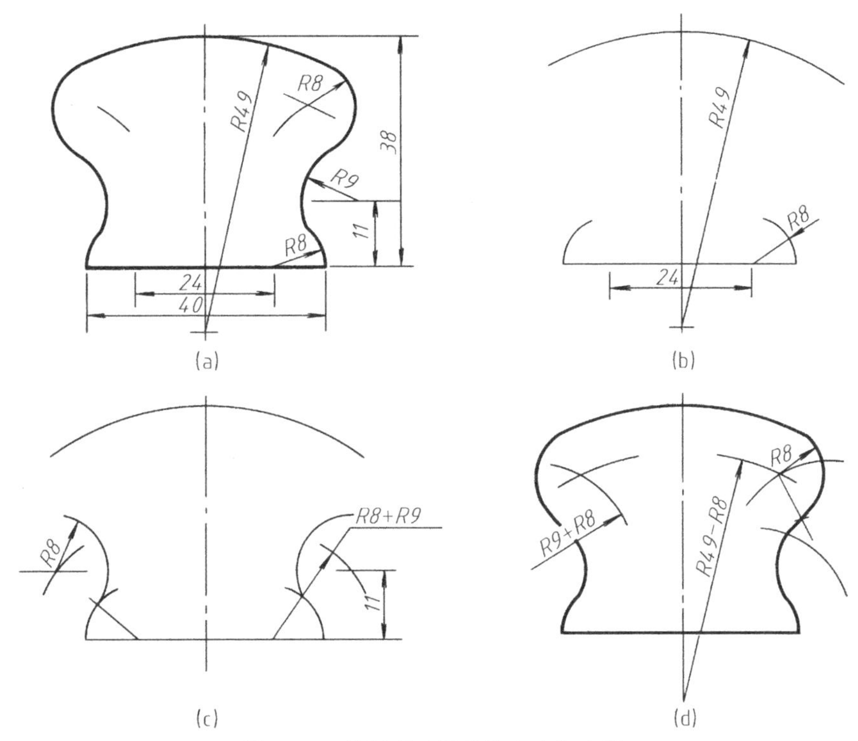

图 1-19　绘制平面图形的方法与步骤

二、描深的一般步骤

① 先加深圆及圆弧。

② 用丁字尺和三角板按水平线、垂直线、斜线的顺序加深粗实线。按同样顺序加深虚线。

③ 画中心线、尺寸界线、尺寸线，填写尺寸数字。

④ 填写标题栏。

完成的平面图形如图1-19(a)。

第六节　平面图形构思

一切平面图形都是点、线、面的组合，并且可以分解为三角形、正方形、圆形及其近似变形的基本图形元素。构思或者设计颇具感染力的图案，必须熟悉和掌握它们的组合和变化，才能创造出图形的表现力。本节简单介绍基本图形元素的构成方法和技巧。

一、三角形的排列组合

如图1-20(a)、(b)、(c) 所示，三角形可以排列成钻石模型、正六边形，而正六边形又可以组合成蜂巢形。三角形还可以构思出各种不同的图案，如图1-20(d)、(e)。

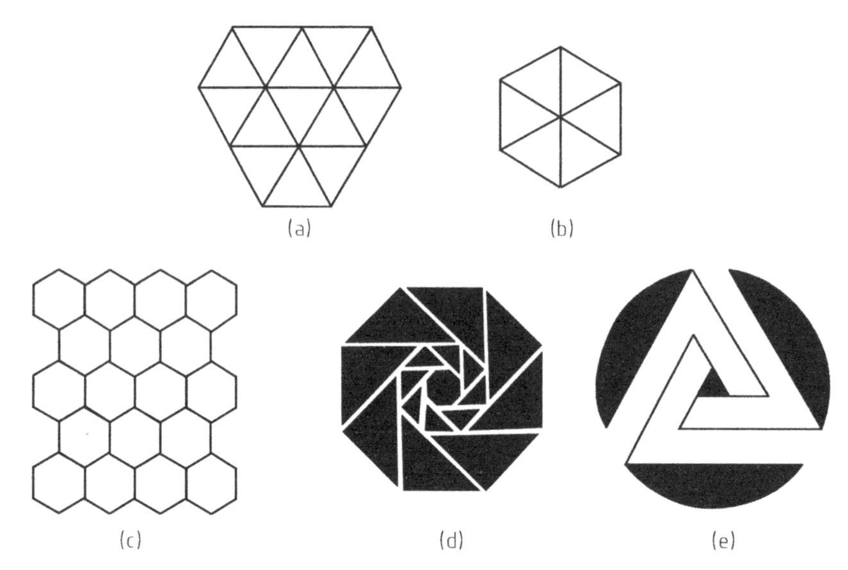

图 1-20　三角形构成的平面图形

二、正方形的分割与构形

正方形可以分割成各种不同的等分，图 1-21 所示为正方形面积四等分。把正方形分为四份，(a)、(b)、(c) 三种是最容易想到的。等分时可以取直线，也可以取曲线，考虑到它们的互相组合，可想像出多种不同的等分图形，如图1-21(d)、(e)。

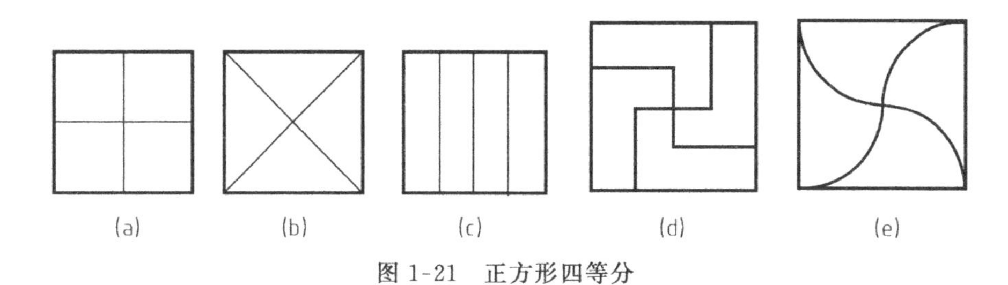

图 1-21　正方形四等分

四等分的正方形可排列组合成各种图案，如图 1-22 所示。

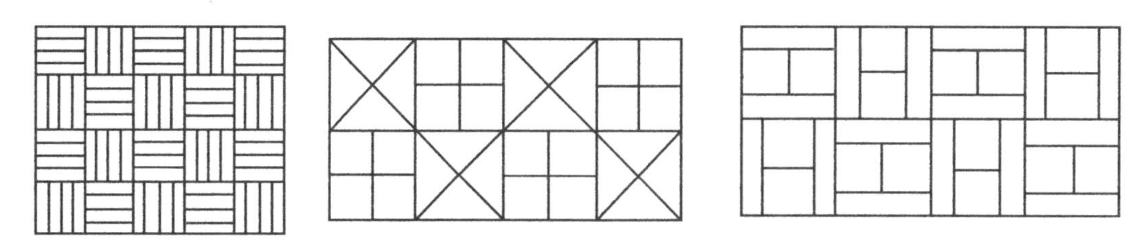

图 1-22　四等分正方形排列组合的图案

正方形四等分以后还可将各等分的单元构成各种新的图形，如图 1-23 所示。

三、图形的组合变化

圆的图形经过分割组合变化无穷，虚实结合可产生不同效果，从而构思出丰富多彩的精美图案，如图 1-24。

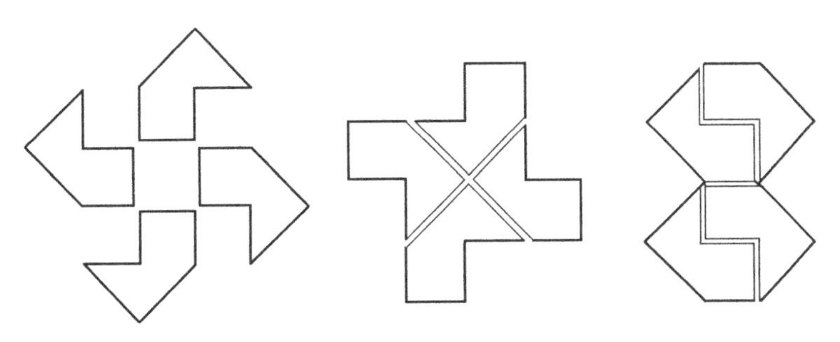

图 1-23　将正方形四等分各单元重新组合的图形

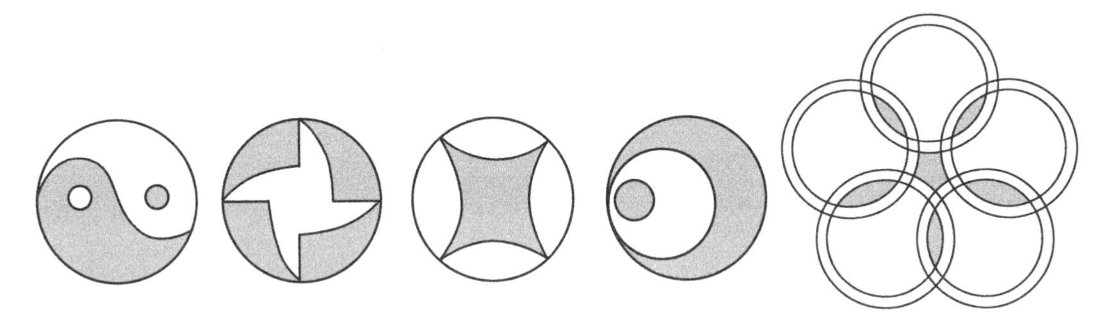

图 1-24　圆和圆弧构成的图形

把圆对半切开，或切出四分之一圆，重新组合，可构思出很多变化图形，如图 1-25。

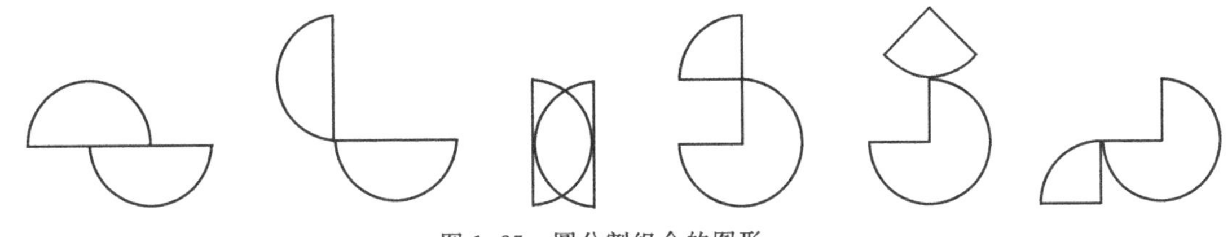

图 1-25　圆分割组合的图形

把四分之一圆作单元，改变排列方法，又可构思出很多图形，如图 1-26。

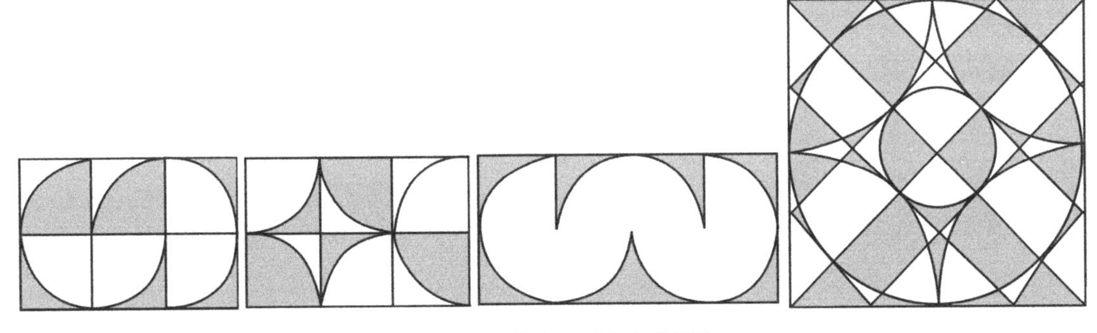

图 1-26　四分之一圆组合的图案

利用正方形画出圆或圆弧，由这些凹凸形的曲线构形，可创造出近乎具体的形象。如图 1-27 (a)，凹部呈尖角的地方挺拔有力，与圆滑凸出的曲线相映成趣。利用一些基本图形元素，进行组合排列，则可构思出更多抽象的图形。如图1-27(b)、(c)、(d)。

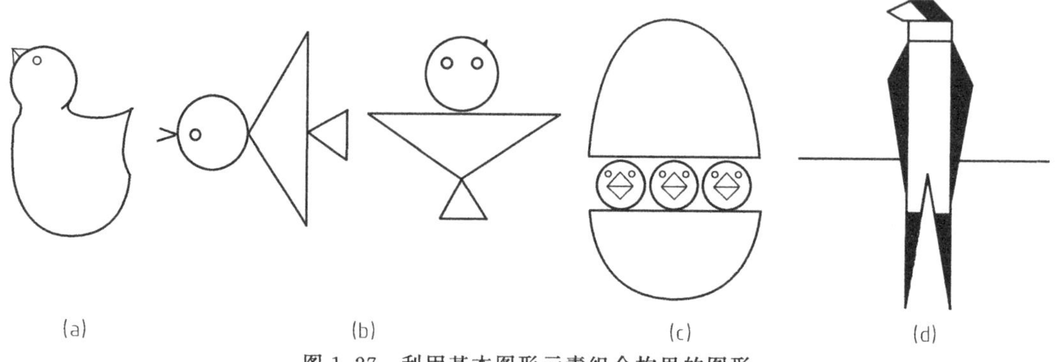

图 1-27　利用基本图形元素组合构思的图形

第二章

正投影法基础

第一节 投 影 法

一、投影的方法和分类

物体在光线照射下，会在地面或墙面上产生影子，如图 2-1。但是“影子”只能概括反映物体的外轮廓形状，不能确切反映物体上各表面间的界限，如图 2-2(a)。如果设想从光源 S 发出的投射线通过物体，向选定的面投射，并在该面（称为投影面）上得到图形的方法，称为投影法，如图 2-2(b) 所示。投影面、投射线、物体、投影是诠释投影法的四个要素。

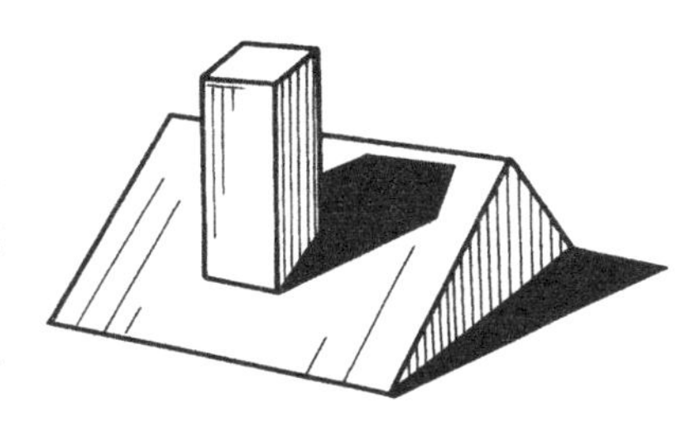

图 2-1 物体的影子

工程上常用的投影法分为两类：中心投影法和平行投影法。

1. 中心投影法

如图 2-3(a) 所示，设 S 为投射中心，SA、SB、SC 为投射线，平面 P 为投影面。延长 SA、SB、SC 与投影面相交，交点 a、b、c 即为三角形顶点 A、B、C 的投影。由于投射线均从投射中心出发，所以这种投影法称为中心投影法。在日常生活中，照相、放映电影等均为中心投影的实例。

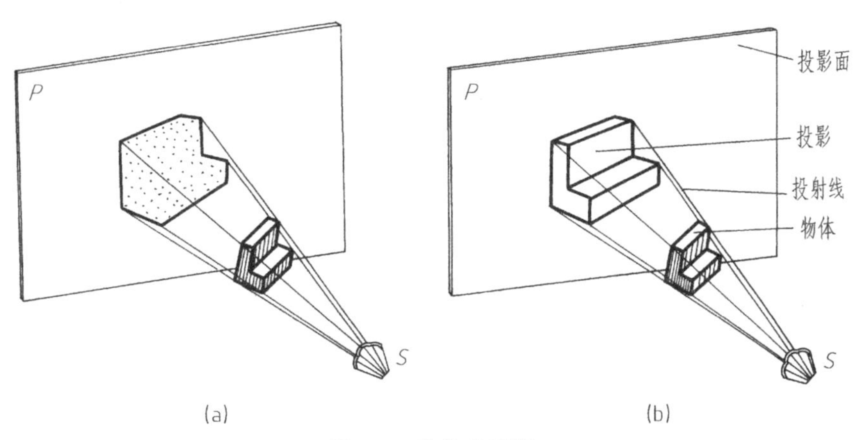

图 2-2 物体的投影

2. 平行投影法

假设投射中心位于无限远处，所有投射线互相平行，这种投影法称为平行投影法。在平行投影法中，S 表示投射方向，根据投射方向与投影面不同的倾角，平行投影法又分为斜投影法和正投影法两种。

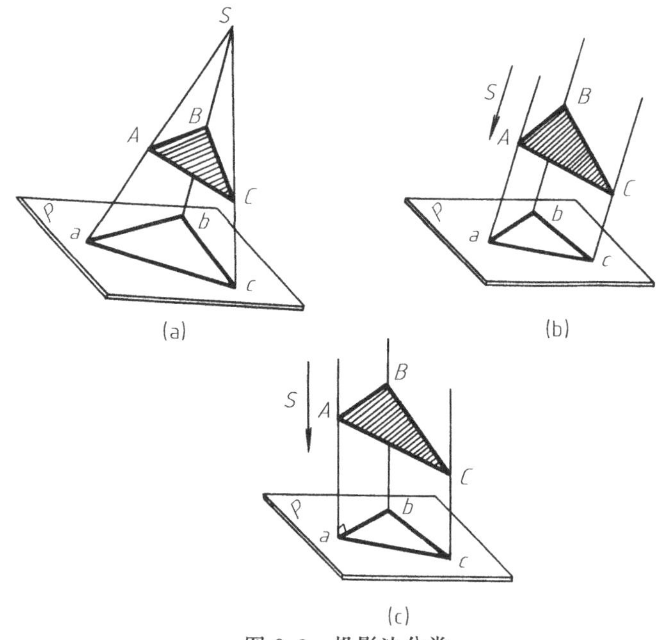

图 2-3　投影法分类

斜投影法——投射线与投影面相倾斜的平行投影法，如图 2-3(b)。

正投影法——投射线与投影面相垂直的平行投影法，如图 2-3(c)。

二、工程上常用的投影图

1. 透视图

用中心投影法将空间形体投射到单一投影面上得到的图形称为透视图，如图 2-4。透视图与人的视觉习惯相符，能体现近大远小的效果，所以形象逼真，具有丰富的立体感，但作图比较麻烦，且度量性差，常用于绘制建筑效果图。

图 2-4　透视图

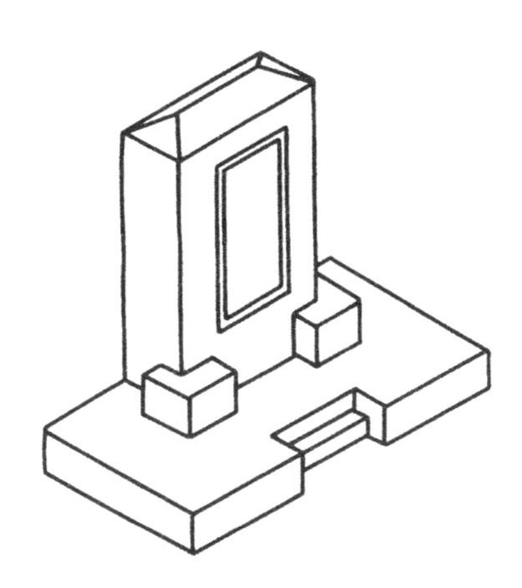

图 2-5　轴测图

2. 轴测图

将空间形体正放用斜投影法画出的图或将空间形体斜放用正投影法画出的图称为轴测图。如图 2-5 所示，形体上互相平行且长度相等的线段，在轴测图上仍互相平行、长度相等。轴测图虽不符合近大远小的视觉习惯，但仍具有很强的直观性，所以在工程上得到广泛应用。

3. 标高投影图

用正投影法将局部地面的等高线投射在水平的投影面上，并标注出各等高线的高程，从而表达该局部的地形。这种用标高来表示地面形状的正投影图，称为标高投影图，如图 2-6 所示。

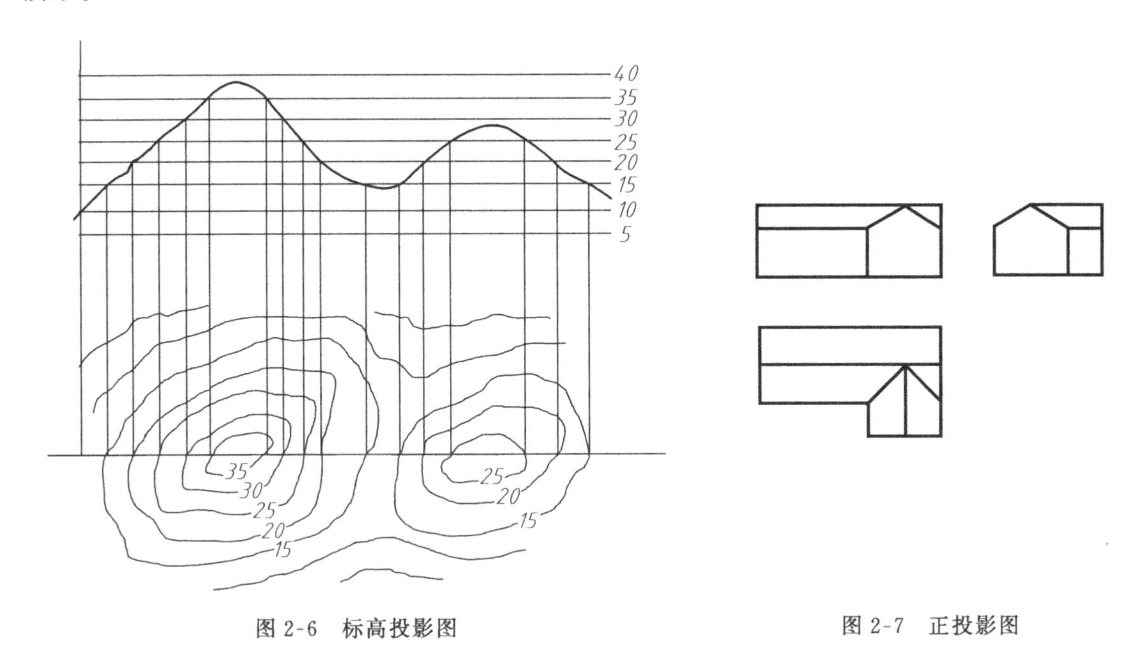

图 2-6　标高投影图

图 2-7　正投影图

4. 正投影图

根据正投影法所得到的图形称为正投影图。如图 2-7 所示为房屋（模型）的正投影图。正投影图直观性不强，但能正确反映物体的形状和大小，并且作图方便，度量性好，所以工程上应用最广。绘制房屋建筑图主要用正投影，今后若不作特别说明，“投影”即指“正投影”。

第二节　正投影法基本原理

一、正投影图的形成及其投影规律

1. 三投影面体系的形成

图 2-8 表示三个不同形状的物体，但在同一投影面上的投影却是相同的。因此，仅根据一个投影是不能完整地表达物体形状的，必须增加由不同的投射方向，在不同的投影面上所得到的几个投影，互相补充，才能将物体表达清楚。通常是将物体放在三个互相垂直的平面所组成的投影面体系中（三个投影面的交线 OX、OY、OZ 称为投影轴），得到物体的三个投影，如图 2-9(a) 所示。

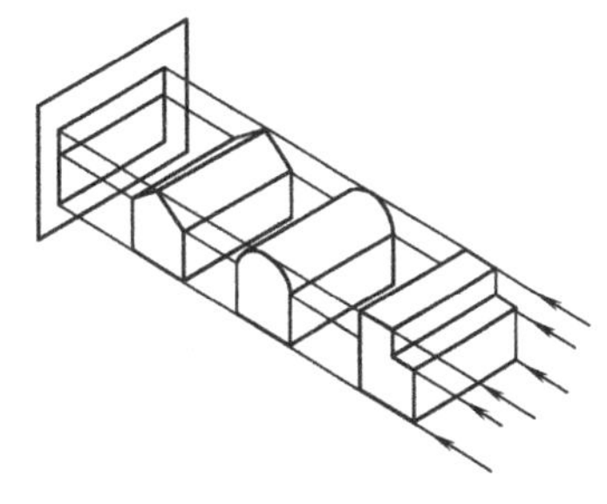

图 2-8　不同形状物体的投影相同

在三投影面体系中，三个投影面分别称为正投影面（简称正面，用 V 表示）、水平投影面（简称水平面，用 H 表示）、侧面投影面（简称侧面，用 W 表示）。物体在三个投影面上的投影分别称为正面投影（由物体的前方向后投射）、水平投影（由物体的上方向下投射）、侧面投影（由物体的左方向右投射）。为了使处于空间位置的三面投影在同一平面上表示出来，如图 2-9(b) 所示，规定正面不动，将水平面向下旋转 90°，将侧面向右旋转 90°，就得到在同一平面上的三面投影，投影面的边框不必画出，如图 2-9(c) 所示。

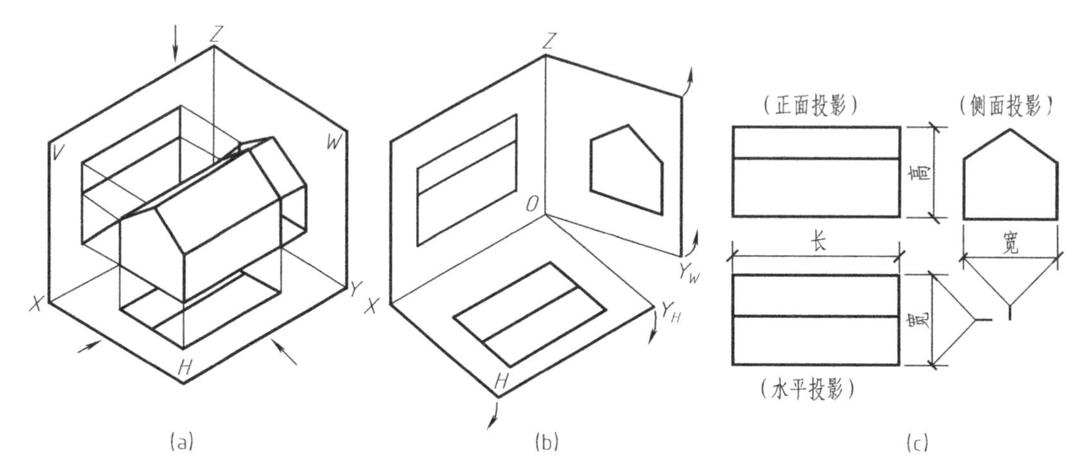

图 2-9　三面投影图的形成及其投影规律

2. 三面投影的投影规律

如图 2-9(c) 所示，三面投影展开后，水平投影在正面投影的下方，侧面投影在正面投影的右方。如果把物体左右之间的距离称为长，前后之间的距离称为宽，上下之间的距离称为高，则正面投影和水平投影都反映了物体的长度，正面投影和侧面投影都反映了物体的高度，水平投影和侧面投影都反映了物体的宽度。因此，三个投影图之间存在下述投影关系：

正面投影与水平投影——长对正；
正面投影与侧面投影——高平齐；
水平投影与侧面投影——宽相等。

“长对正、高平齐、宽相等”的投影对应关系是三面投影之间的重要特性，也是画图和读图时必须遵守的投影规律。在运用这一规律画图或读图时，应特别注意物体的前后位置在投影图中的反映。

如图 2-10 所示，物体有上下、左右、前后六个方位，正面投影反映物体的上下和左右关系，水平投影反映物体的左右和前后关系，侧面投影反映上下和前后关系。物体在投影图上的上下和左右关系比较容易理解，而初学者在画图或读图时判断物体在投影图上的前后位置关系常常会出现错误。在三投影面展开的过程中，由于水平面向下旋转，所以水平投影的下方实际上表示物体的前方，水平投影的上方表示物体的后方。侧面向右旋转，侧面投影的右方实际上表示物体的前方，侧面投影的左方表示物体的后方。所以物体的水平投影与侧面投影不仅宽度相等，还应保持前、后位置的对应关系。

请读者参照图 2-10 立体图上用横线和竖线表示的两个面，在水平投影和侧面投影上指出这两个面的位置，并在正面投影上分析这两个面的前、后位置关系。

［**例 2-1**］　根据图 2-11(a) 所示立体图，绘制其三面投影图。

分析

图示物体是底板左前方被切去一角的直角弯板。为便于作图，应使物体的主要表面尽可

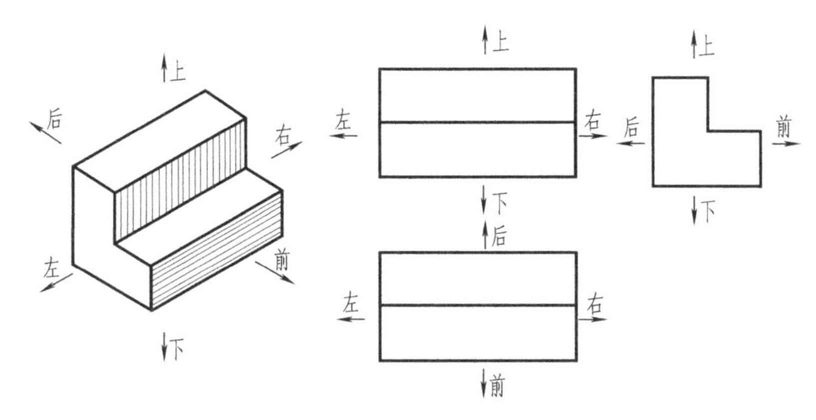

图 2-10 三面投影的方位关系

能与投影面平行。画图时，应先画反映物体形状特征的投影图，然后再按投影规律画出其他投影图。

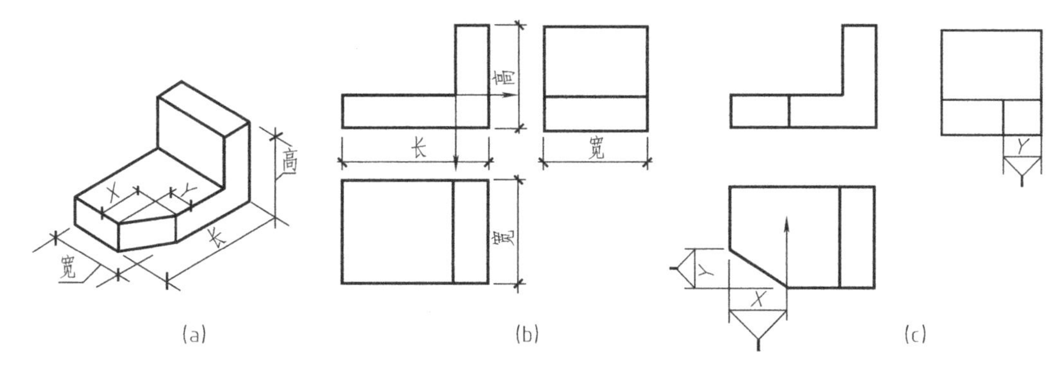

图 2-11 画弯板三面投影的作图步骤

作图

① 量取弯板的长和高画出反映特征轮廓的正面投影，再量取弯板的宽度按长对正、高平齐、宽相等的投影关系画水平投影和侧面投影，如图 2-11(b)。

② 量取底板切角的长（X）和宽（Y）在水平投影上画出切角的投影，按长对正的投影关系在正面投影上画出切角的图线。再按宽相等的投影关系在侧面投影上画出切角的图线，如图 2-11(c)。必须注意：水平投影和侧面投影上“Y”的前、后对应关系。

二、立体表面上点、直线和平面的投影分析

任何形体的构成都离不开点、线和面等基本几何元素，例如图 2-12(a) 所示的三棱锥，是由四个面、六条线和四个点组成。要正确表达或分析形体，必须掌握点、直线和平面的投影规律，研究这些基本几何元素的投影特性和作图方法，对指导画图和读图有十分重要的意义。

（一）点的投影

1. 点的投影规律

如图 2-12(b) 所示，将三棱锥的顶点 S 分别向 H 面、V 面、W 面投射，得到的投影分别为 S、S'、S''（按约定空间点用大写字母如 S、A、B 表示，H、V、W 面投影分别用相应的小写字母 s、a、b，s'、a'、b'，s''、a''、b''表示）。投影面展开后，得到图 2-12（c）所示的投影图。由投影图可看出，点的投影有如下规律。

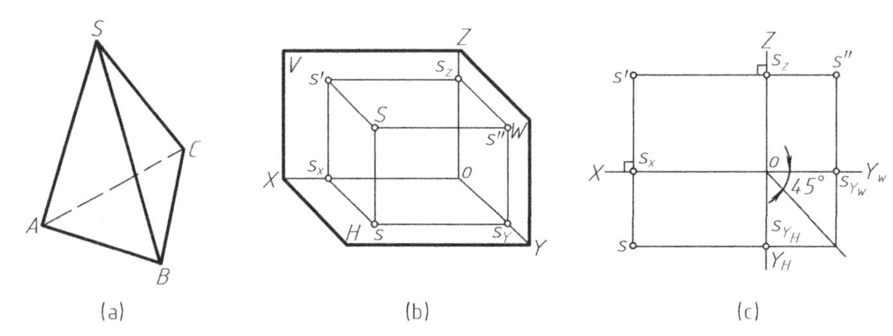

图 2-12　点的投影规律

① 点的 V 面投影和 H 面投影的连线垂直于 OX 轴，即 $s's\perp OX$；

② 点的 V 面投影和 W 面投影的连线垂直于 OZ 轴，即 $s's''\perp OZ$；

③ 点的 H 面投影至 OX 轴的距离等于其 W 面投影至 OZ 轴的距离，即 $ss_X=s''s_Z$。

［**例 2-2**］ 已知点 A 的 V 面投影 a' 和 W 面投影 a''，求作 H 面投影 a，如图 2-13(a)。

分析

根据点的投影规律可知，$a'a\perp OX$，过 a' 作 OX 轴的垂线 $a'a_X$，所求 a 点必在 $a'a_X$ 的延长线上，并由 $aa_X=a''a_Z$ 可确定 a 点的位置。

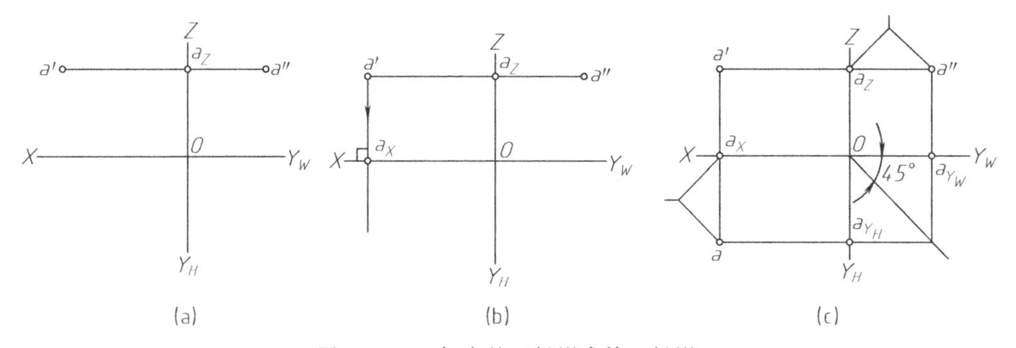

图 2-13　已知点的两投影求第三投影

作图

① 过 a' 作 $a'a_X\perp OX$，并延长，如图 2-13(b)。

② 量取 $aa_X=a''a_Z$，求得 a，如图 2-13(c)。也可以如图所示由 a'' 通过自 O 点引出的 45°线作出 a。

2. 点的投影与直角坐标

如图 2-14 所示，空间点的位置可由点到三个投影面的距离来确定。如果将三个投影面作为坐标面，投影轴作为坐标轴，则点的投影和点的坐标关系如下。

① 点 A 到 W 面的距离（X_A）为　$Aa''=a_XO=a'a_Z=aa_Y=X$ 坐标。

② 点 A 到 V 面的距离（Y_A）为　$Aa'=a_YO=a''a_Z=aa_X=Y$ 坐标。

③ 点 A 到 H 面的距离（Z_A）为　$Aa=a_ZO=a''a_Y=a'a_X=Z$ 坐标。

空间点的位置可由该点的坐标确定，例如 A 点三投影的坐标分别为 a（X_A、Y_A），a'（X_A、Z_A），a''（Y_A、Z_A）。任一投影都包含了两个坐标，所以一点的两个投影就包含了确定该点空间位置的三个坐标，即确定了点的空间位置。

［**例 2-3**］ 已知空间点 B 的坐标为 $X=12$，$Y=10$，$Z=15$，也可以写成 B(12、10、

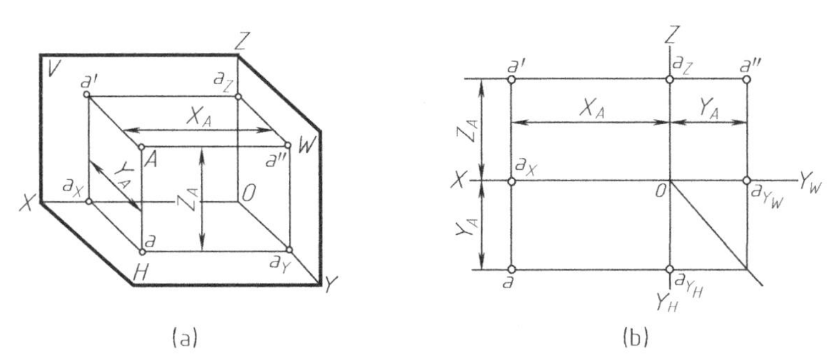

图 2-14　点的投影及其坐标关系

15)。单位为 mm（下同）。求作 B 点的三投影。

分析

已知空间点的三个坐标，便可作出该点的两个投影，从而作出另一投影。

作图

① 画投影轴，在 OX 轴上由 O 点向左量取 12，定出 b_X，过 b_X 作 OX 轴的垂线，如图 2-15(a)。

② 在 OZ 轴上由 O 点向上量取 15，定出 b_Z，过 b_Z 作 OZ 轴垂线，两条线交点即为 b'，如图 2-15(b)。

③ 在 $b'b_X$ 的延长线上，从 b_X 向下量取 10 得 b；在 $b'b_Z$ 的延长线上，从 b_Z 向右量取 10 得 b''。或者由 b' 和 b 用图 2-15(c) 所示的方法作出 b''。

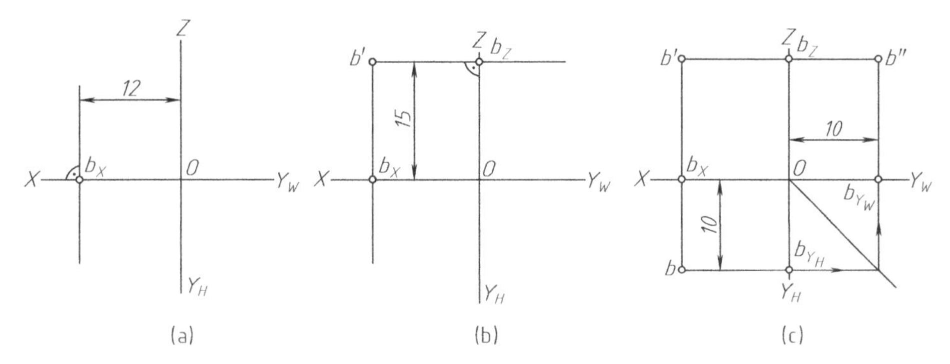

图 2-15　由点的坐标作三面投影

3. 两点的相对位置

两点的相对位置是指空间两个点的上下、左右、前后关系，在投影图中，是以它们的坐标差来确定的。两点的 V 面投影反映上下、左右关系；两点的 H 面投影反映左右、前后关系；两点的 W 面投影反映上下、前后关系。

［**例 2-4**］　已知空间点 C(15，8，12)，D 点在 C 点的右方 7，前方 5，下方 6。求作 D 点的三投影。

分析

D 点在 C 点的右方和下方，说明 D 点的 X、Z 坐标小于 C 点的 X、Z 坐标；D 点在 C 点的前方，说明 D 点的 Y 坐标大于 C 点的 Y 坐标。可根据两点的坐标差作出 D 点的三投影。

作图

① 根据 C 点的三坐标作出其投影 c、c'、c''，如图 2-16(a)。

② 沿 X 轴方向量取 15－7＝8 得一点 d_X，过该点作 X 轴垂线，如图 2-16(b)。

③ 沿 Y_H 方向量取 8＋5＝13 得一点 d_{YH}，过该点作 Y_H 轴的垂线，与 X 轴的垂线相交，交点为 D 点的 H 面投影 d，如图 2-16(c)。

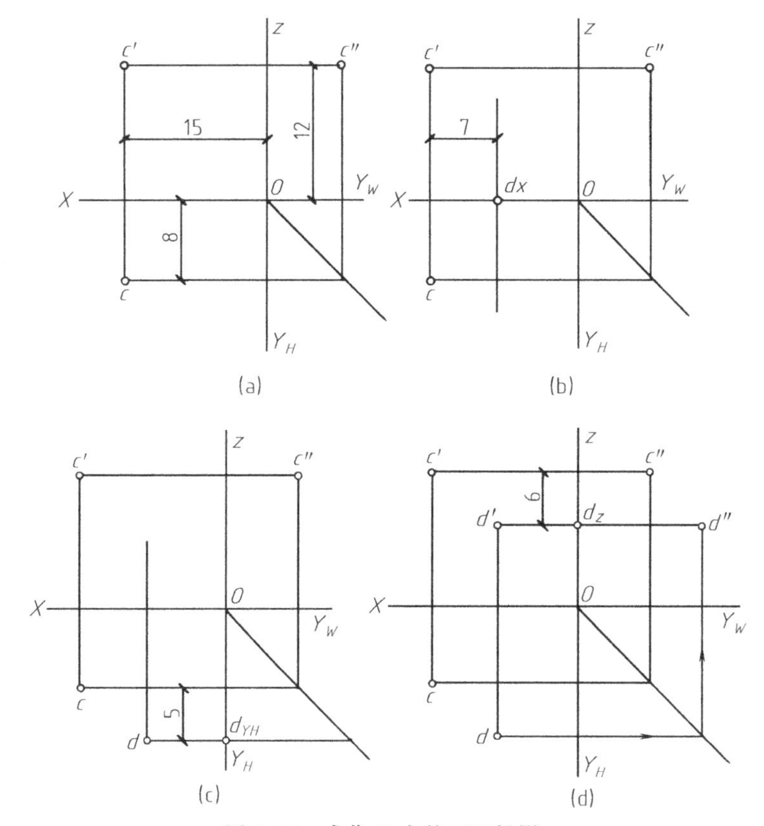

图 2-16　求作 D 点的三面投影

④ 沿 Z 轴方向量取 12－6＝6 得一点 d_Z，过该点作 Z 轴的垂线，与 X 轴的垂线相交，交点为 D 点的 V 面投影 d'。由 d 和 d' 作出 d''，完成 D 点的三投影作图，如图 2-16(d)。

如图 2-17 所示，若 E 点和 F 点的 X、Y 坐标相同，只是 E 点的 Z 坐标大于 F 点的 Z 坐标，则 E 点和 F 点的 H 面投影 e 和 f 重合，V 面投影 e' 在 f' 之上，且在同一条垂直线上，W 面投影 e'' 在 f'' 之上，也在同一条垂直线上。E 点和 F 点的 H 面投影重合，称为 H

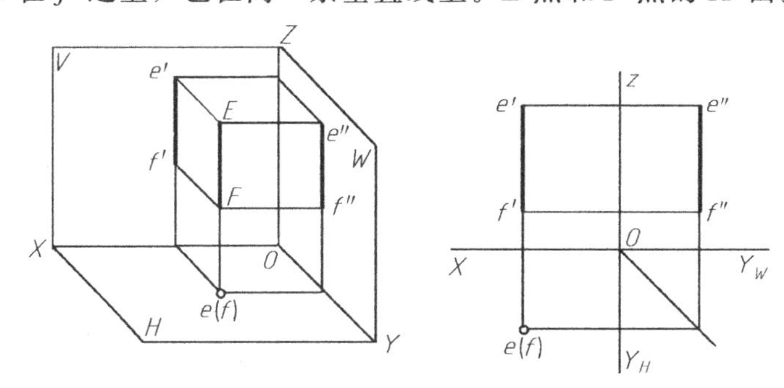

图 2-17　重影点的投影

面的重影点。因为 F 点的 Z 坐标小，其水平投影被上面的 E 点遮住成为不可见。重影点在标注时，将不可见的点的投影加上括号，为图 2-17 中的 (f)。

（二）直线的投影

空间两点可以决定一直线，所以只要作出线段两端点的三面投影，连接该两点的同面投影（同一投影面上的投影），即可得空间直线的三面投影。直线的投影一般仍为直线。

空间直线与投影面的相对位置有三种：投影面平行线、投影面垂直线和一般位置直线。前两种又称为特殊位置直线。

1. 投影面平行线

只平行于一个投影面，而对另外两个投影面倾斜的直线称为投影面平行线。投影面平行线又有三种位置：平行于水平面的称为水平线；平行于正面的称为正平线；平行于侧面的称为侧平线。

投影面平行线的投影特性见表 2-1。直线对投影面所夹的角即直线对投影面的倾角，α、β、γ 分别表示直线对 H 面、V 面和 W 面的倾角。

表 2-1 投影面平行线

水平线	正平线	侧平线

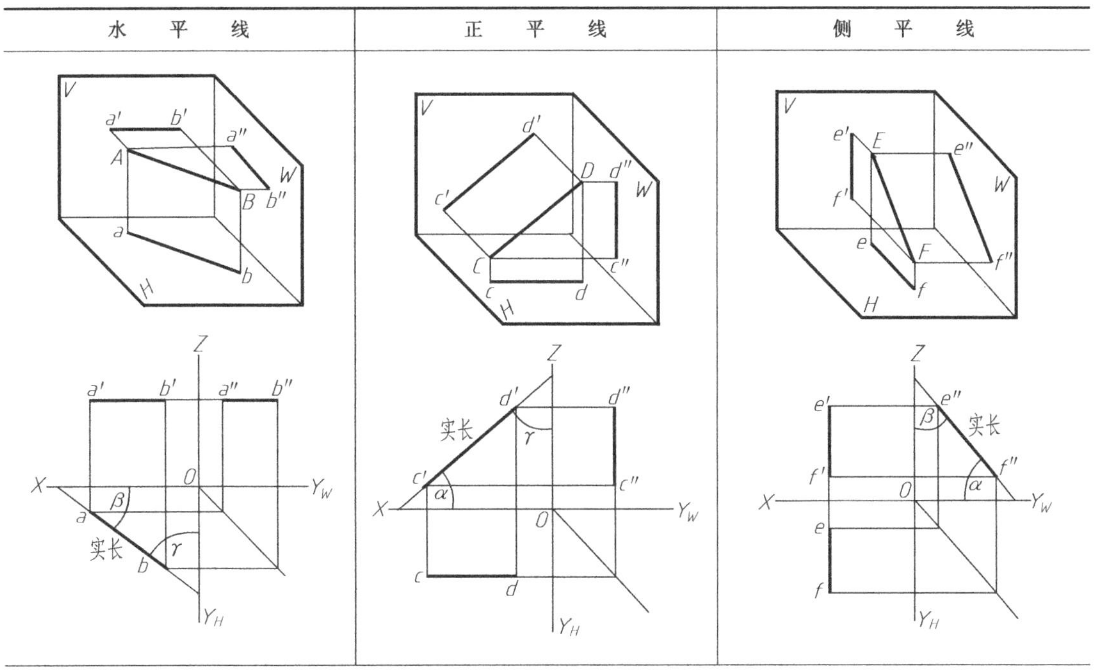

投影特性

投影面平行线的三个投影都是直线，其中在与直线平行的投影面上的投影反映线段实长，而且与投影轴线倾斜，与投影轴的夹角等于直线对另外两个投影面的实际倾角

另外两个投影都短于线段实长，且分别平行于相应的投影轴，其到投影轴的距离，反映空间线段到线段实长投影所在投影面的真实距离

2. 投影面垂直线

垂直于一个投影面，与另外两个投影面平行的直线，称为投影面垂直线。投影面垂直线也有三种位置：垂直于水平面的直线称为铅垂线；垂直于正面的直线称为正垂线；垂直于侧面的直线称为侧垂线。

投影面垂直线的投影特性见表 2-2。

表 2-2　投影面垂直线

铅　垂　线	正　垂　线	侧　垂　线
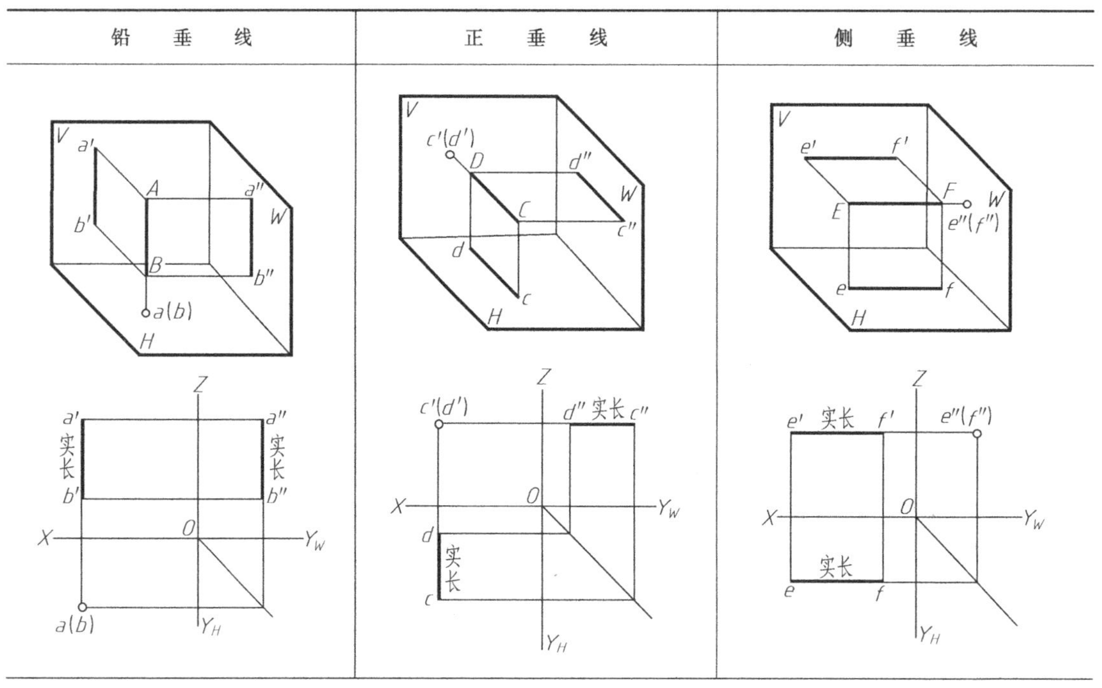		
投影特性 投影面垂直线在所垂直的投影面上的投影必积聚成为一个点； 另外两个投影都反映线段实长，且垂直于相应投影轴		

3. 一般位置直线

既不平行也不垂直于任何一个投影面，即与三个投影面都处于倾斜位置的直线，称为一般位置直线。如图 2-18 所示直线 AB，因其两端点对 H、V、W 面的坐标差都不等于零，所以 AB 的三个投影都倾斜于投影轴。又因 AB 与 H、V、W 面的倾角 α、β、γ 都不等于零，所以三个投影都小于实长，并且 AB 的投影与投影轴的夹角，也不反映直线 AB 对投影面的倾角。如 AB 的 V 面投影 $a'b'$ 与 OX 轴所夹的角 α_1 是倾角 α 在 V 面上的投影，由于 α 不平行于 V 面，则 α_1 不等于 α。同理，直线与其他投影面的倾角也是如此。

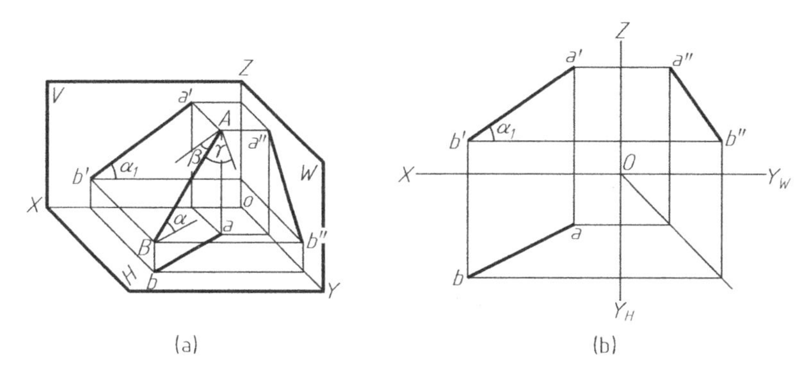

图 2-18　一般位置直线

［**例 2-5**］　分析正三棱锥各棱线与投影面的相对位置（图 2-19）。

(1) 棱线 SB　sb 与 $s'b'$ 分别平行于 OY_H 和 OZ，可确定 SB 为侧平线，侧面投影 $s''b''$ 反

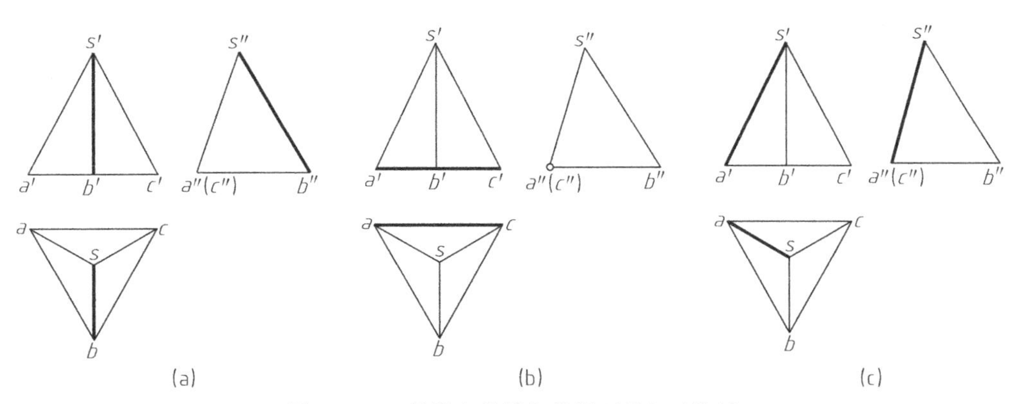

图 2-19　三棱锥各棱线与投影面的相对位置

映实长，如图 2-19(a)。

(2) 棱线 AC　侧面投影 $a''(c'')$重影，可判断 AC 为侧垂线，$a'c'=ac=AC$，如图 2-19(b)。

(3) 棱线 SA　三个投影 sa、$s'a'$、$s''a''$对投影轴均倾斜，所以必定是一般位置直线，如图 2-19(c)。

其他棱线与投影面的相对位置请读者自行分析。

(三) 平面的投影

平面对投影面的相对位置有三种：投影面平行面、投影面垂直面和一般位置平面。前两种又称为特殊位置平面。

1. 投影面平行面

平行于一个投影面，而垂直于另外两个投影面的平面称为投影面平行面。平行于水平面的平面称为水平面；平行于正面的平面称为正平面；平行于侧面的平面称为侧平面。

投影面平行面的投影特性见表 2-3。

表 2-3　投影面平行面

正　平　面	水　平　面	侧　平　面

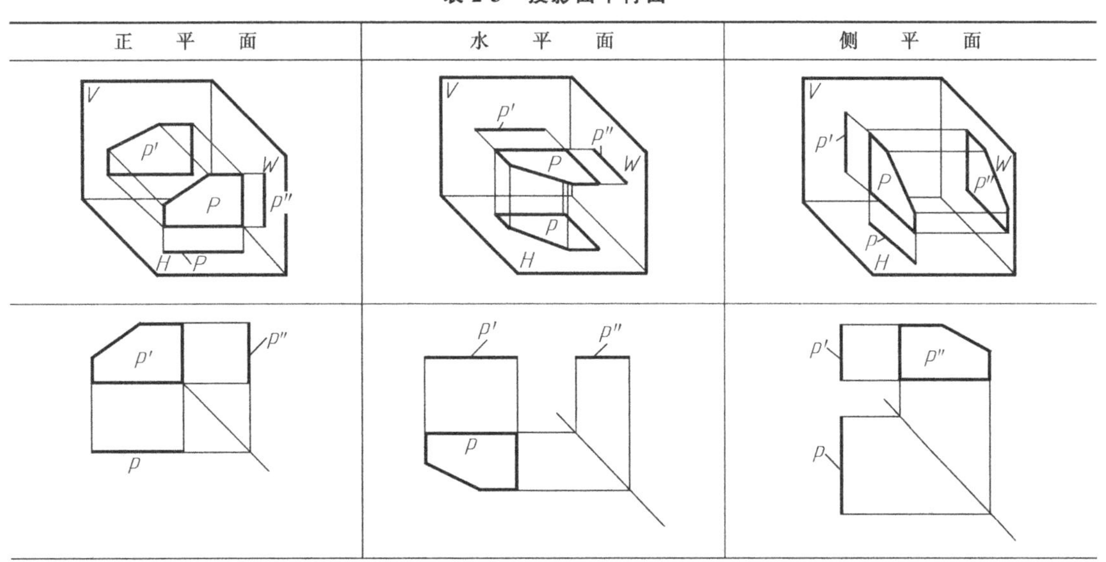

投影特性

1. 在与平面平行的投影面上，该平面的投影反映实形；

2. 其余两个投影为水平线段或铅垂线段，都具有积聚性

2. 投影面垂直面

垂直于一个投影面，而倾斜于另外两个投影面的平面称为投影面垂直面。垂直于正面的平面称为正垂面；垂直于水平面的平面称为铅垂面；垂直于侧面的平面称为侧垂面。

投影面垂直面的投影特性见表 2-4。

表 2-4 投影面垂直面

正垂面	铅垂面	侧垂面
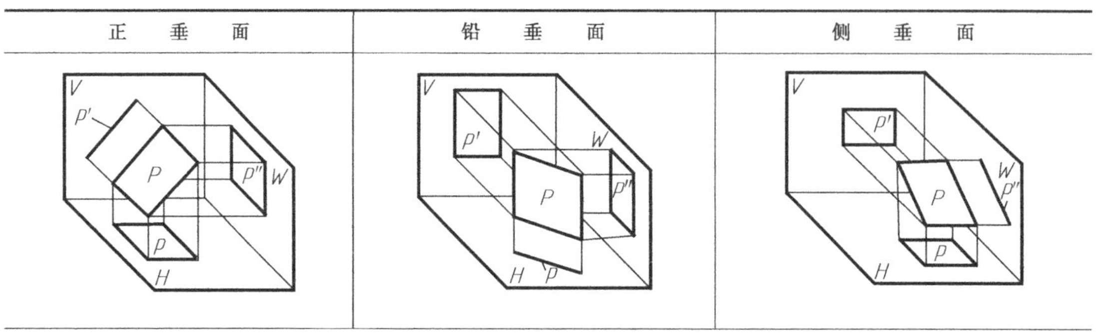		

投影特性

1. 在与平面垂直的投影面上，该平面的投影积聚成直线；
2. 其余两投影均为类似形；
3. 一般位置平面与三个投影面均倾斜的平面，称为一般位置平面。

如图 2-20 所示，△ABC 与 H、V、W 面均倾斜，所以在三个投影面上的投影△abc、△$a'b'c'$、△$a''b''c''$均不反映实形，而为缩小了的类似形。三个投影面上的投影均不能直接反映该平面对投影面的倾角。

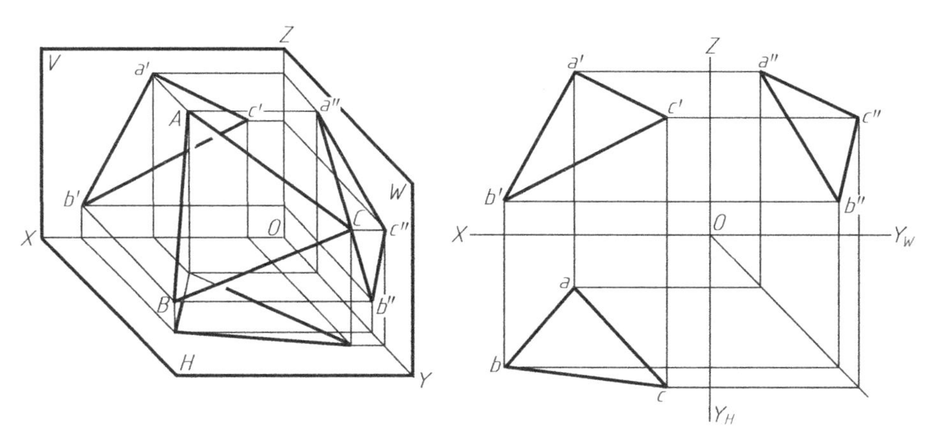

图 2-20 一般位置平面

［**例 2-6**］ 分析正三棱锥各棱面与投影面的相对位置（图 2-21）。

(1) 底面 ABC V 面和 W 面投影积聚为水平线，分别平行于 OX 轴和 OY_W 轴，可确定底面 ABC 是水平面，水平投影反映实形，如图 2-21(a)。

(2) 棱面 SAB 三个投影 sab、$s'a'b'$、$s''a''b''$都没有积聚性，均为棱面 SAB 的类似形，可判断 SAB 是一般位置平面，如图 2-21(b)。

(3) 棱面 SAC 从 W 面投影中的重影点 $a''(c'')$ 可知，棱面 SAC 的一边 AC 是侧垂线。根据几何定理，一个平面上的任一直线垂直于另一平面，则两平面互相垂直。因此，可判断棱面 SAC 是侧垂面，侧面投影积聚为一直线，如图 2-21(c)。

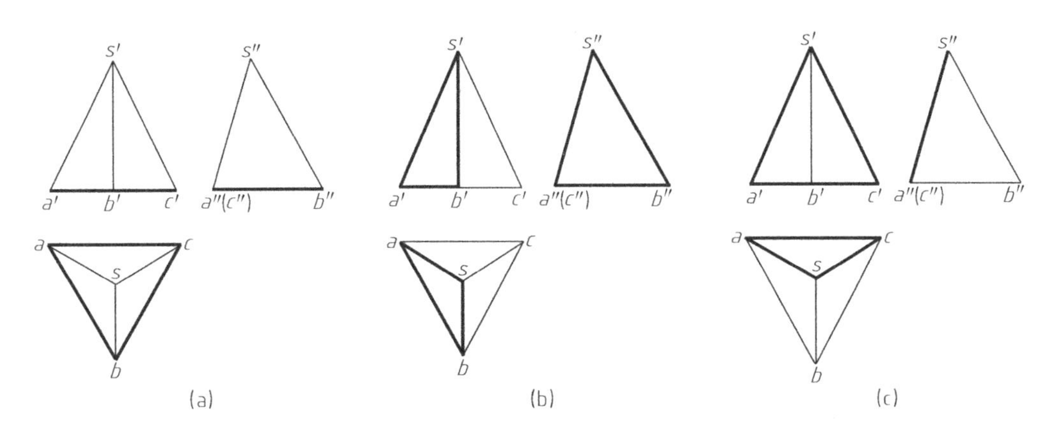

图 2-21　三棱锥各棱面与投影面的相对位置

第三节　求线段的实长与平面的实形

当直线或平面不平行于任一投影面时，它们的投影不能反映其实长或实形。求作直线实长或平面（指投影面垂直面）实形的方法可以用旋转法和换面法。旋转法是将空间直线或平面绕一指定轴（本节仅介绍绕以投影面垂直线为轴）旋转，使该直线或平面对投影面处于便于解题的位置，图 2-22(a) 所示为用旋转法求直线的实长。换面法是增加一个新的投影面代替原投影体系中的一个投影面，使直线或平面在新投影面上的投影处于有利于解题的位置，图 2-22(b) 所示为用换面法求平面的实形。

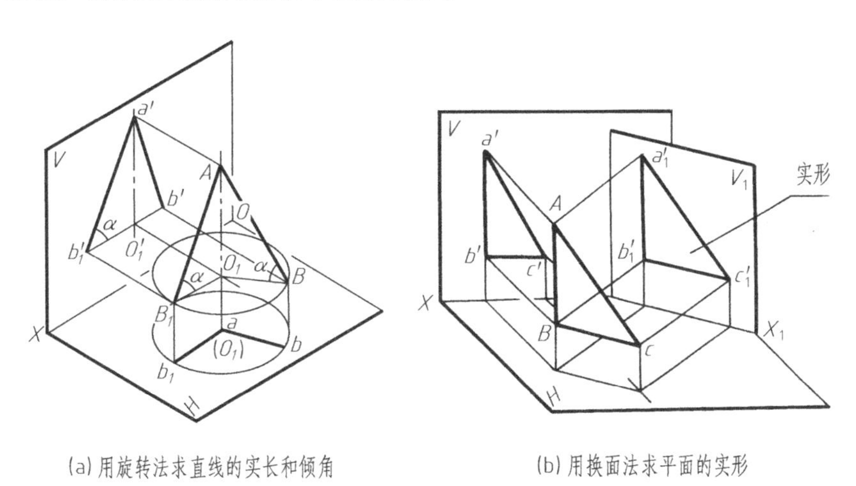

(a) 用旋转法求直线的实长和倾角　　(b) 用换面法求平面的实形

图 2-22　旋转法与换面法的基本概念

一、旋转法

1. 求直线实长

求一般位置直线 AB 的实长可如图 2-22(a) 所示，以过 A 点的铅垂线 AO_1 为轴，将 AB 旋转到与 V 面平行的位置，这时 A 点的位置不变，将 B 点旋转到 B_1 的位置，使 AB_1 平行于 V 面，则 AB 在 V 面上的新投影 $a'b_1'$ 即为实长，$a'b_1'$ 与水平线的夹角为直线对 H 面的倾角 α。

必须注意：当 B 点绕铅垂线为轴旋转时，其轨迹为一水平圆。B 点的轨迹圆周在 H 面

上的投影是以 a 为圆心，$ab=O_1B$ 为半径的一个圆，在 V 面上的投影为一平行于 X 轴的水平线。当 B 点旋转到 B_1 位置时，其 H 面投影为一段圆弧$\widehat{bb_1}$，而 V 面投影则在过 b' 的水平线上。作图步骤如图 2-23(a) 所示。

① 以 a 为圆心，ab 为半径作圆弧，将 b 旋转到 b_1，使 $ab_1 /\!/ X$ 轴。

② 自 b_1 作 X 轴垂线，由 b' 作 X 轴的平行线，相交得 b_1' 。

③ 连 $a'b_1'$ 即为 AB 的实长，$\angle a'b'_1b'=\alpha$。

图 2-23(b) 所示为过 C 点的正垂线为轴用旋转法求作一般位置直线 CD 的实长及其对 V 面的倾角 β 的作图方法。

2. 求投影面垂直面的实形

已知铅垂面$\triangle ABC$ 的两投影，如图 2-24(a) 所示，只要将$\triangle ABC$ 绕铅垂线为轴旋转到与 V 面平行的位置，在 V 面上的新投影即反映实形。作图步骤如图 2-24 所示。

① 设过 B 点的铅垂线为轴，在 H 面投影中，以 b 为圆心，ba 和 bc 为半径作圆弧，使 $bc_1a_1 /\!/ X$ 轴，如图 2-24(b)。

② 过 a'、c' 分别作水平线，并与过 a_1、c_1 的铅垂线相交于 a_1'、c_1'，连 $b'c_1'$、$c_1'a_1'$、$a_1'b'$，则$\triangle b'c_1'a_1'$ 即为$\triangle ABC$ 的实形，如图 2-24(c)。

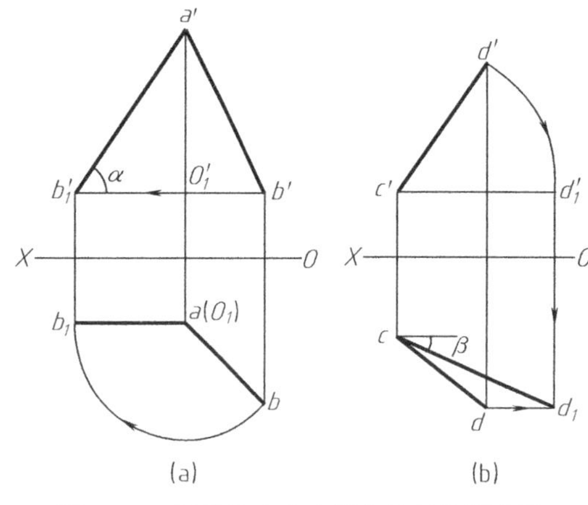

图 2-23 用旋转法求直线实长的作图步骤

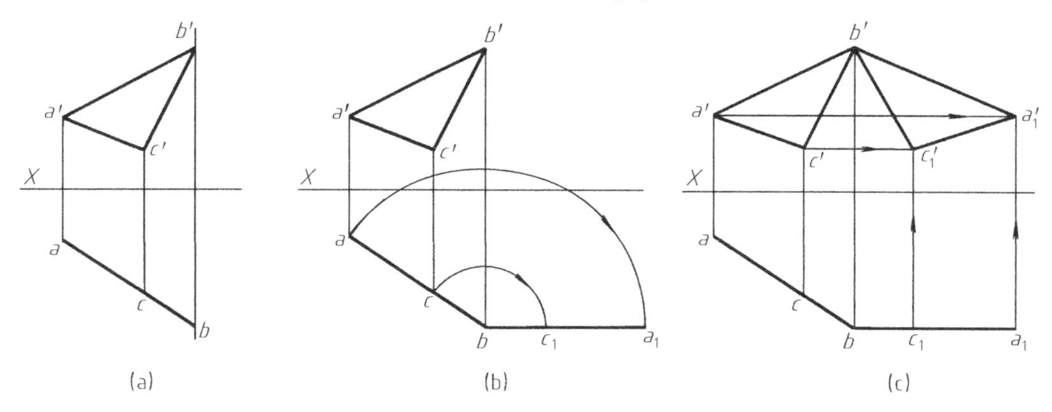

图 2-24 用旋转法求铅垂面实形

二、换面法

1. 求直线实长

如图 2-25(a) 所示，一般位置直线在 H、V 面上的投影不反映实长，如果用一个平行于 AB 直线的新投影面 V_1 代替原来的投影面 V，则 AB 在 V_1 面上就能反映实长及其对 H 面的倾角 α。

必须注意：新投影面必须垂直于被保留的投影面 H，V_1 面与 H 面的交线 X_1 为新投影轴。这时，原来的投影 a、b 与 V_1 面上的新投影 a_1'、b_1' 的连线 $aa_1' \perp X_1$、$bb_1' \perp X_1$。并且 a_1'、b_1' 到 X_1 的距离等于被代替的投影 a'、b' 到被代替的投影轴 X 的距离，即 $a'_1a_{X_1}=a'a_X=Aa=Z_A$，$b'_1b_{X_1}=b'b_X=Bb=Z_B$。

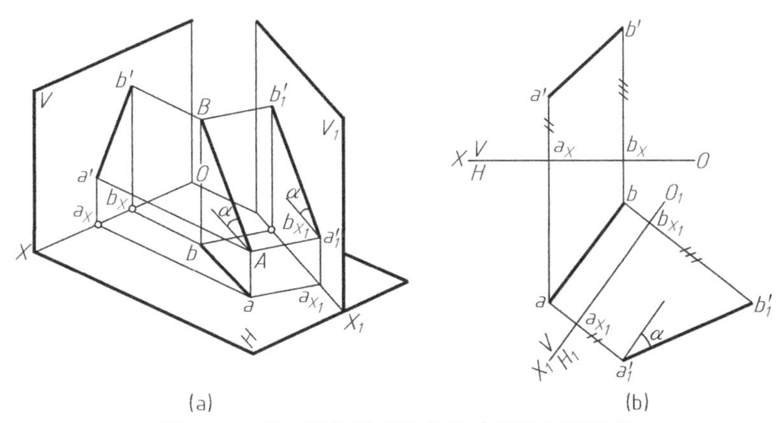

图 2-25　将一般位置直线变换成投影面平行线

用换面法求一般位置直线实长和对投影面的倾角的作图步骤如图 2-25(b) 所示。

① 在适当位置作新投影轴 $X_1 /\!/ ab$。

② 分别过 a、b 作新投影轴 X_1 的垂线 aa_{X_1}、bb_{X_1}，并在其延长线上分别量取 $a_{X_1}a'_1 = a'a_X$，$b_{X_1}b'_1 = b'b_X$。

③ 连 $a'_1b'_1$ 即为 AB 直线的实长，$a'_1b'_1$ 与 X_1 轴的平行线所夹的角度即 AB 直线对 H 面的倾角 α。

如果要求 AB 直线对 V 面的倾角 β，请读者自行思考作图方法。

2. 求投影面垂直面的实形

用换面法求投影面垂直面的实例，可如图 2-22(b) 所示，作新投影面 V_1 平行于 $\triangle ABC$，则 $\triangle ABC$ 在 V_1 面上的投影反映实形。由于已知平面垂直于 H 面，因此所作新投影轴 X_1 必与已知平面的积聚性投影平行。

如图 2-26(a) 所示，已知正垂面 $\triangle ABC$ 的两投影，求作其实形。

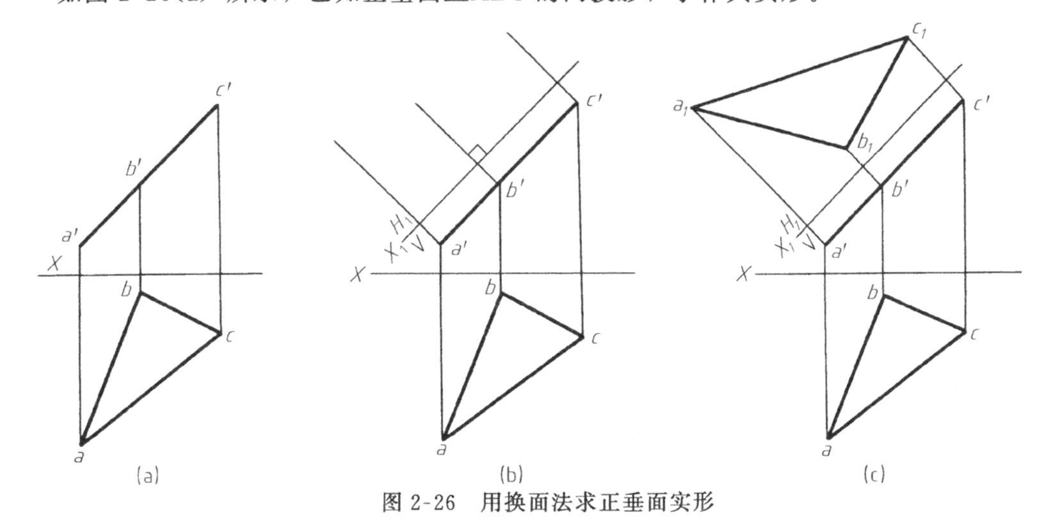

图 2-26　用换面法求正垂面实形

由于 $\triangle ABC$ 是正垂面，所以平行于正垂面的新投影面 H_1 垂直于 V 面，代替 H 面。作图步骤如下。

① 在适当位置作新投影轴 $X_1 /\!/ a'b'c'$，由 a'、b'、c' 分别作 X_1 轴的垂线，如图 2-26(b)。

② 分别量取 a_1、b_1、c_1 到 X_1 轴的距离等于 a、b、c 到 X 轴的距离，连 a_1、b_1、c_1，$\triangle a_1b_1c_1$ 即为 $\triangle ABC$ 的实形。

第四节　基本形体的投影作图

任何建筑形体都是由一些简单的几何体构成的，例如图 2-27 所示的建筑群体，它们的形体无非就是柱、锥、球等几何体经过叠加或切割而构成的。这些简单的几何体称为基本形体。掌握基本形体的投影特性和作图方法对今后绘制和识读房屋建筑工程图是十分重要的。

图 2-27　建筑形体的构成分析

基本形体有平面体和曲面体两类。平面体的每个表面都是平面，如棱柱、棱锥；曲面体至少有一个表面是曲面，如圆柱、圆锥、圆球和圆环等。

一、棱柱

棱柱的棱线互相平行。常见的棱柱有三棱柱、四棱柱、五棱柱和六棱柱等。以图 2-28(a) 所示正五棱柱为例，分析其投影特征和作图方法。

1. 投影分析

图示正五棱柱的顶面和底面平行于水平面，后棱面平行于正面，其余棱面均垂直于水平面。在这种位置下，五棱柱的投影特征是：顶面和底面的水平投影重合，并反映实形——正五边形。五个棱面的水平投影分别积聚为五边形的五条边。正面和侧面投影上大小不同的矩形分别是各棱面的投影，不可见的棱线画虚线。

2. 作图步骤

① 先画出反映主要形状特征的投影，即水平投影的正五边形（作图方法见表 1-5），再画出正面、侧面投影中的底面基线和对称中心线，如图 2-28(b)。

② 按长对正的投影关系及五棱柱的高度画出正面投影，按高平齐、宽相等的投影关系画出侧面投影，如图 2-28(c)。

3. 棱柱表面上点的投影

如图 2-28(d) 所示，已知五棱柱棱面 $ABCD$ 上点 M 的正面投影 m'，求作另外两投影 m、m''。由于点 M 所在棱面 $ABCD$ 是铅垂面，其水平投影积聚成直线 $abcd$，因此点 M 的水平投影必在 $abcd$ 上，即可由 m' 直接作出 m，然后由 m' 和 m 作出 m''。由于棱面 $ABCD$ 的侧面投影为可见，所以 m'' 为可见。

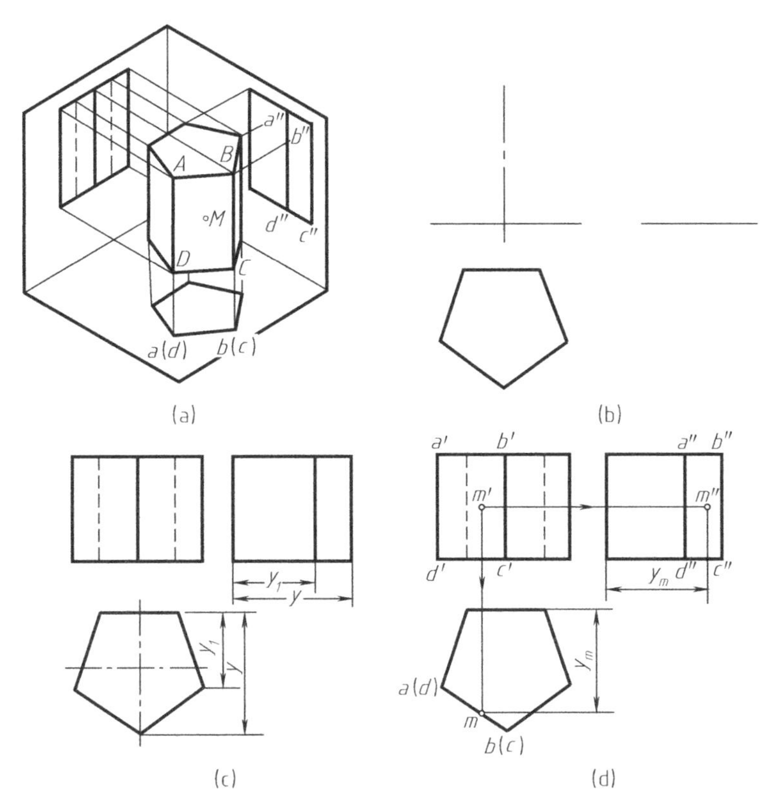

图 2-28　五棱柱三面投影的作图步骤

二、棱锥

棱锥的棱线交于一点。常见的棱锥有三棱锥、四棱锥、五棱锥等。以图 2-29 所示四棱锥为例，分析其投影特性和作图方法。

1. 投影分析

图示四棱锥的底面平行于水平面，水平投影反映实形。左、右两棱面垂直于正面，它们的正面投影积聚成直线。前、后两棱面垂直于侧面，它们的侧面投影积聚成直线。与锥顶相交的四条棱线既不平行、也不垂直于任何一个投影面，所以它们在三个投影面上的投影都不反映实长。

2. 作图步骤

① 先作出底面的水平投影（矩形）以及正面、侧面投影中的对称中心线和底面基线，如图 2-29(b)。

② 按四棱锥的高度在正面投影上定出锥顶的投影位置 s'，在正面和水平投影上分别过锥顶与底面各点的投影连线，即得四条棱线的投影（$s'a'$与$s'd'$重合、$s'b'$与$s'c'$重合）。由于是正四棱锥，四条棱线的水平投影为矩形的对角线。再由水平、正面投影画出侧面投影，如图 2-29(c)。

3. 棱锥表面上点的投影

如图 2-29(c) 所示，已知四棱锥棱面 SAB 上点 M 的正面投影 m'，求作另外两投影 m、m''。在棱面 SAB 上过 M 点作辅助线 SE，作出 SE 的正面投影 $s'e'$和水平投影 se，由于 M 点在直线 SE 上，则 M 点必在 SE 的同面投影上，由 m'作出 m。因为 SAB 是侧垂面，所以

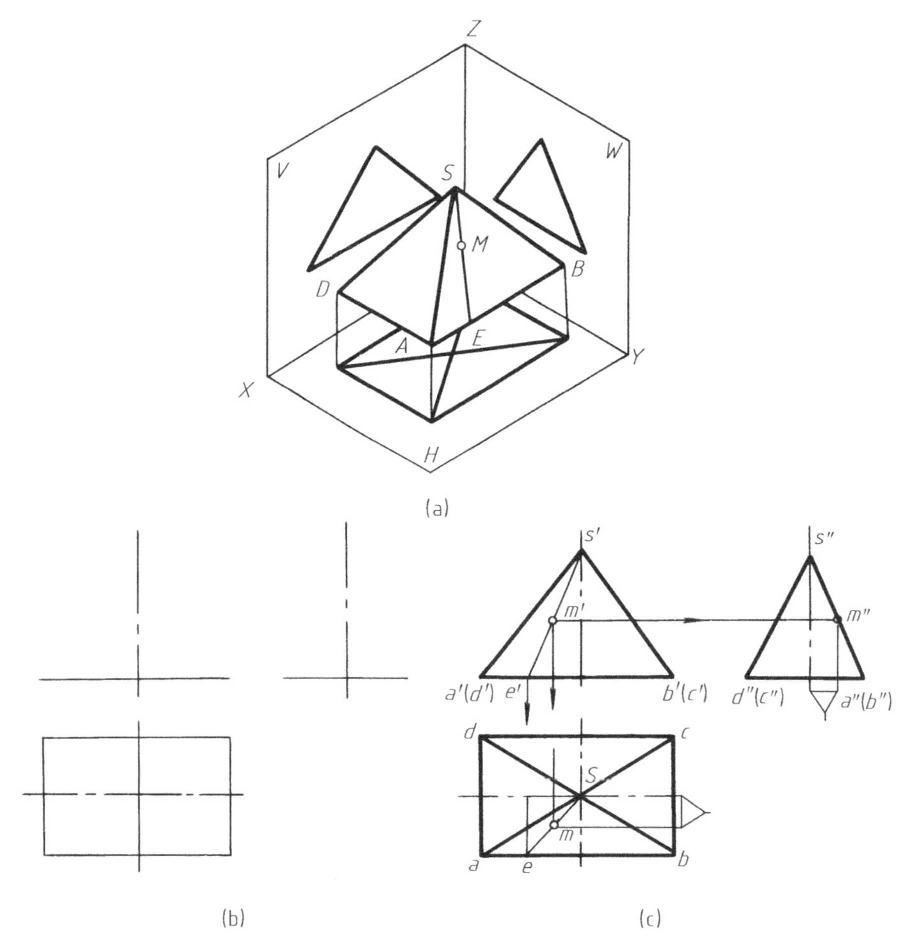

图 2-29　四棱锥三面投影的作图步骤

也可以利用积聚性由 m 直接作出 m''，再利用宽相等的投影关系作出 m。

［**例 2-7**］ 已知房屋形体的正面和水平投影，补画侧面投影，如图 2-30(a)。

分析

从已知房屋形体的正面和水平投影（参照立体图）可以想像出，该形体由两部分组成：下部是四棱柱，上部为被正垂面左、右各切去一个斜面的三棱柱。三棱柱的上面中间棱线垂直于侧面，它的底面与四棱柱的顶面重合。

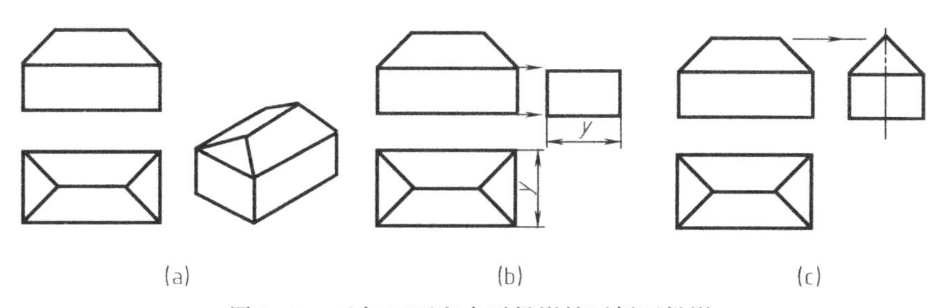

图 2-30　已知正面和水平投影补画侧面投影

作图

① 如图 2-30(b) 所示，补画下部四棱柱的侧面投影。

② 作三棱柱上面中间棱线的侧面投影，由于该棱线为侧垂线，侧面投影积聚成一点(在图形中间)，过该点与矩形两端点连线，即完成作图，如图 2-30(c)。

应该注意：侧面投影中的三角形为三棱柱左、右两个斜面（正垂面）在侧面上的投影；两条斜线为三棱柱前、后两个斜面（侧垂面）的积聚性投影。

［**例 2-8**］ 已知三棱锥棱面 SAB 上点 M 的正面投影 m' 和棱面 SAC 上点 N 的水平投影 n，求作另外两个投影（图 2-31)。

分析

M 点所在棱面 SAB 是一般位置平面，其投影没有积聚性，必须借助在该平面上作辅助线的方法求作另外两个投影，如图 2-31(b) 所示。也可以在棱面 SAB 上过 M 点作 AB 的平行线作为辅助线作出其投影。N 点所在棱面 SAC 是侧垂面，可利用积聚性作出其投影。

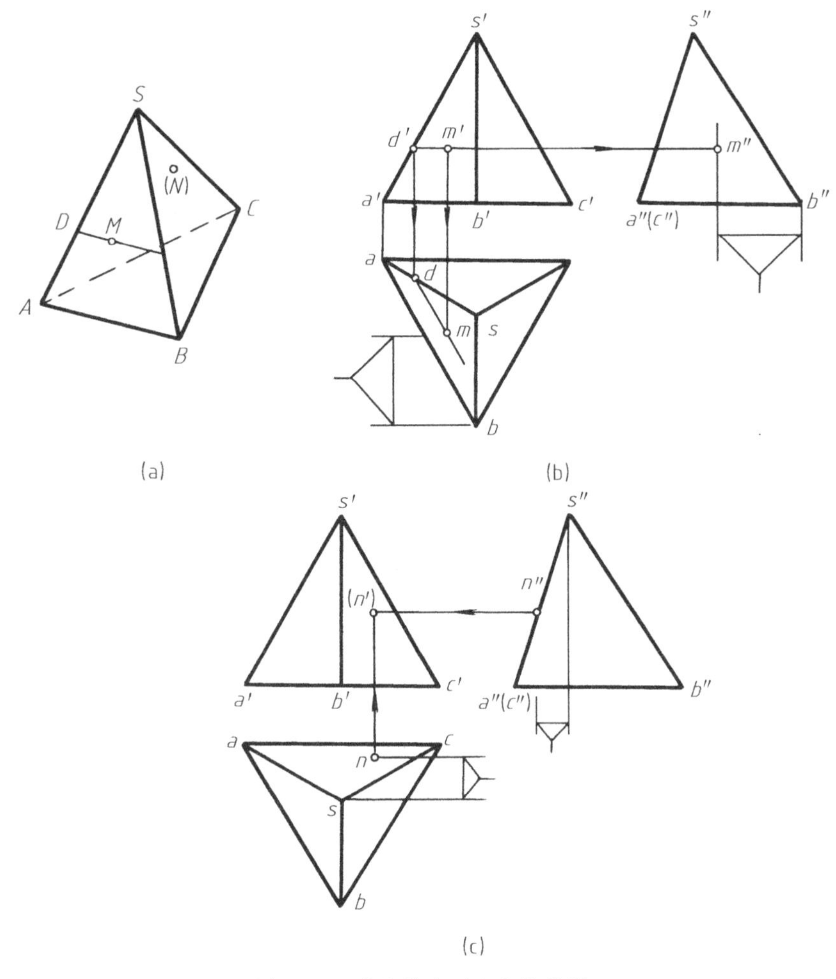

图 2-31　求立体表面上点的投影

作图

① 过 m' 作 $m'd' // a'b'$，由 d' 作出 d，过 d 作 ab 的平行线，再由 m' 求得 m，由 m'、m 求得 m''，如图 2-31(b)。

② N 点的侧面投影必在 $s''a''(c'')$ 上，因此不需作辅助线，可由 n 直接作出 n''，再由 n''、n 作出 (n')，如图 2-31(c)。

三、圆柱

圆柱体由圆柱面与上、下两端面围成。圆柱面可看作由一条母线绕平行于它的轴线回转而成，圆柱面上任意一条平行于轴线的直母线称为圆柱面的素线。

1. 投影分析

如图 2-32 所示，当圆柱轴线垂直于水平面时，圆柱上、下端面的水平投影反映实形，正面和侧面投影积聚成直线。圆柱面的水平投影积聚为一圆周，与两端面的水平投影重合。在正面投影中，前、后两半圆柱面的投影重合为一矩形，矩形的两条竖线分别是圆柱面最左、最右素线的投影，也是圆柱面前、后分界的转向轮廓线。在侧面投影中，左、右两半圆柱面的投影重合为一矩形，矩形的两条竖线分别是圆柱面最前、最后素线的投影，也是圆柱面左、右分界的转向轮廓线。

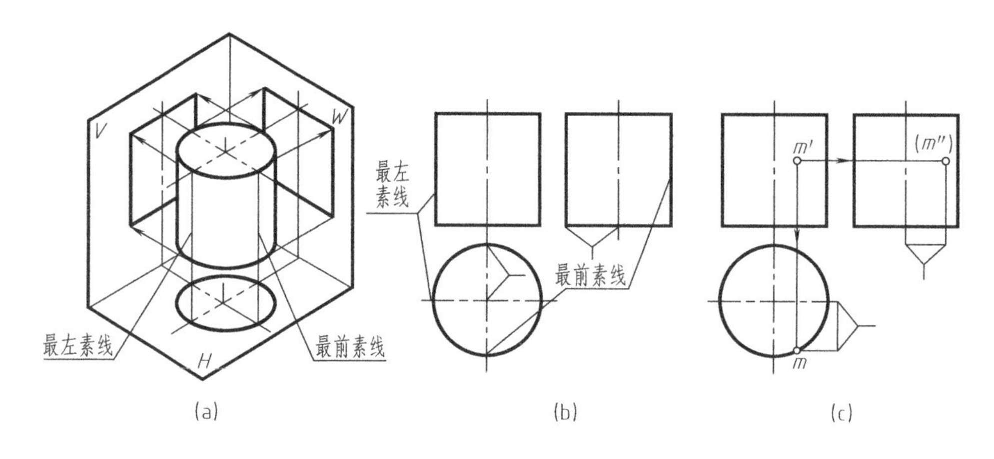

图 2-32 圆柱的投影分析与作图

2. 作图方法

画圆柱体的三面投影图时，先画出圆柱体各投影的中心线，再画出形状为圆的水平投影,然后根据圆柱体的高度以及投影关系画出形状为矩形的正面和侧面投影，如图 2-32(b)。

3. 圆柱表面上点的投影

如图 2-32(c) 所示，已知圆柱面上点 M 的正面投影 m'，求作 m 和 m''。根据圆柱面水平投影的积聚性作出 m，由于 m'是可见的，则点 M 必在前半圆柱面上，m 必在水平投影圆的前半圆周上。再由 m、m'作出 m''，由于点 M 在右半圆柱面上，所以（m''）为不可见。

四、圆锥

圆锥体由圆锥面和底面围成。圆锥面可看作由一条直母线绕与它斜交的轴线回转而成。圆锥面上任意一条与轴线斜交的直母线，称为圆锥面上的素线。

1. 投影分析

如图 2-33 所示，当圆锥轴线垂直于水平面时，锥底面平行于水平面，水平投影反映实形，正面和侧面投影积聚成直线。圆锥面的三面投影都没有积聚性，其水平投影与底面的水平投影重合，全部可见。正面投影由前、后两个半圆锥面的投影重合为一等腰三角形，三角形的两腰分别是圆锥最左、最右素线的投影，也是圆锥面前、后分界的转向轮廓线。圆锥的侧面投影由左、右两半圆锥面的投影重合为一等腰三角形，三角形的两腰分别是圆锥最前、最后素线的投影，也是圆锥面左、右分界的转向轮廓线。

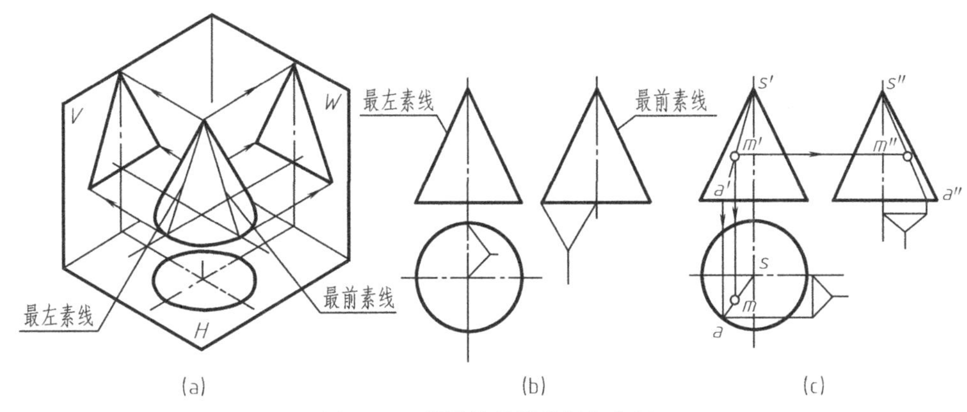

图 2-33　圆锥的投影分析与作图

2. 作图方法

先画圆锥体各投影的中心线，再画出形状为圆的水平投影，按圆锥高度以及投影关系画出形状为三角形的正面和侧面投影，如图 2-33(b)。

3. 圆锥表面上点的投影

由于圆锥面的投影没有积聚性，所以求作圆锥表面上点的投影时，必须包含该点作辅助素线或辅助纬圆的方法作图。

图 2-33(c) 所示为用辅助素线法求圆锥表面上点的投影。过锥顶包含点 M 作辅助素线 SA($s'a'$、sa、$s''a''$)，再由已知的 m' 作出 m 和 m''。

图 2-34(a) 所示为用辅助纬圆法求锥面上点的投影。在锥面上过点 M 作一水平纬圆(垂直于圆锥轴线的圆)，点 M 的各投影必在该圆的同面投影上。

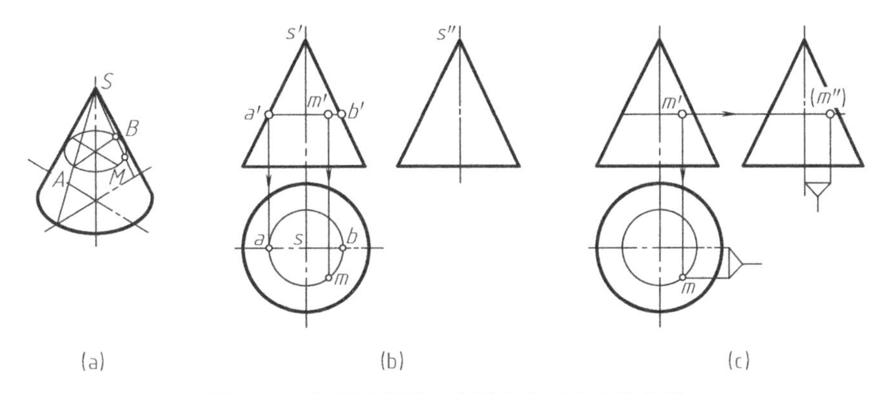

图 2-34　用辅助纬圆法求圆锥表面上点的投影

如图 2-34(b) 所示，过 m' 作圆锥轴线的垂直线，交圆锥左、右轮廓线于 a'、b'，$a'b'$ 即为辅助纬圆的正面投影。以 s 为圆心，$a'b'$ 为直径，作纬圆的水平投影。由 m' 求得 m，由于 m' 是可见的，所以 m 在前半锥面上。如图 2-34(c) 所示，再由 m'、m 求得 m''，由于 M 点在右半圆锥面上，所以 (m'') 为不可见。

五、圆球

圆球的表面可看作由一条圆母线绕其直径回转而成。

1. 投影分析

从图 2-35 可看出，圆球的三个投影都是等径圆，并且是圆球表面平行于相应投影面的三个不同位置的最大轮廓圆。正面投影的轮廓圆是前、后两半球面可见与不可见的分界线；水平投影的轮廓圆是上、下两半球面可见与不可见的分界线；侧面投影的轮廓圆是左、右两半球面可见与不可见的分界线。

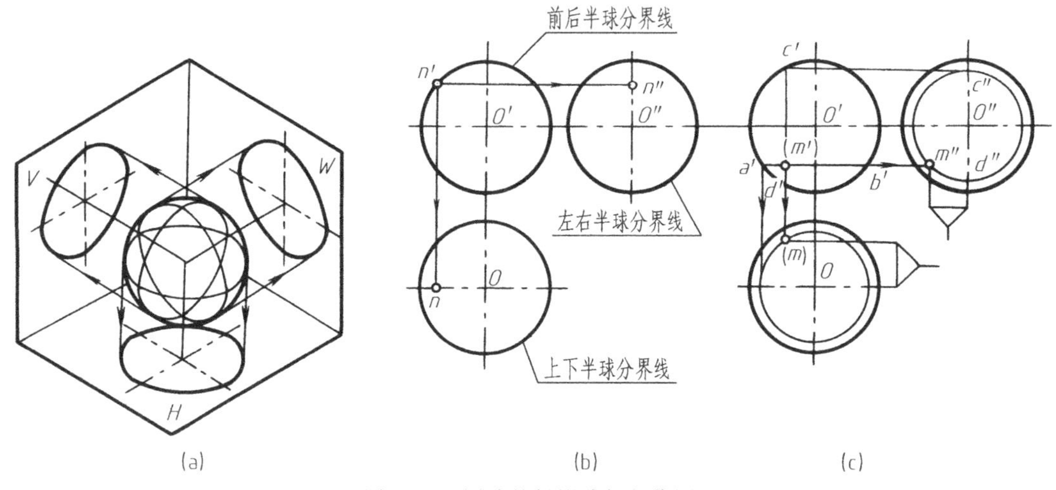

图 2-35 圆球的投影分析与作图

2. 作图方法

先确定球心的三个投影，过球心分别画出圆球轴线的三面投影，再画出三个与圆球直径相等的圆，如图 2-35(b)。

3. 圆球表面上点的投影

图 2-35(b) 所示为已知圆球表面上点 N 的正面投影 n'，求 n 和 n''。

n'在圆球的正面投影圆周上，而该圆周是前、后半球的分界线，它的水平投影与圆球水平投影中平行于 X 轴的中心线重合（不画 X 轴投影），所以 n 必在该中心线上。同样道理，n''必在圆球侧面投影中平行于 Z 轴的中心线上。

图 2-35(c) 所示为已知圆球表面上点 M 的正面投影（m'）；求 m 和 m''。

由于球面的三个投影都没有积聚性，必须用辅助纬圆法求解。过（m'）作水平纬圆的正面投影（积聚成水平线）$a'b'$，再作出其水平投影（以 O 为圆心，$a'b'$为直径画圆）。在该圆的水平投影上求得（m），由于（m'）是不可见的，则（m）必在下半、后半球面上。然后由（m'）、（m）求出 m''，由于点 M 在左半球面上，所以 m''为可见。

也可以如图 2-35(c) 所示过（m'）作侧平辅助纬圆求作 m 和 m''，作图过程读者自行分析。

第五节 组合形体的构成与构型设计

一、组合形体的构成形式与形体分析

由一些基本形体经过叠加或切割等形式构成的整体称为组合形体。如图 2-27 所示的建筑群体中，有些可抽象为图 2-36 所示的建筑（组合）形体。其中图 2-36(a) 为四棱柱与四棱锥叠加而成，图 2-36(b) 为四棱柱与圆柱、圆球（部分）叠加而成，图 2-36(c) 的屋顶部分可看作三棱柱被两个正垂面切去两角而形成，必须说明的是：组合形式的认定，往往不

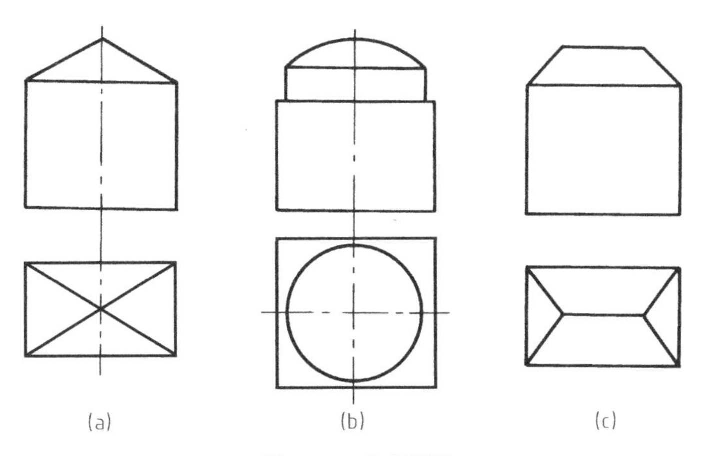

图 2-36　组合形体

是惟一的，如图 2-37(a) 所示的房屋（模型），可以看作是由两个形体叠加（或相交）而成，如图 2-37(b)。也可以看作是由基本形体经过切割再组合而成，如图 2-37(c)。叠加型是组合形体中最基本的组合形式，其投影特点是由几个基本形体直接叠合，叠合处是两个表面重合在一起。值得注意的是：当叠合后两形体的相邻表面处于同一平面时，由于它们已结合成一个整体，所以在叠合处不应再画出轮廓线，如图 2-37(d) 所示该房屋形体的正面投影和侧面投影中打×的两段线不应画出。

如果两曲面体叠加时，平面与曲面体表面相切处也不应画出轮廓线，如图 2-38 所示正面和侧面投影中打×的线段不应画出。

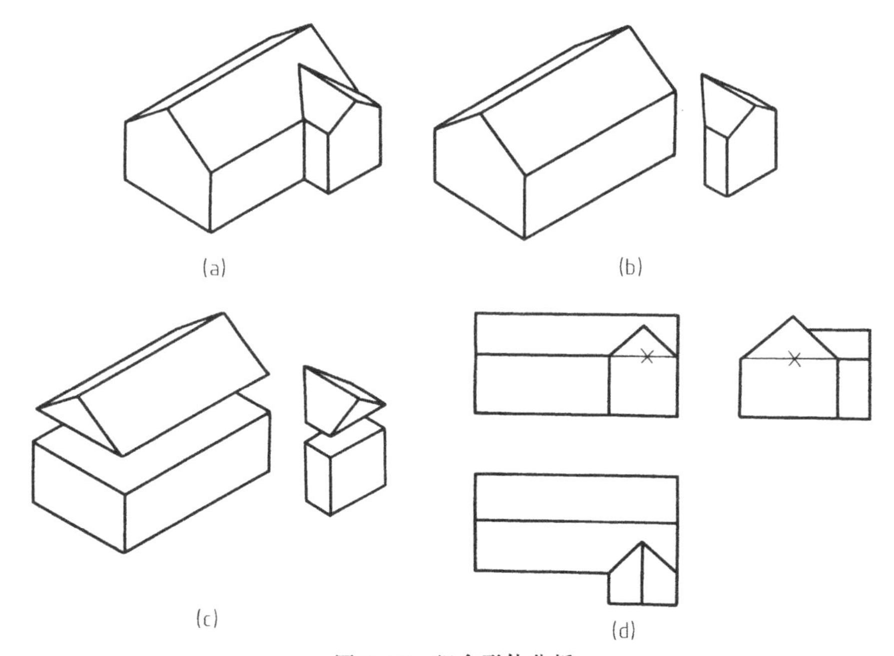

图 2-37　组合形体分析

二、组合形体的投影图画法

如图 2-39 所示的烟囱与屋面叠加，已知水平投影和侧面投影，补画正面投影。由于烟囱四个棱面的水平投影和屋面的侧面投影都有积聚性，所以烟囱的正面投影可利用积聚性投

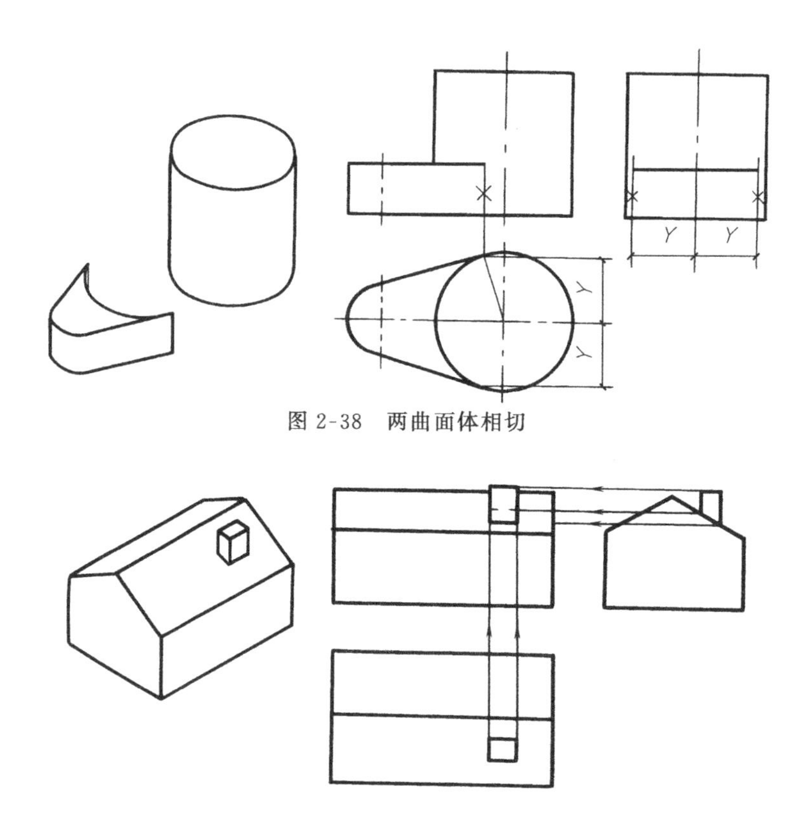

图 2-38　两曲面体相切

图 2-39　叠加型组合形体画法

影直接求得。

图 2-40(a) 所示为歇山式屋顶的房屋形体，屋顶形状可看作三棱柱被左右对称的侧平面和正垂面切去两角而形成，已知正面投影和侧面投影，补画水平投影。

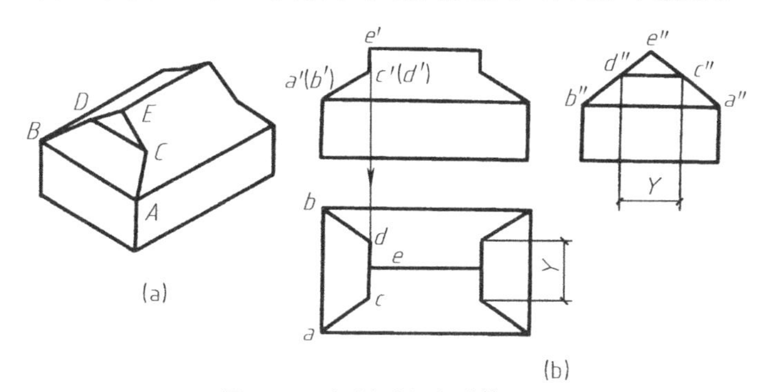

图 2-40　切割型组合形体画法

根据三面投影的投影关系，A、B 和 E 点的水平投影可由正面投影 a'、b'、e' 和侧面投影 a''、b''、e'' 直接求得。由于侧平面与正垂面的交线 CD 是正垂线，其正面投影 $c'(d')$ 重影，水平投影 c、d 可按长对正、宽相等的投影关系作出，如图 2-40(b)。

［**例 2-9**］ 已知某影剧院外形的正面和水平投影，补画侧面投影，如图 2-41。

1. 形体分析

影剧院前后对称，由六部分组成。

圆柱体（部分）A　正面投影左下方矩形线框与水平投影对应的圆形（部分）线框，为圆柱形（部分）的两面投影；

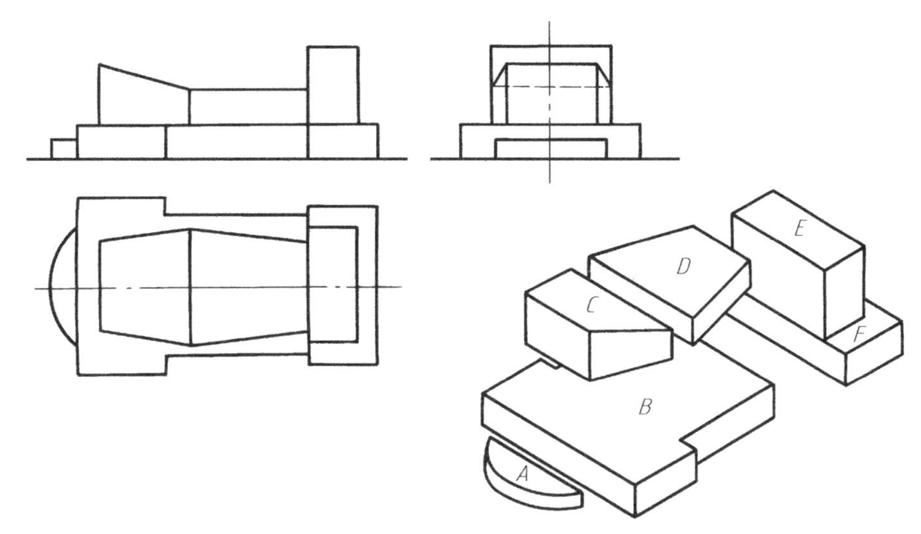

图 2-41　组合形体的形体分析与作图

T 形底面八棱柱体 *B*　根据正面投影两个相邻的矩形线框，对应水平投影的 *T* 形线框，可确定 *B* 是 *T* 形底面的八棱柱体。

上部为斜面的等腰梯形四棱柱 *C*　正面投影具有左高右低的梯形线框，对应水平投影中的等腰梯形，可确定 *C* 是一个以等腰梯形为底面，顶面倾斜的四棱柱体。

等腰梯形四棱柱体 *D*　正面投影为矩形线框，相对应的水平投影为等腰梯形，可确定 *D* 是一个底面为等腰梯形的四棱柱体，它与 *C* 共侧面。

四棱柱体 *E* 和 *F*　它们的正面投影为矩形线框，分别对应水平投影中的矩形线框，即为四棱柱 *E* 和 *F* 的两面投影。

2. 补画侧面投影

综合以上分析、逐步想像出影剧院的整体形状，按“长对正、高平齐、宽相等”的投影关系，逐个画出各基本形体的侧面投影。

三、组合形体的构型设计

本节提出的构型设计，仅仅是在熟悉基本形体表达方法的基础上，将这些基本形体通过构思构成一些组合形体，以培养观察、分析和综合能力，有利于开拓思路，发挥想像力和创造力，初步建立构型设计的概念和方法。

（一）构型基本方法

1. 叠加型

给定若干基本形体，如图 2-42(a) 所示的四棱柱、半圆柱和三棱柱。通过变换其相对位置，构思设计多种不同造型的组合形体，如图 2-42(b)。必须注意，当两个基本形体叠加以后，哪些地方应画线，哪些地方不应画线，请读者认真思考。

2. 切割型

如果给定一个四棱柱或圆柱，通过不同方式的切割，也可以构思多种不同的形体。如图 2-43 所示两组形体的正面和水平投影，经过不同的切割，分别画出它们的侧面投影。由此可看出，有些形体仅仅根据两面投影，不一定能确定形体的形状，只有画出另一个投影才能完整表达该形体的形状。必须指出：对于一些基本形体如图 2-44 所示的三棱柱、四棱柱、圆柱、圆锥等，用两面投影，一个投影反映侧面形状，另一个投影反映端面形状，就完整地

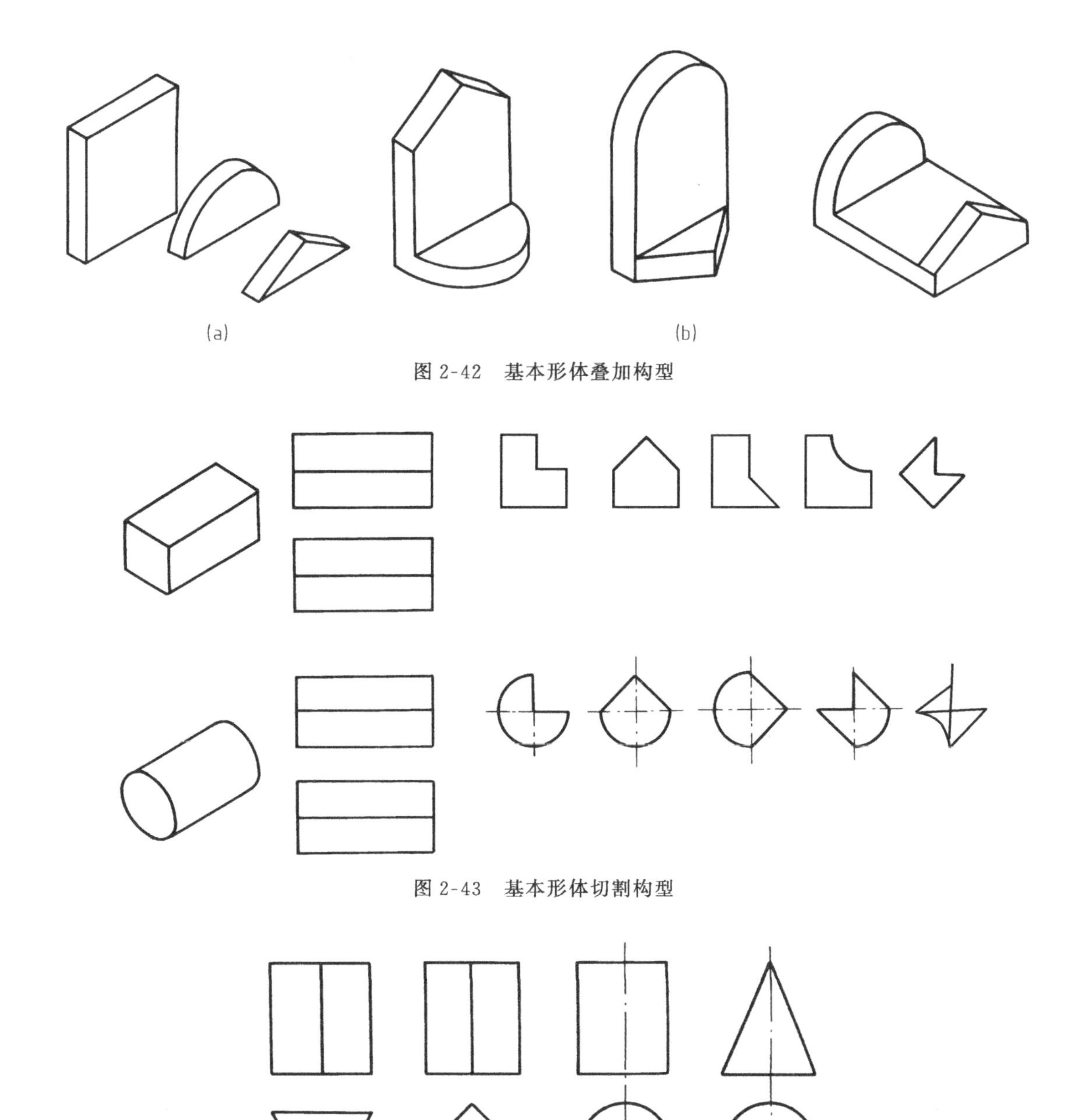

图 2-42　基本形体叠加构型

图 2-43　基本形体切割构型

图 2-44　两个投影面能表达清楚的基本形体

表达了它们的形状特征。但是，如果将四棱柱按图 2-45(a) 所示的位置表示，则需三个投影图才能表达清楚，这是因为如果只有反映侧面形状的正面投影和反映端面形状的水平投影时，并不能确切地表示其形状，如图 2-45(b)、(c)。

3. 综合型

如果给定组合形体的一个投影，如图 2-46(a) 所示的正面投影，由五个封闭线框：一个三角形、一个梯形和三个矩形组成，它们的空间形体可以是平面体，也可以是曲面体，这样就可以构思出多种组合形体的构型，如图 2-46(b) 所示。

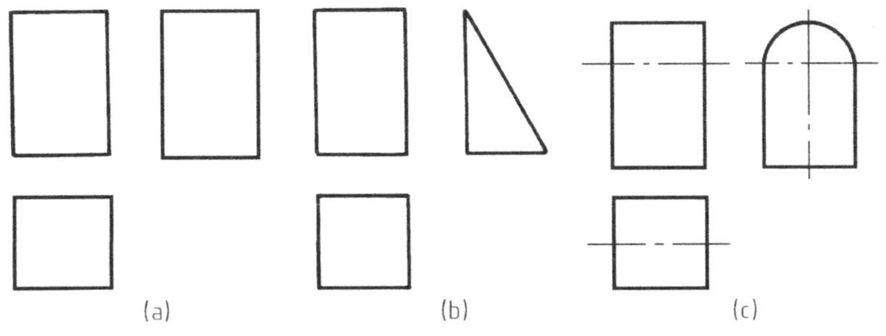

图 2-45　三个投影图才能表达清楚的基本形体

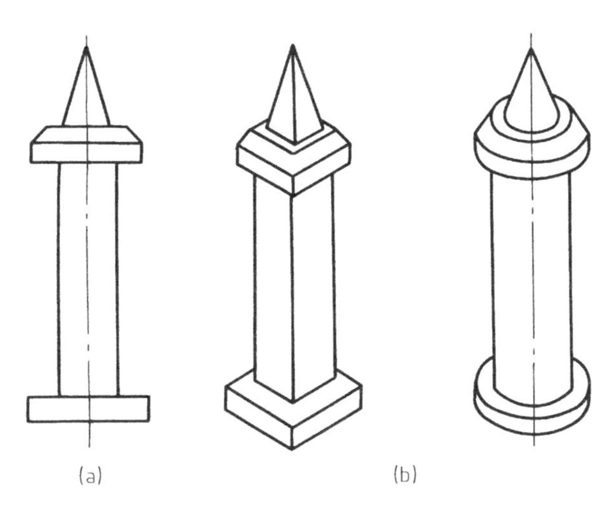

图 2-46　由一个投影图构思不同的形体

（二）构型设计举例

给定一个长方体，要求经过切割分解后，不丢弃任何部分再构成一个组合形体（等体积变换）。

如图 2-47 所示为一个房屋形体。

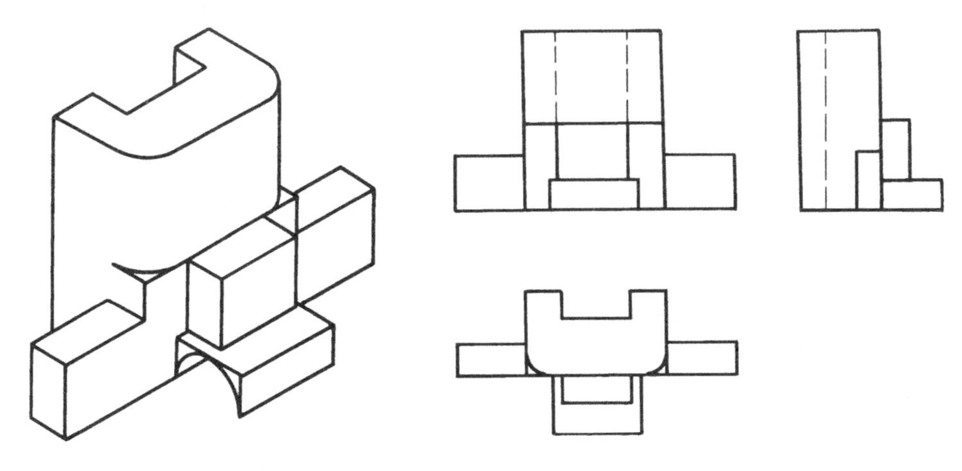

图 2-47　构型设计举例

第三章

建筑形体表面交线

第一节 概　　述

任何建筑形体都是由若干基本形体经过切割、叠加或相交构成的组合形体。在组合形体和建筑形体的表面上，经常会出现一些交线，这些交线有些是平面与形体相交产生的，有些则是两个形体相交而形成的。

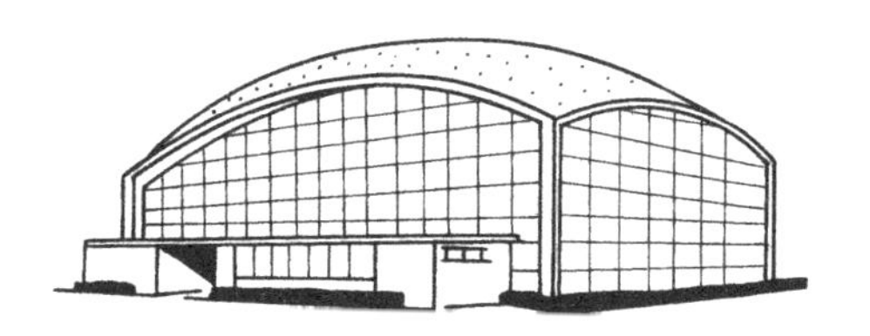

(a) 某网球馆外形

(b) 某商店的屋面交线

图 3-1　建筑形体上的表面交线

如图 3-1(a)所示某网球馆，它的球壳屋面是由平面切割球体而形成的。图 3-1(b)所示商店屋顶上的棱锥形天窗和拱形老虎窗，它们与坡屋面相交而形成了屋面交线。

平面与形体相交产生的表面交线称为截交线。如图 3-2 所示，假想用来切割形体的平面称为截平面，截平面与形体表面产生的交线称为截交线，截交线所围成的平面图形称为断面。截交线是截平面与形体表面的共有线，并且是封闭的平面折线或平面曲线。

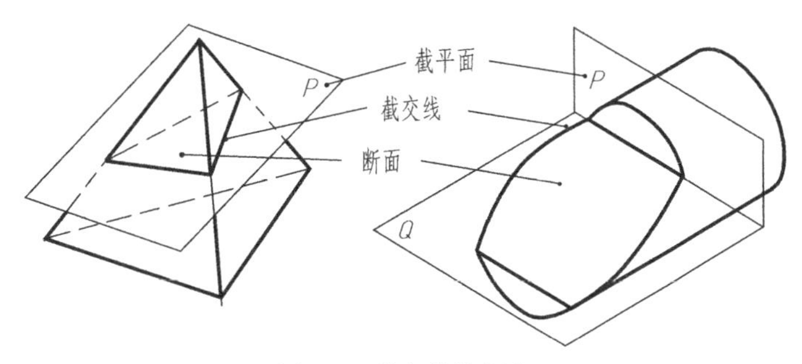

图 3-2 截交线的概念

两个形体相交形成的表面交线称为相贯线。如图 3-3 所示，两形体相交称为相贯，按相贯体表面性质不同，可分为三种情况：两平面体相贯，如图 3-3(a)；平面体与曲面体相贯，如图 3-3(b)；两曲面体相贯，如图 3-3(c)。

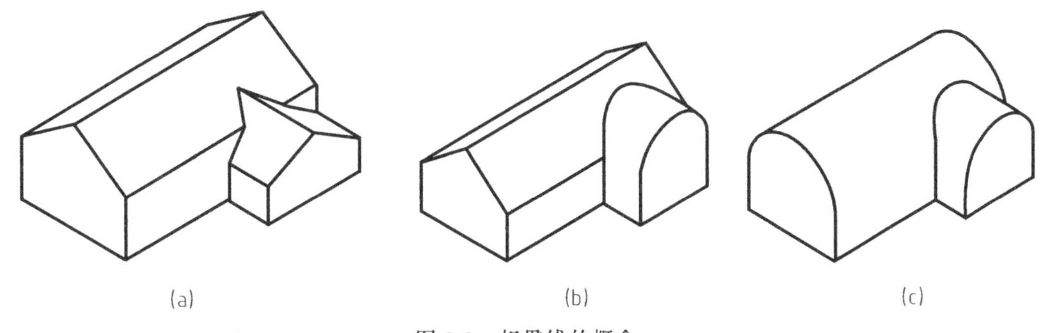

图 3-3 相贯线的概念

相贯线是两形体表面共有线，一般情况下，相贯线是封闭的空间折线或空间曲线。

对于建筑形体，从其形体构成的角度来分析，都是由基本形体切割或相交而形成各种不同的造型。掌握基本形体截交线和相贯线的画法，对今后识读或绘制建筑图样是有帮助的。本章将阐述不同的基本形体，并通过建筑形体实例来分析截交线与相贯线画法。

第二节 切割型建筑形体

一、平面体截交线画法

由于平面体是由平面围成，所以平面体的截交线是封闭的平面折线，即平面多边形。如图 3-4(a)所示，截平面 P 切割四棱锥，截交线为四边形。四边形的四条边分别是截平面与四棱锥各棱面的交线。四边形的四个顶点分别是平面体各棱线与截平面的交点。

1. 平面切割四棱锥

分析

由于截平面 P 是正垂面，所以截交线的正面投影积聚成直线，水平投影和侧面投影都是四边形（类似形），只要求得四棱锥的四条棱线与 P 面的交点，依次连接即可完成作图，如图 3-4(b)。

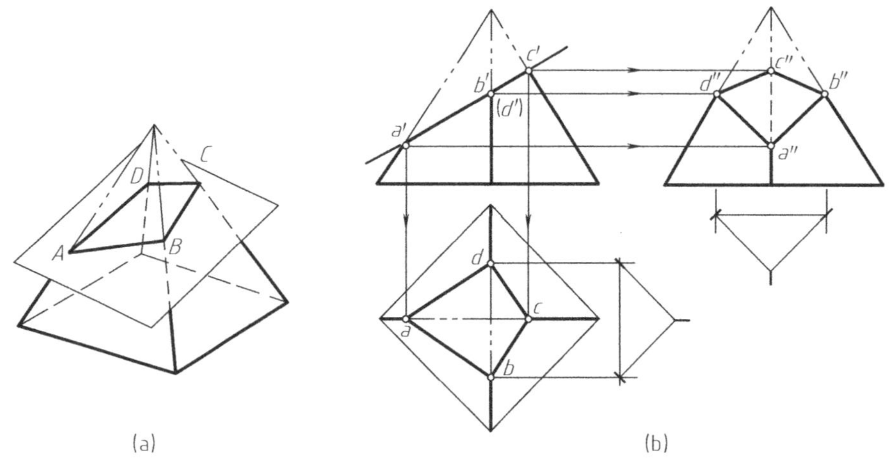

图 3-4　平面与四棱锥相交

作图

① 根据 a'、c' 可直接求得 a、c 和 a''、c''。

② 由 b'、d' 先求得 b''、d''，再按宽相等求得 b、d。

③ 分别连接 a、b、c、d 和 a''、b''、c''、d''，完成作图。注意侧面投影中四棱锥右边棱线的一段虚线不要漏画。

2. 平面切割四棱柱

分析

截平面 P 与四棱柱的四个棱面及上底面相交，截交线是五边形，如图 3-5 所示。五边形的五个顶点分别是 P 面与四棱柱三条棱线以及上底面两条边线的交点。由于 P 为正垂面，所以截交线的正面投影与 P' 重合。四棱柱的各棱面为铅垂面，截交线的水平投影与四棱柱各棱面的水平投影重合。截平面与棱柱上底面的交线为正垂线，其正面投影积聚为一点，水平投影反映实长。

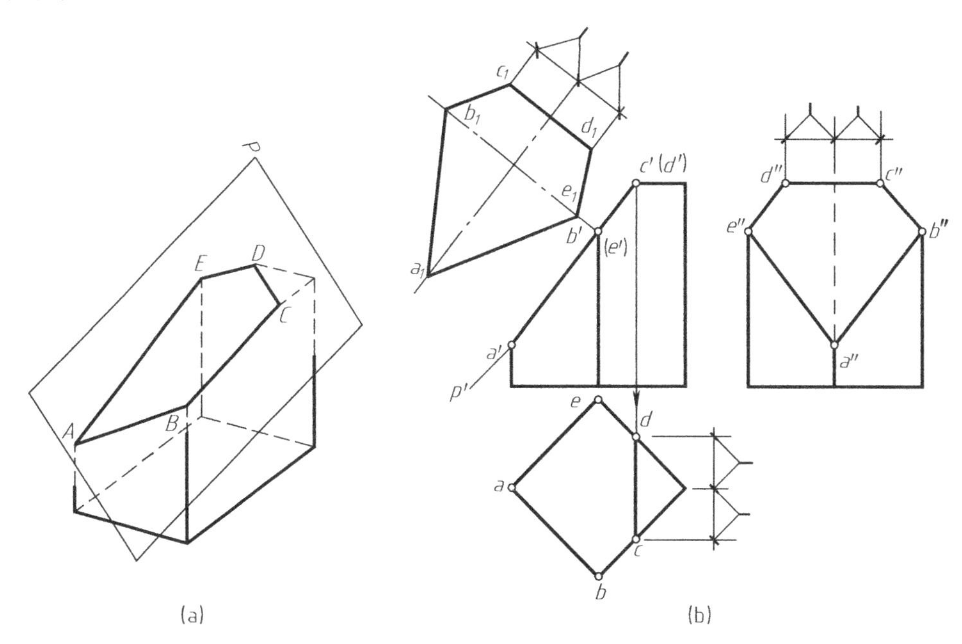

图 3-5　平面与四棱柱相交

作图

① 由 a'、b'、e'可直接求得 a''、b''、e''。

② 由 P 平面与四棱柱上底面交线的正面投影 $c'(d')$，求得水平投影 c、d，再按宽相等求得侧面投影 $c''d''$。

③ 依次连接 a''、b''、c''、d''、e''即为所求截交线的侧面投影。

④ 求断面实形要建立新投影面 H_1（为简化作图，H_1 与 P 平面重合），作出截交线在 H_1 面上的投影 $a_1b_1c_1d_1e_1$ 即为所求实形。

［**例3-1**］ 图 3-6(a)所示屋顶天窗是一个四棱柱被几个平面切割而形成，为表达清楚，将天窗画成坡度较小的立体图，如图 3-6(b)。已知如图 3-6(c)所示天窗的正面和水平投影，补画侧面投影。

分析

由给出的正面和水平投影（对照立体图）分析，天窗前后、左右对称。由于 AB 是正垂线，包含正垂线的平面必定是正垂面，所以 AOE、BOH 和 AOF、BOG 都是正垂面。同样，CD 是侧垂线，包含侧垂线的平面必定是侧垂面，所以 COE、COH 和 DOF、DOG 都是侧垂面。因此，正面投影中两条斜线表示正垂面的积聚性投影。同样，在侧面投影中也有两条表示侧垂面积聚性投影的斜线。根据已知天窗表面交线的正面和水平投影，可求得侧面投影。

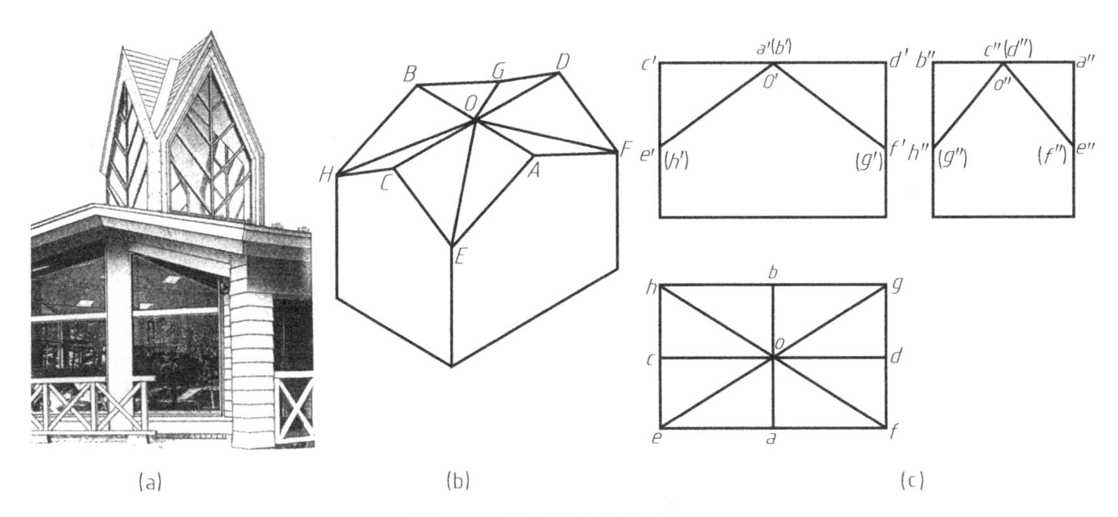

图 3-6 天窗的屋面交线

作图

① 正垂线 AB 的侧面投影反映实长，侧垂线 CD 的侧面投影积聚成一点，与 O 重影。分别标出它们的侧面投影 $a''(b'')$、$c''(d'')$ 和 o''。

② 分别标出 E、F、G、H 的侧面投影 h''、(g'')、e''、(f'')。

③ 连接 $c''e''$和 $c''h''$，两条斜线表示侧垂面积聚性投影，完成作图，如图 3-6(c)。

图 3-7(a)所示某大厦的屋顶，也是四棱柱被几个平面切割而形成的，其屋面交线与天窗类似，只是由于将中点 O 提高以后，使屋脊线 AB 和 CD 不再是正垂线和侧垂线，AO、OB 和 CO、OD 分别是侧平线和正平线，如图 3-7(b)所示。请读者自行分析屋顶表面交线的性质和作图方法。

二、曲面体截交线画法

曲面体被平面切割时，其截交线一般为平面曲线，特殊情况下是直线。作图的基本方法

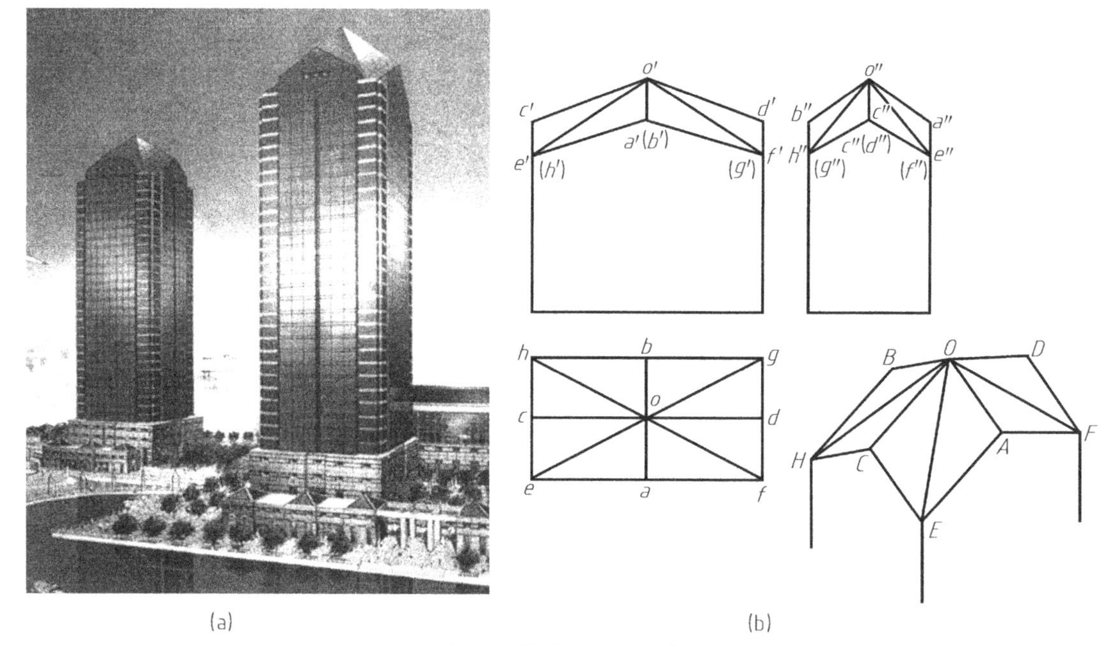

(a) (b)

图 3-7　某大厦屋面交线

是求出曲面体表面上若干条素线与截平面的交点，然后光滑连接而成。截交线上的一些能确定其形状和范围的点，如最高、最低点，最左、最右点，最前、最后点，以及可见与不可见的分界点等，均为特殊点。作图时，通常先作出截交线上的特殊点，再按需要作出一些中间点，最后依次连接各点，并注意投影的可见性。

平面切割立体时，截交线的形状取决于立体表面的形状和截平面与立体的相对位置。当平面与曲面体相交时，截交线的形状和性质如表 3-1 所示。

表 3-1　平面与曲面体相交

截平面与圆柱轴线平行 截交线为矩形 (a)	截平面与圆柱轴线倾斜 截交线为椭圆或椭圆弧加直线 (b)
截平面与圆锥轴线倾斜 当$\alpha<\theta$时 截交线为椭圆或椭圆弧加直线 α θ (c)	截平面与圆锥轴线倾斜 当$\alpha=\theta$时 截交线为抛物线加直线 θ α (d)

续表

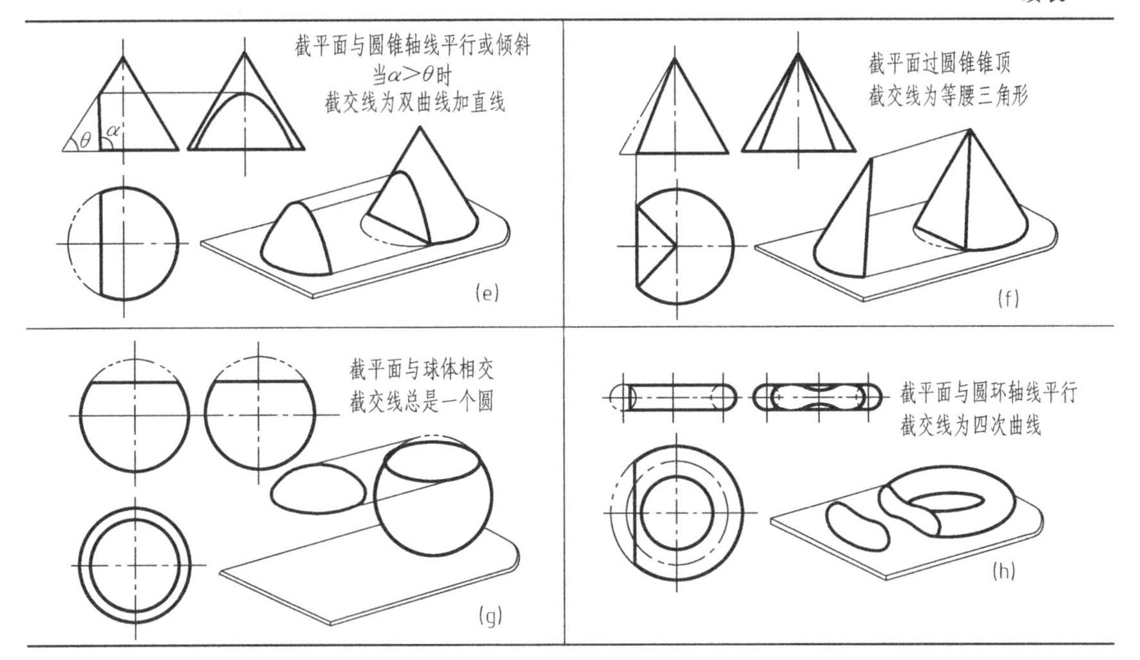

1. 平面与圆柱相交

图 3-8 所示为圆柱被正垂面 P 斜切，截交线为椭圆的作图过程。

分析

由于截平面 P 是正垂面，所以椭圆的正面投影积聚在 P'上，水平投影与圆柱面的水平投影重合为圆，侧面投影为椭圆。

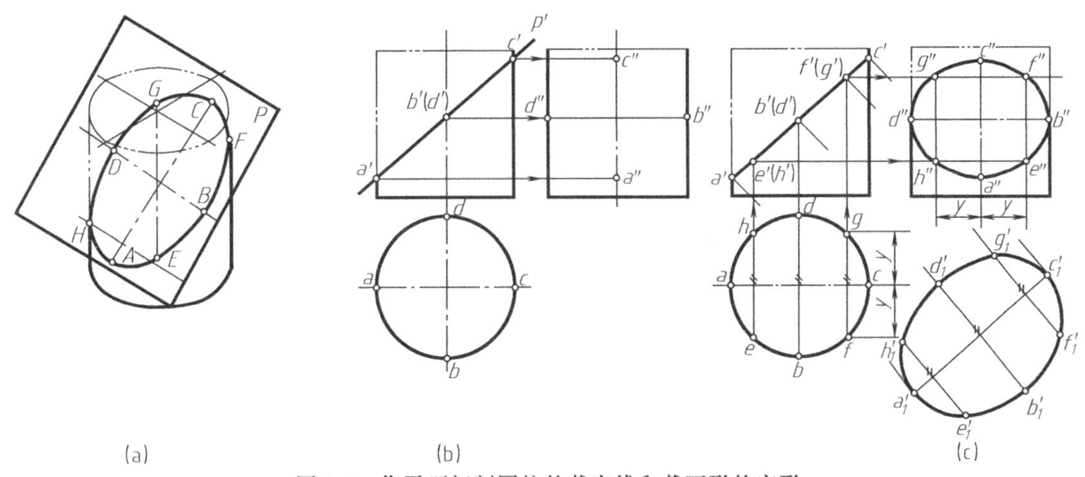

图 3-8 作平面切割圆柱的截交线和截面形的实形

作图

① 求特殊点 由图 3-8(a)可知，最低点 A、最高点 C 是椭圆长轴两端点，也是位于圆柱最左、最右素线上的点。最前点 B、最后点 D 是椭圆短轴两端点，也是位于圆柱最前、最后素线上的点。如图 3-8(b)所示，A、B、C、D 的正面投影和水平投影可利用积聚性直接求得。然后根据正面投影 a'、b'、c'、d'和水平投影 a、b、c、d 求得侧面投影 a''、b''、c''、d''。

② 求中间点 为了准确作图，还必须在特殊点之间作出适当数量的中间点，如图 3-8

(a)中的 E、F、G、H 各点，可先作出它们的水平投影，再作出正面投影，然后根据水平投影 e、f、g、h 和正面投影 e'、f'、g'、h'作出侧面投影 e''、f''、g''、h''。

③ 依次光滑连接 $a''e''b''f''c''g''d''h''$，即为所求截交线椭圆的侧面投影。用换面法作出椭圆实形，如图 3-8(c)。

必须注意：随着截平面 P 与圆柱轴线倾角的变化，所得截交线椭圆的长、短轴的投影也相应变化。当 P 面与轴线成 45°角时，椭圆长、短轴的侧面投影相等，即为圆。

［**例 3-2**］ 补全接头的正面投影和水平投影，如图 3-9(a)。

分析

接头是一个圆柱体左端开槽（中间被两个正平面、一个侧平面切割）、右端切肩（上、下被水平面和侧平面对称地切去两块）而形成。所得截交线为直线和平行于侧面的圆。

作图

① 槽口截交线正面投影的位置由侧面投影和水平投影确定，如图 3-9(b)。

② 切肩截交线水平投影的宽度由侧面投影确定，如图 3-9(c)。

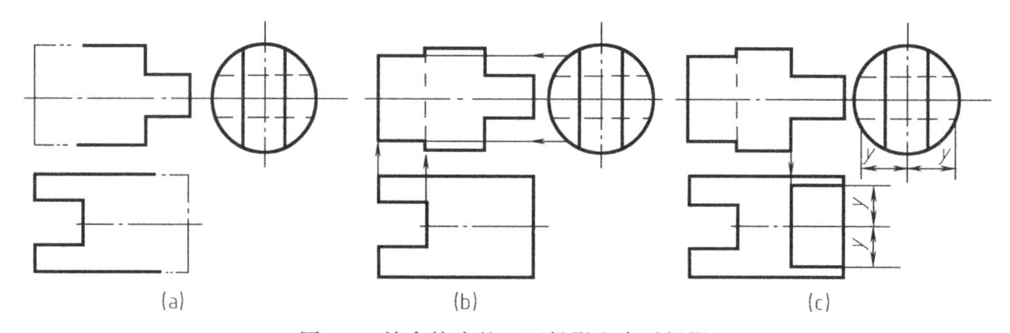

图 3-9 补全接头的正面投影和水平投影

必须注意：由图 3-9(c)中的水平投影可知，最高和最低两条素线因左端切口而截去一段，所以在正面投影中投影转向轮廓线的左端上、下两小段不应画出。又由正面投影可知，右端由水平面截切圆柱，截交线应为矩形；侧平面截切圆柱，截交线为上下两段圆弧，其水平投影积聚为直线。因为最前和最后两条素线未被截去，所以圆柱水平投影右端的转向轮廓是完整的。

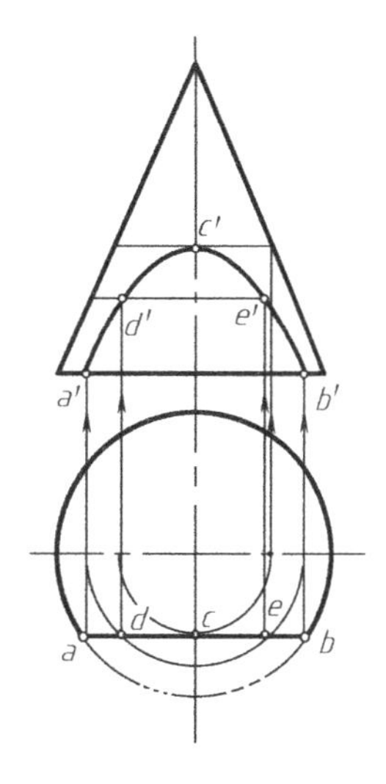

图 3-10 正平面切割圆锥

2. 平面与圆锥相交

如图 3-10 所示为圆锥被正平面切割后形成截交线的作图过程。

分析

由于截平面为正平面，所以截交线的水平投影积聚为直线。可由截交线的水平投影用辅助纬圆法或辅助素线法求作正面投影，如图 3-10。

作图

① 求特殊点 截交线的最低点 A、B 是截平面与圆锥底圆的交点，可直接作出 a、b 和 a'、b'。由于截交线的最高点 C 是截平面与圆锥面上最前素线的交点，所以最高点 C 的水平投影 c 在 ab 的中点处，过 C 点作与 ab 相切的水平纬圆作出 c'。

② 求中间点 在截交线的适当位置作水平纬圆，该圆的水平投影与截交线的水平投影交于 d、e，即为截交线上两点的水平投影，由 d、e 作出 d'、e'。依次光滑连接 $a'd'c'e'b'$，

即为截交线的正面投影，如图 3-10。

3. 球面截交线画法

平面切割圆球时，其截交线均为圆。当截平面平行于投影面时，截交线在该投影面上的投影反映其真实大小的圆，另外两投影分别积聚成直线，如图 3-11 所示。必须注意图中确定截交线圆半径的方法。

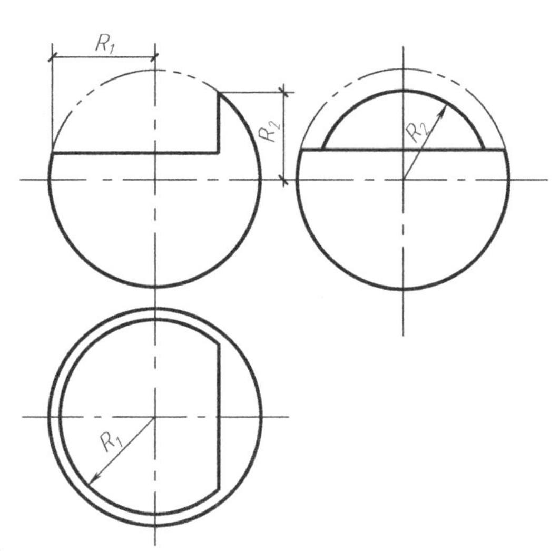

图 3-11　平面与圆球相交

［**例 3-3**］ 如图 3-1(a)所示的网球馆，已知球壳屋面的跨度 l 和球半径 R，如图 3-12(a)，作球壳屋面的投影。

分析

球壳屋面是半径为 R 的半球，被两对对称的、相距为 l 的正平面和侧平面切割，如图 3-12(a)。球面被正平面切割后截交线的正面投影反映圆弧的实形，侧面投影成为两条铅垂线。球面被侧平面切割后截交线的侧面投影反映圆弧的实形，正面投影成为两条铅垂线。

作图

① 以 AB 为直径作出截交圆弧的正面投影（圆弧实形）和侧面投影（两条铅垂线）。以 CD 为直径作出截交圆弧的侧面投影（圆弧实形）和正面投影（两条铅垂线）。如图3-12(b)。

② 擦去多余作图线，描深球壳屋面的轮廓线，完成作图。

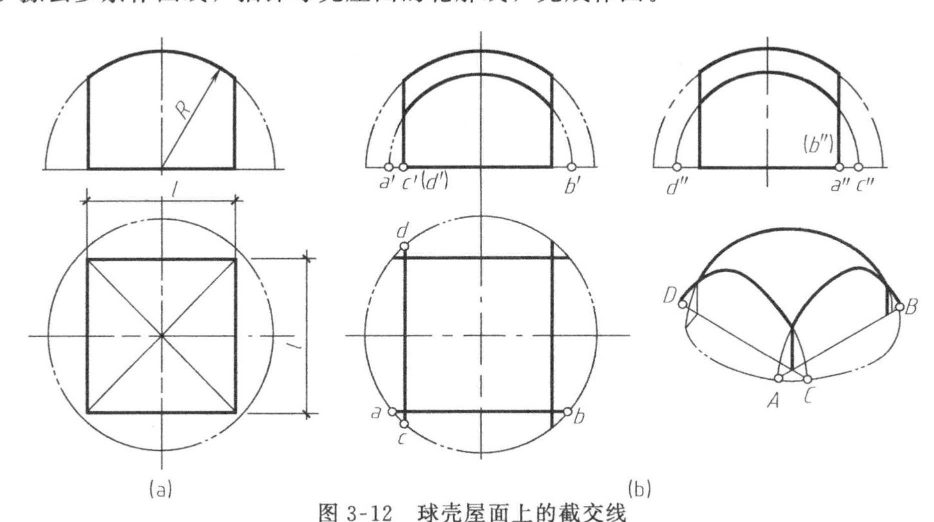

图 3-12　球壳屋面上的截交线

第三节　相交型建筑形体

有些建筑物是由两个或两个以上的基本形体相交组成的。两相交形体称为相贯体，它们的表面交线（相贯线）是两形体表面的共有线，相贯线上的点是两形体表面的共有点。

一、两平面体的表面交线

如图 3-13 所示，烟囱与坡屋面相交，其形体可看成是由四棱柱与五棱柱相贯，相贯线

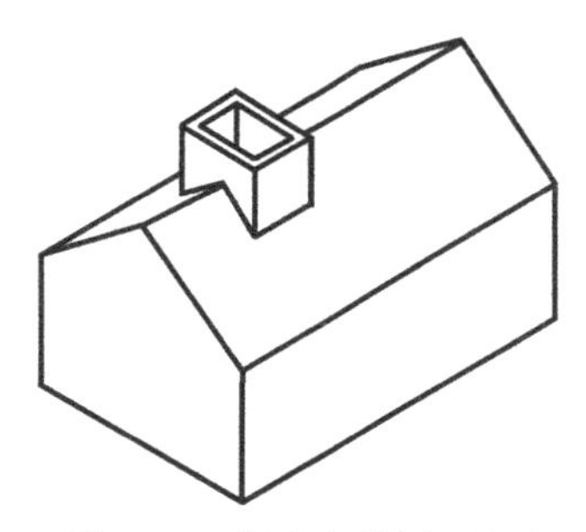

图 3-13 烟囱与坡屋面相交

是封闭的空间折线，折线的每一段分别属于两立体侧面的交线，折线上每个顶点都是一形体上的棱线与另一形体侧面的交点。因此，求两平面体的相贯线实际上是求两平面的交线或直线与平面的交点。

［**例 3-4**］ 已知屋面上老虎窗的正面和侧面投影，如图3-14(a)。求作老虎窗与坡屋面的交线以及它们的水平投影。

分析

从图 3-14(b)老虎窗的实例可看出，老虎窗可看作棱线垂直于正面的五棱柱与坡屋面相交，交线的正面投影与老虎窗的

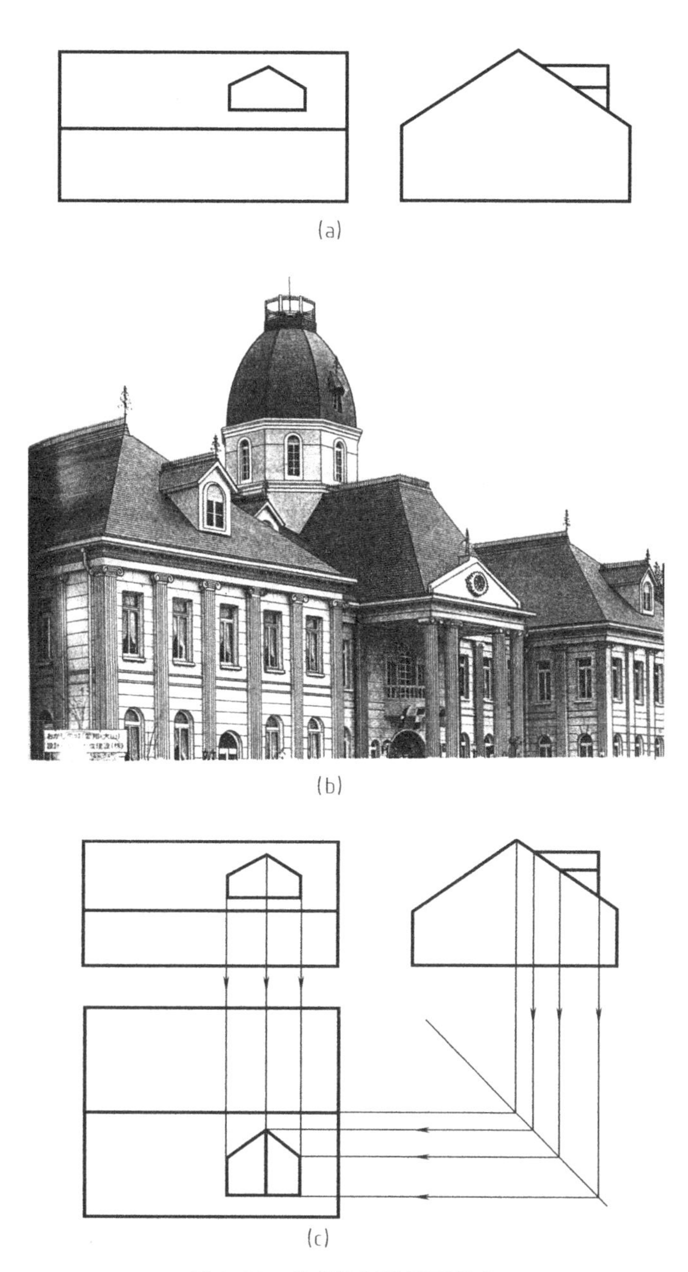

图 3-14 老虎窗与坡屋面相交

正面投影（五边形）重合。坡屋面是侧垂面，侧面投影积聚成斜线，交线的侧面投影也在此斜线上。因此，根据已知交线的正面和侧面投影，便可作出水平投影。作图过程如图 3-14(c)所示。

［**例 3-5**］ 求作高低房屋相交的表面交线，如图 3-3(a)。

分析

高低房屋相交，可看成两个五棱柱相贯，由于两个五棱柱的底面（相当于地面）在同一平面上，所以相贯线是不封闭的空间折线。两个五棱柱中的一个五棱柱的棱面都垂直于侧面，另一个五棱柱的棱面都垂直于正面，所以交线的正面、侧面投影为已知，根据正面、侧面投影求作交线的水平投影。作图结果如图 3-15 所示。

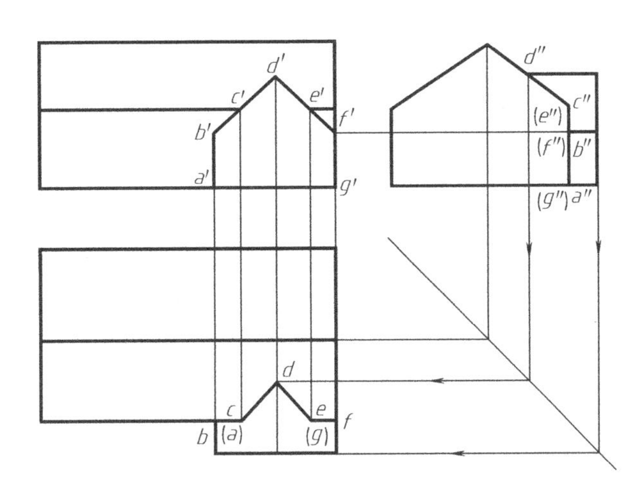

图 3-15 高低房屋的表面交线

［**例 3-6**］ 屋面交线实例

分析

如图 3-16(a)所示，该建筑实例是一个完全几何化造型的屋顶。在圆柱形建筑上面的四棱锥屋顶，四个棱面上有五棱柱形状的老虎窗。屋顶的水平投影如图 3-16(b)所示。利用立体表面上已知一个投影借助辅助线求作另一投影的方法，求得老虎窗与屋面的交线以及老虎窗的正面和侧面投影。

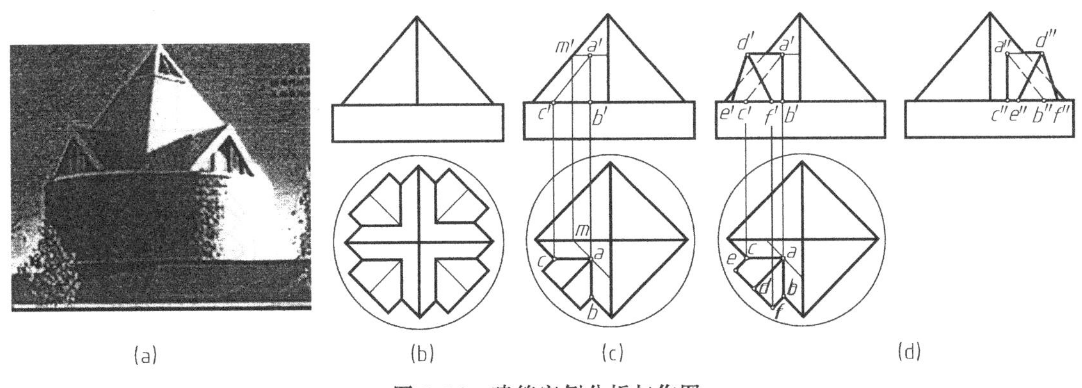

图 3-16 建筑实例分析与作图

作图

① 如图 3-16(c)所示，在水平投影上，过 a 作四棱锥底边的平行线 am，由 m 求得 m'，

再由 a 求得 a'。由 b、c 直接求得 b'、c'，则 $a'b'$、$a'c'$ 和 ab、ac 即为老虎窗与四棱锥表面交线的两投影。

② 如图 3-16(d)所示，已知 A、D 在同一高度，EF 在四棱锥底面上，由水平投影中的 d、e、f 求得 d'、e'、f'，连接 $d'a'$、$d'e'$、$d'f'$ 即为老虎窗的正面投影。

③ 用类似的方法求出老虎窗及其与屋面交线的侧面投影。必须注意，$a'c'$ 和 $a''b''$ 被五棱柱外形轮廓遮住为不可见，应画虚线。

二、平面体与曲面体的表面交线

平面体与曲面体相交，如图 3-17(a)所示的圆锥薄壳基础，其交线是由几段平面曲线组成的空间曲线。每段曲线是平面体上的棱面与曲面体的截交线。每两段曲线的交点即平面体上棱线与曲面体的贯穿点。由此可见，求作平面体与曲面体的表面交线，可归结为求截交线和贯穿点的问题。

［**例 3-7**］ 求作圆锥形薄壳基础的表面交线

分析

如图 3-17 所示，圆锥形薄壳基础可看成由四棱柱和圆锥相交。四棱柱的四个棱面平行于圆锥轴线，它们与圆锥表面的交线为四段双曲线。四段双曲线的连接点就是四棱柱四条棱线与锥面的交点。由于四棱柱的四个棱面是铅垂面，所以交线的水平投影与四棱柱的水平投影重合。

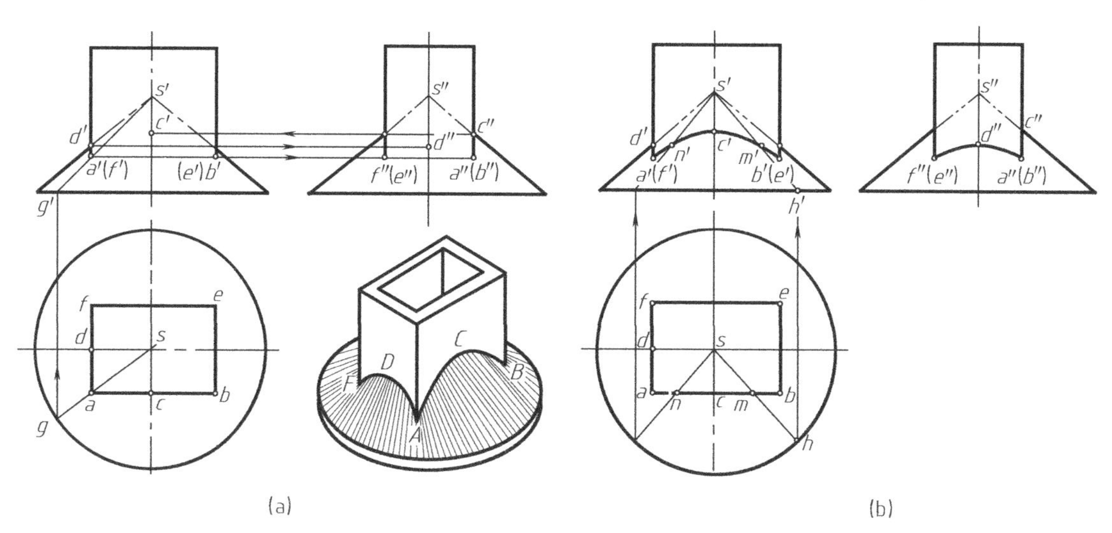

图 3-17 圆锥形薄壳基础的表面交线

作图

① 求特殊点。如图 3-17(a)所示，先求四棱柱四条棱线与锥面的交点 A、B、E、F。可由已知的四个点的水平投影如 a、b，用素线法求得 a'、b' 和 a''、b''。再求出四棱柱前棱面和左棱面与锥面交线（双曲线）的最高点 C、D，可由 C 点的侧面投影 c'' 求得 c'，再由 D 点的正面投影 d' 求得 d''。

② 求一般点。如图 3-17(b)所示，同样用素线法求得对称的一般点 M、N 的正面投影 m'、n'。

③ 连线　分别在正面和侧面投影中，将求得各点依次连接成 $a'n'c'm'b'$ 和 $f''d''a''$，完成作图。如图 3-17(b)。

三、两曲面体的表面交线

两曲面体表面的相贯线，一般是空间曲线，特殊情况下可能是平面曲线或直线。相贯线上的每个点都是两形体表面的共有点，因此，求作两曲面体的相贯线时，通常是先求出一系列共有点，然后依次光滑连接相邻各点。

如图 3-18(a)所示圆柱形屋面上有一圆柱形烟囱，可将它们看成是两个大小不同的轴线垂直相交的圆柱体相贯，相贯线为封闭的空间曲线。由于直立小圆柱的水平投影有积聚性，水平大圆柱（半圆柱）的侧面投影有积聚性，所以相贯线的水平投影与小圆周重合，侧面投影与大圆周（部分）重合。因此，需要求作的仅是相贯线的正面投影。作图方法如图 3-18(b)、(c) 所示。

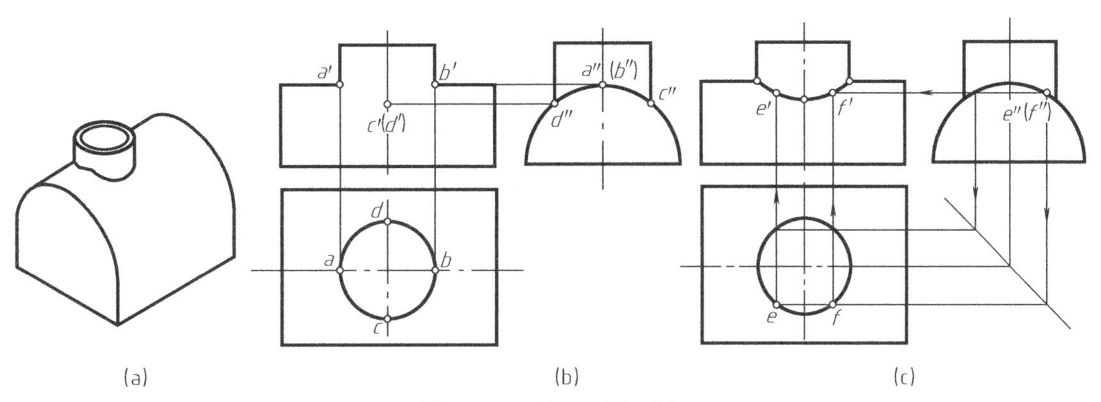

图 3-18　不等径圆柱正交

(1) 求特殊点　水平圆柱的最高素线与直立圆柱的最左、最右素线的交点 A、B 是相贯线上最高点，也是最左、最右点。a'、b'，a、b 和 a''、b''均可直接作出。直立圆柱的最前、最后素线与水平圆柱表面的交点 C、D 是相贯线上最低点，也是最前、最后点。c''、d''，c、d 可直接作出，再由 c''、d''和 c、d 求得 c'、d'。如图 3-18(b)。

(2) 求中间点　利用积聚性，在侧面投影和水平投影上定出 e''、f''和 e、f，再由 e''、f''和 e、f 作出 e'、f'。同样方法求出相贯线上一系列点，光滑连接各点即为相贯线的正面投影，如图 3-18(c)。

[**例 3-8**]　求作半圆柱屋面与拱形屋面的表面交线，如图 3-19(a)。

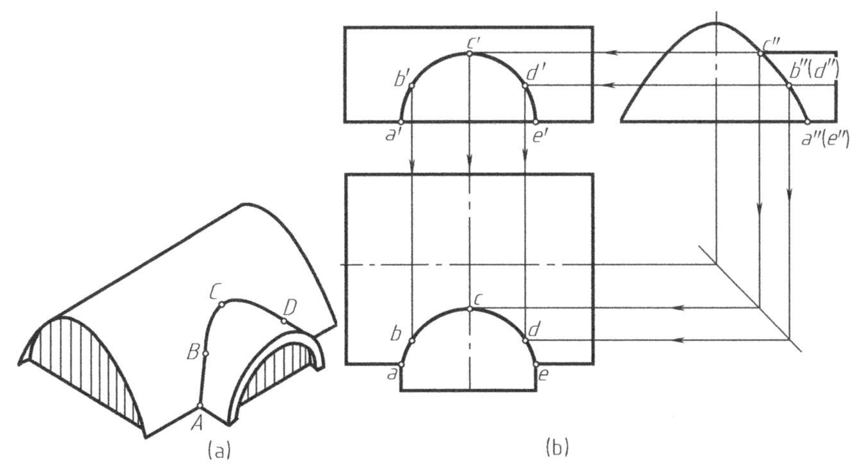

图 3-19　拱形屋面的表面交线

分析

拱形屋面的大拱面轴线垂直于侧面，小圆柱面轴线垂直于正面，它们的轴线垂直相交，且平行于水平面。屋面的表面交线是空间曲线，其正面投影与小圆柱面的正面投影（半圆周）重合，侧面投影与大拱面的侧面投影（抛物线）重合，其水平投影可根据有积聚性的正面和侧面投影求得。

作图方法与图 3-18 类似，先作出交线上的特殊点，最高点 C 和最低点 A、E（也是最左、最右点）的水平投影 c、a、e。再作出中间点 B、D 的水平投影 b、d。将 a、b、c、d、e 光滑连成曲线，完成作图，如图 3-19(b)。

［**例 3-9**］ 两拱形通道斜交，求作其外表面的交线，如图 3-20(b)。

分析

拱形通道的上部为不同直径的两个半圆柱形，轴线相交且平行于水平面，轴线以下的表面均为铅垂面。两圆柱部分交线的侧面投影积聚在大圆柱的侧面投影圆周（部分）上，需要求作交线的正面和水平投影，如图 3-20(a)。

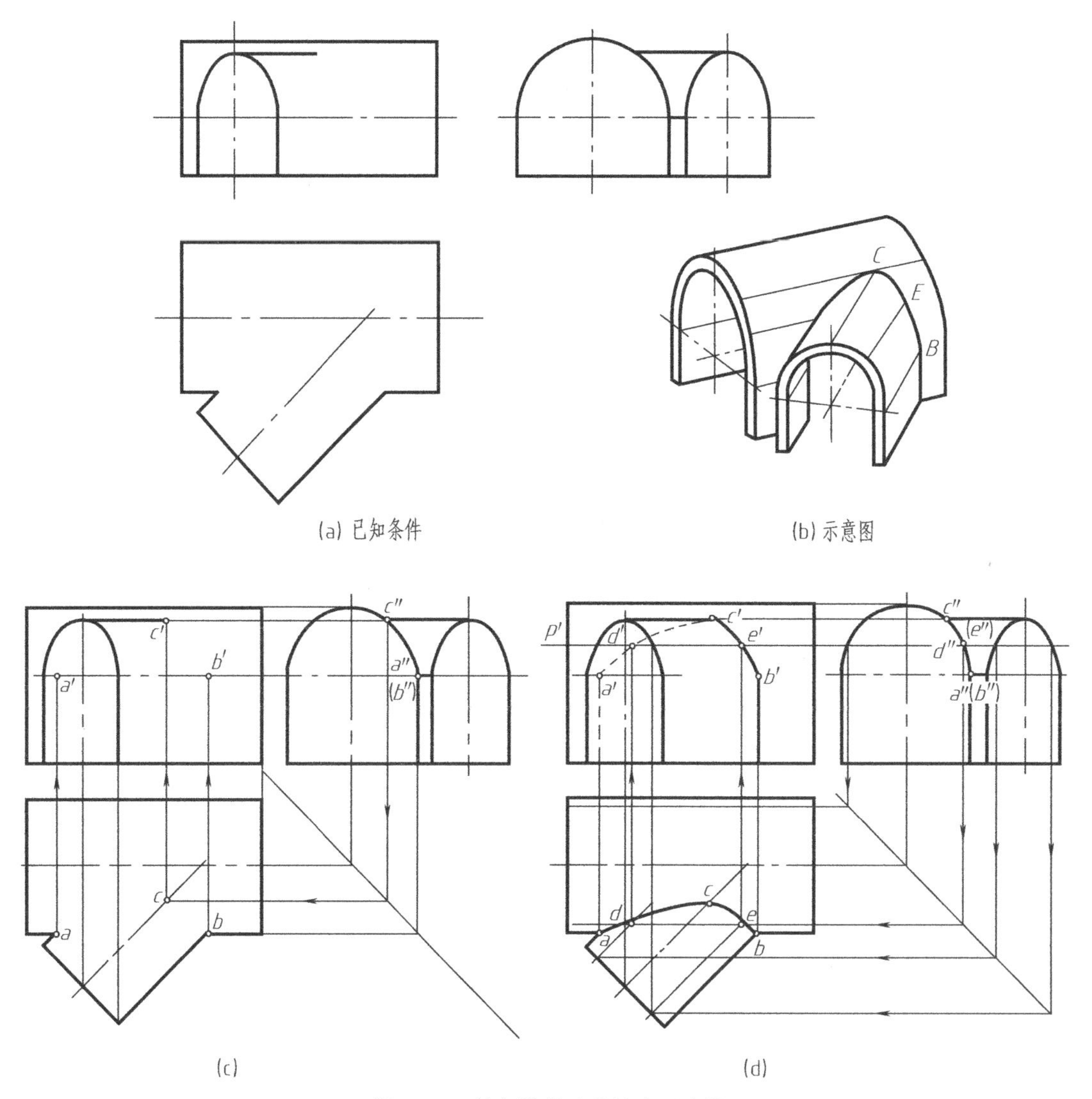

(a) 已知条件　(b) 示意图

(c)　(d)

图 3-20　斜交拱形通道的表面交线

作图

① 求特殊点。先作出两圆柱部分交线的最高点 C 和最低点 A、B，它们是斜向小圆柱的最高、最低素线与大圆柱面的交点，可利用大圆柱积聚性的侧面投影求得各投影。由于两圆柱的轴线在同一水平面上，水平投影中两轮廓线的交点 a、b，即为交线的最低点（也是最左、最右点）A、B 的水平投影，由此求得 a'、b'，如图 3-20(c)。

② 求中间点。采用水平面 P 作为辅助截平面，P 面截两圆柱面得两矩形截交线，它们的水平投影交点 d、e 即为圆柱表面交线上点 D、E 的水平投影。再由 d、e 求得 d'、e'（在 P 面积聚性的正面投影 P'上），如图 3-20(d)。

③ 连线。依次光滑连接 $adceb$ 和 $a'd'c'e'b'$，同时作出通道轴线以下铅垂面的交线（在正面投影中过 a'、b'向下作铅垂线）。

④ 判别可见性。交线的水平投影全部可见，正面投影中 $a'd'c'$以及 a'以下的铅垂线均为不可见，其余各段均为可见，如图 3-20(d)。

四、曲面形体表面交线的特殊情况

如前所述，两曲面形体的表面交线在一般情况下是空间曲线。但在工程上常遇到两个回转曲面，如圆柱面、圆锥面等二次曲面，如果两个回转曲面共同外切于圆球时，这两个回转曲面的表面交线为二次平面曲线而不是空间曲线。常见的特殊情况有下列三种。

① 具有同轴的两回转体相交时，其表面交线为垂直于该轴线的圆。如图 3-21(a)、(b) 所示，同轴的圆柱或圆锥与圆球相交时，它们的交线为一公共的纬圆。这种形式常用于水塔等构筑物的造型如图 3-21(c)。

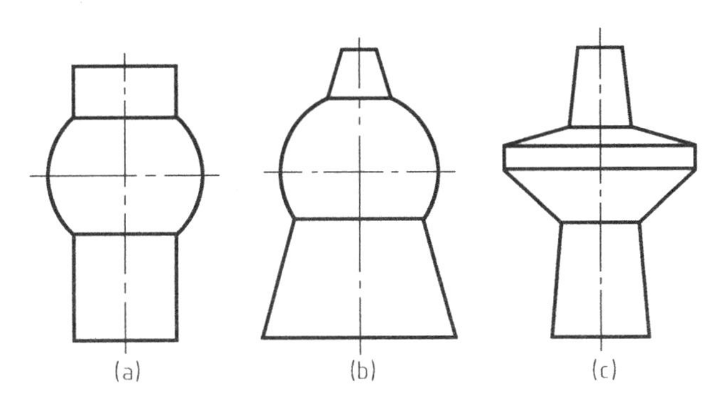

图 3-21　同轴回转体相交

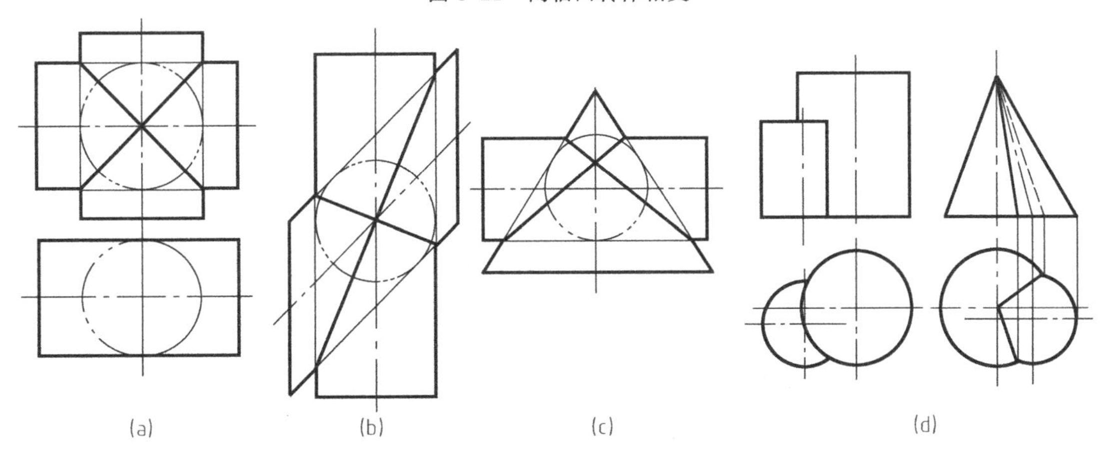

图 3-22　具有公切球的曲面体相交

② 两个回转曲面相交，且具有公共内切圆球时，其表面交线为平面曲线。如两等径圆柱正交时，交线为两个大小相等的椭圆，如图 3-22(a)。当两等径圆柱斜交时，表面交线为两个长轴不相等，而短轴相等的椭圆，如图 3-22(b)。当圆柱与圆锥轴线相交，且有公共内切圆球时，表面交线也是一对椭圆，如图 3-22(c)。

③ 当两圆柱面的轴线平行或两圆锥面共锥顶时，表面交线为直线（即素线），如图 3-22（d）。

建筑工程上常用的十字拱屋面，就是由两等径圆柱面正交所构成，如图 3-23。此外，还用于管道连接等，如图 3-24。

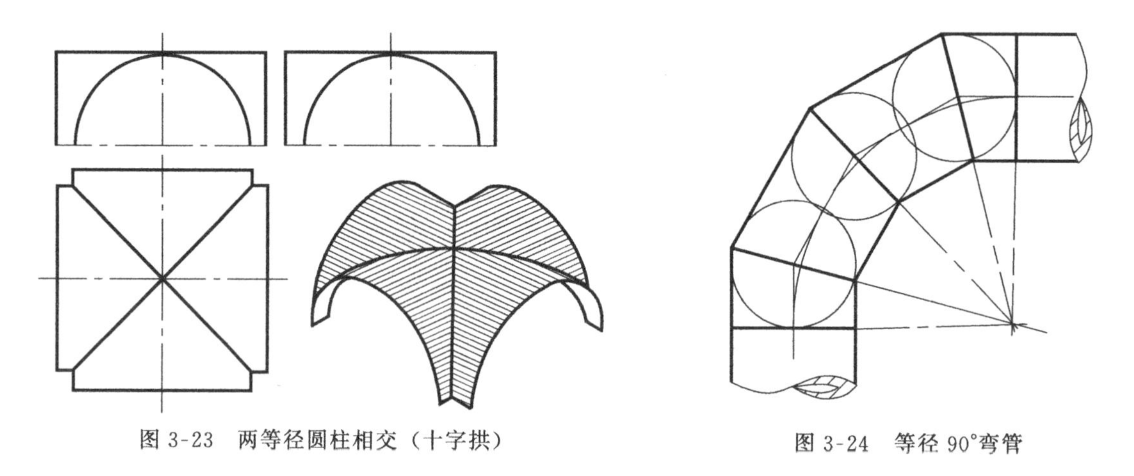

图 3-23　两等径圆柱相交（十字拱）

图 3-24　等径 90°弯管

第四节　同坡屋面交线画法

在坡顶屋面中，如果同一屋面上各坡面与水平面的倾角 α 相等，称为同坡屋面。同坡屋面上各种交线的名称如图 3-25(a)所示。

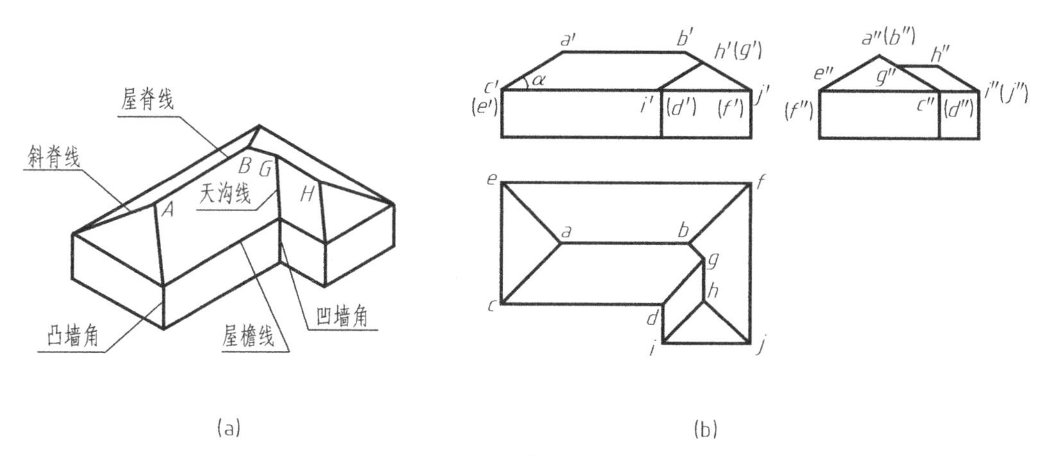

图 3-25　同坡屋面

对于屋檐线等高的同坡屋面的屋面交线及其投影有如下规律。

① 屋檐线平行且等高的相邻两坡面，必交于一条水平屋脊线，屋脊线的水平投影平行于两屋檐线的水平投影且与其等距。

② 屋檐线相交的相邻两坡面，必交于斜脊线或天沟线，其水平投影为两屋檐线水平投影夹角的分角线。斜脊线位于凸墙角，天沟线位于凹墙角。如果墙角均为直角，则斜脊线或天沟线的水平投影与屋檐线的水平投影成 45°角。

③ 屋面上如果有一斜脊与天沟相交于一点，则必有一条水平屋脊相交于该点。这个点就是三个相邻屋面的公有点。如图 3-25(b)中 A、B、G、H 各点。

［**例 3-10**］ 已知图 3-26(a)所示四坡顶屋面的平面形状及坡面倾角 α，求作屋面交线。

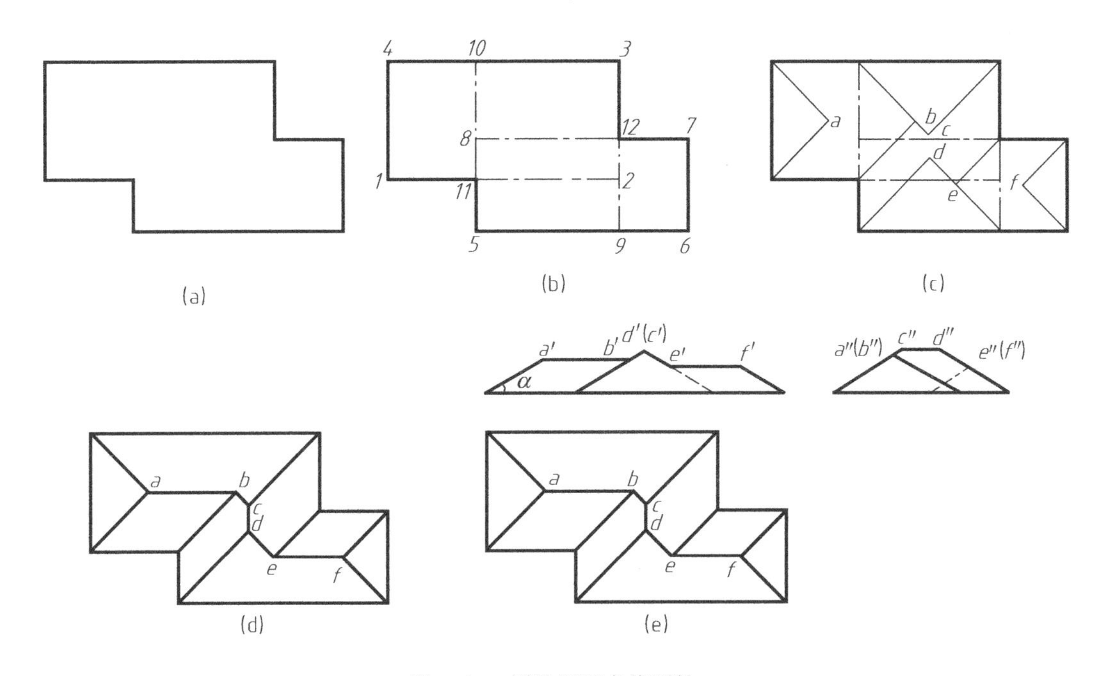

图 3-26 同坡屋面交线画性

作图

① 延长屋檐线的水平投影成为三个重叠的矩形：1 2 3 4、5 6 7 8、5 9 3 10。如图 3-26(b)。

② 画斜脊线和天沟线的水平投影，分别作出屋顶平面各顶点的分角线（45°），交于 a、b、c、d、e、f，如图 3-26(c)。凸角处是斜脊线，凹角处是天沟线。

③ 画出各屋脊线的水平投影，即连接 ab、bc、cd、de、ef。擦去无墙角处的 45°线（交点 9、10 处的分角线），如图 3-26 (d)。

④ 根据屋顶坡面的倾角 α 和投影作图规律，作出屋面的正面和侧面投影，完成作图，如图 3-26(e)。

第四章

轴测图与透视图

正投影图能够准确、完整地表达建筑形体的形状和大小，并且作图简便，但是缺乏立体感。因此，工程上也采用一种能反映形体的长、宽、高三个方向形状，富有立体感的单面投影，作为辅助图样来表达建筑物的造型以及构配件的立体形象或表现管网系统的走向等。常用的立体图有两种：轴测图和透视图。

第一节 轴 测 图

一、轴测图概述

1. 轴测图的形成

如图 4-1 所示，将物体用平行投影法将其投射在单一投影面上所得的具有立体感的图形称为轴测投影图，简称轴测图。该单一投影面 P 称为轴测投影面，直角坐标轴 O_0X_0、O_0Y_0、O_0Z_0 在轴测投影面上的投影 OX、OY、OZ 称为轴测轴。三条轴测轴的交点 O 称为原点。

根据投射方向与轴测投影面的相对位置，轴测图分为两类。

(1) 正轴测图　投射方向与轴测投影面垂直所得的轴测图。物体的三个坐标面都倾斜于轴测投影面，如图 4-1 中 P 面上的轴测图。

(2) 斜轴测图　投射方向与轴测投影面倾斜所得的轴测图。为作图方便，通常轴测投影面平行于 $X_0O_0Z_0$ 坐标面，如图 4-1 中 V 面上的轴测图。

2. 轴间角和轴向伸缩系数

(1) 轴间角　两根轴测轴之间的夹角，如$\angle XOY$、$\angle XOZ$、$\angle YOZ$。

(2) 轴向伸缩系数　轴测轴上的线段与坐标轴上对应线段长度的比值。如图 4-1 所示，X 轴的轴向伸缩系数 $p_1=\frac{O_0A_0}{OA}$、Y 轴的轴向伸缩系数 $q_1=\frac{O_0B_0}{OB}$、Z 轴的轴向伸缩系数 $r_1=\frac{O_0C_0}{OC}$。

轴间角和轴向伸缩系数是画轴测图的两个主要参数。正（斜）轴测图按轴向伸缩系数是否相等又分为等轴测图、二等轴测图和三等轴测图三种。本节仅介绍建筑工程中常用的正等轴测图、正面斜二轴测图以及水平斜轴测图等三种画法。

3. 轴测图的投影特性

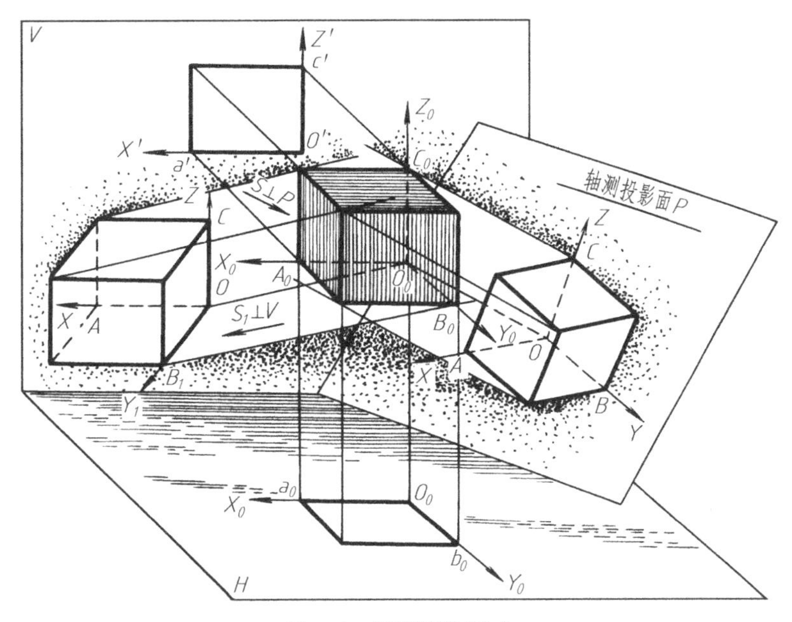

图 4-1　轴测图的形成

由于轴测图是用平行投影法绘制的，所以具有以下平行投影的特性。

① 物体上互相平行的线段、轴测投影仍互相平行；平行于坐标轴的线段，轴测投影仍平行于相应的轴测轴，且同一轴向所有线段的轴向伸缩系数相同。

② 物体上不平行于轴测投影面的平面图形，在轴测图上变成原形的类似形。如正方形的轴测投影可能是菱形，图的轴测投影为椭圆等。

画轴测图时，物体上凡是与 X、Y、Z 三轴平行的线段的尺寸（乘以轴向伸缩系数）可以沿轴向直接量取。所谓“轴测”就是指沿轴向进行测量的含义。

二、正等轴测图

1. 轴间角和简化轴向伸缩系数

（1）轴间角　正等轴测图（简称正等测）中的轴间角$\angle XOY=\angle XOZ=\angle YOZ=120°$。作图时，通常使 OZ 轴画成铅垂位置，然后画出 OX、OY 轴，如图 4-2 所示。

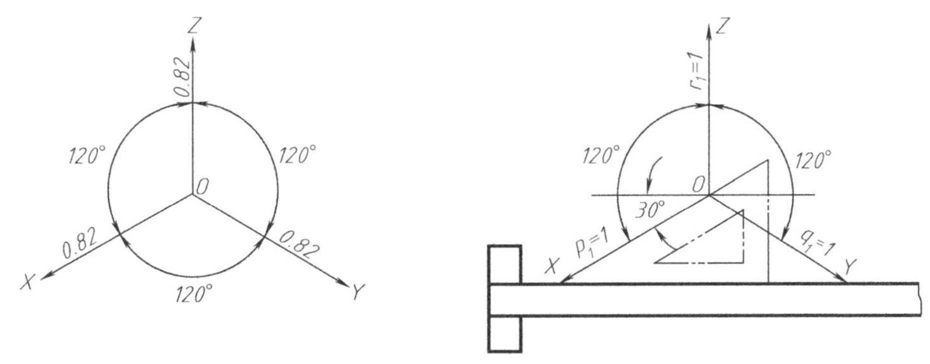

图 4-2　正等轴测图的轴间角和轴向伸缩系数

（2）简化轴向伸缩系数　正等测各轴的轴向伸缩系数都相等，由理论证明可知：$p_1=q_1=r_1\approx0.82$（证明略）。在画图时，物体的各长、宽、高方向的尺寸均要缩小约 0.82 倍。为了作图方便，通常采用简化的轴向伸缩系数 $p=q=r=1$。作图时，凡平行于轴测轴的线段，可直接按实物上相应线段的实际长度量取，不必换算。这样画出的正等测图，沿各轴向的长度分别都放大了 1/0.82≈1.22 倍，但形状没有改变。

2. 正等测画法

正等测常用的基本作图方法是坐标法。作图时，先定出空间直角坐标系，画出轴测轴，再按立体表面上各顶点或线段的端点坐标，画出其轴测投影，然后分别连线，完成轴测图。下面以一些常见的图例来介绍正等测画法。

(1) 正六棱柱

分析

如图 4-3，正六棱柱的前后、左右对称，将坐标原点 O_0 定在上底面六边形的中心，以六边形的中心线为 X_0 轴和 Y_0 轴。这样便于直接作出上底面六边形各顶点的坐标，从上底面开始作图。

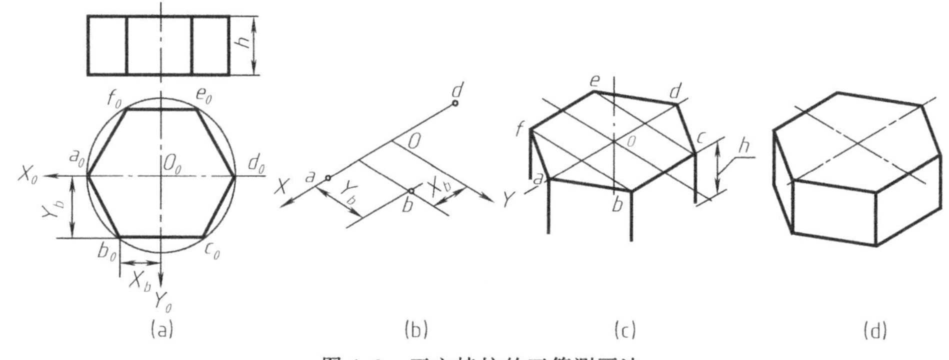

图 4-3 正六棱柱的正等测画法

作图

① 定出坐标原点及坐标轴，如图 4-3(a)。

② 画出轴测轴 OX、OY，由于 a_0、d_0 在 X_0 轴上，可直接量取并在轴测轴上作出 a、d。根据顶点 b_0 的坐标值 X_b 和 Y_b，定出其轴测投影 b，如图 4-3(b)。

③ 作出 b 点与 X、Y 轴对应的对称点 c、e、f。连接 $abcdef$ 即为六棱柱上底面六边形的轴测图。由顶点 a、b、c、f 向下画出高度为 h 的可见轮廓线，得下底面各点，如图 4-3(c)。

④ 连接下底面各点，擦去作图线，描深，完成六棱柱正等测图，如图 4-3(d)。

由作图可知，因轴测图只要求画可见轮廓线，不可见轮廓线一般不要求画出，故常将原标注的原点取在顶面上，直接画出可见轮廓，使作图简化。

(2) 切割型形体

分析

对于图 4-4(a)所示的形体，可采用切割法作图。把形体看成是一个由长方体被正垂面切去一块，再由铅垂面切去一角而形成。对于截切后的斜面上与三根坐标轴都不平行的线段，在轴测图上不能直接从正投影图中量取，必须按坐标作出其端点，然后再连线。

作图

① 定坐标原点及坐标轴，如图 4-4(a)。

② 根据给出的尺寸 a、b、h 作出长方体的轴测图，如图 4-4(b)。

③ 倾斜线上不能直接量取尺寸，只能沿与轴测轴相平行的对应棱线量取 c、d，定出斜

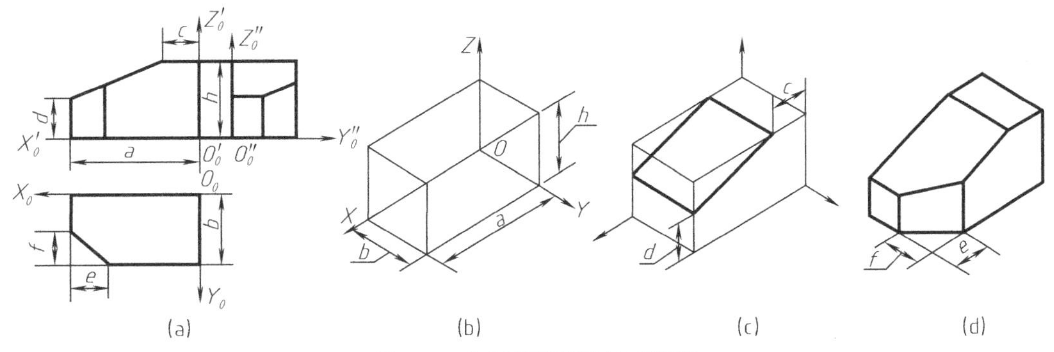

图 4-4　作切割型形体的正等测

面上线段端点的位置，并连成平行四边形，如图 4-4(c)。

④ 根据给出的尺寸 e、f 定出左下角斜面上线段端点的位置，并连成四边形。擦去作图线，描深，如图 4-4(d)。

(3) 圆柱

分析

如图 4-5，直立圆柱的轴线垂直于水平面，上、下底为两个与水平面平行且大小相同的圆，在轴测图中均为椭圆。可根据圆的直径 ϕ 和柱高 h 作出两个形状、大小相同，中心距为 h 的椭圆，然后作两椭圆的公切线即成。

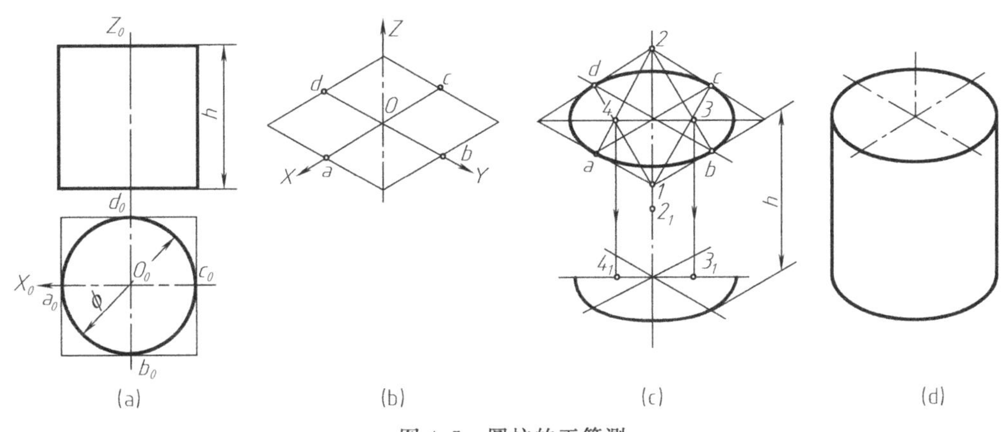

图 4-5　圆柱的正等测

作图

① 作圆柱上底圆的外切正方形，得切点 a_0、b_0、c_0、d_0，定坐标原点和坐标轴，如图 4-5(a)。

② 作轴测轴和四个切点 a、b、c、d，过四点分别作 X、Y 轴的平行线，得外切正方形的轴测菱形，如图 4-5(b)。

③ 过菱形顶点 1、2，连接 $1c$ 和 $2b$ 得交点 3，连接 $2a$ 和 $1d$ 得交点 4。1、2、3、4 各点即为作近似椭圆四段圆弧的圆心。以 1、2 为圆心，$1c$ 为半径作 $\overset{\frown}{cd}$ 和 $\overset{\frown}{ab}$；以 3、4 为圆心，$3b$ 为半径作 $\overset{\frown}{bc}$ 和 $\overset{\frown}{da}$，即为圆柱上底的轴测椭圆。将椭圆的三个圆心 2、3、4 沿 Z 轴平移高度 h，作出下底椭圆（下底椭圆看不见的一段圆弧不必画出），如图 4-5(c)。

④ 作椭圆的公切线，擦去作图线，描深，如图 4-5(d)。

当圆柱轴线垂直于正面或侧面时，轴测图画法与上述相同，只是圆平面内所含的轴线应分别为 X、Z 和 Y、Z 轴，如图 4-6 所示。

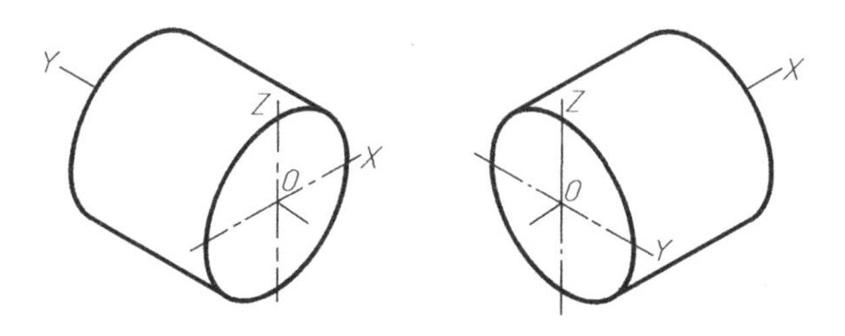

图 4-6　不同方向圆柱的正等测

（4）圆角平板

分析

平行于坐标面的圆角是圆的一部分。特别是常见的四分之一圆周的圆角，如图 4-7(a)，其正等测恰好是上述近似椭圆的四段圆弧中的一段。

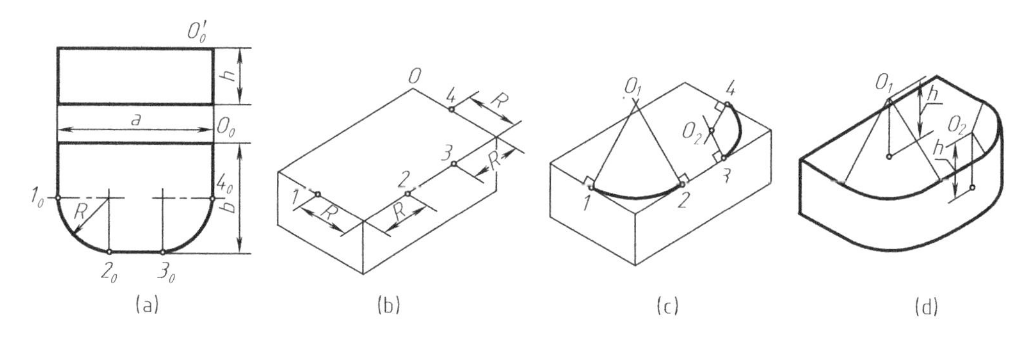

图 4-7　圆角的正等测画法

作图

① 画出平板的轴测图，并根据圆角的半径 R，在平板上底面相应的棱线上作出切点 1、2、3、4，如图 4-7(b)。

② 过切点 1、2 分别作相应棱线的垂线，得交点 O_1。同样，过切点 3、4 作相应棱线的垂线，得交点 O_2。以 O_1 为圆心，$O_1 1$ 为半径作圆弧 $\overset{\frown}{12}$；以 O_2 为圆心，$O_2 3$ 为半径作圆弧 $\overset{\frown}{34}$，即得平板上底面圆角的轴测图，如图 4-7(c)。

③ 将圆心 O_1、O_2 下移平板的厚度 h，再用与上底面圆弧相同的半径分别画两圆弧，即得平板下底面圆角的轴测图。在平板右端作上、下小圆弧的公切线，擦去作图线，描深，如图 4-7(d)。

［**例 4-1**］ 已知墙上圆形门洞的三面投影，绘制其正等测图，如图 4-8(a)。

分析

圆形门洞的中心轴线垂直于 $XoOoZo$ 坐标面。画轴测图时，应包含 OX、OZ 两根轴测轴在外墙面上作出轴测椭圆，再按墙厚作出内墙面上椭圆的可见部分。最后画出墙上三角形檐口。

作图

① 在外墙面上画出轴测轴 OX、OZ，按圆门洞直径画出菱形，参照图 4-5 和图 4-6 的

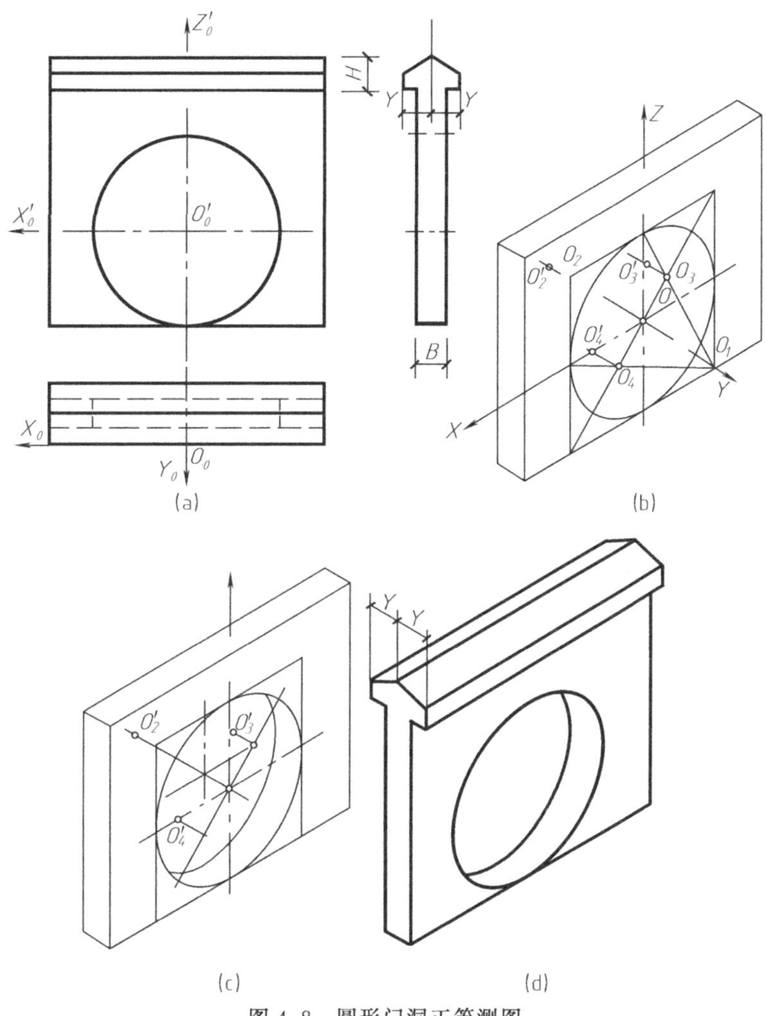

图 4-8　圆形门洞正等测图

方法定出四个圆心，分别作四段圆弧即为外墙面上圆的轴测图，如图 4-8(b)。

② 将圆心 O_2、O_3、O_4 沿 OY 轴方向移动墙厚 B 的距离得点 O_2'、O_3'、O_4'。以这些点为圆心，相应长度为半径，画出内墙上圆的可见部分，如图 4-8(c)。

③ 按墙上檐口的高度 H 和宽度 Y，画出檐口的轴测图，如图 4-8(d)。

［**例 4-2**］ 已知房屋形体的正面和水平投影，绘制其正等测图，如图 4-9(a)。

分析

该房屋是既有叠加又有切割的形体。主体部分为凹字形，右上角切割成圆角。裙房的左角切割成圆角。

作图

① 画凹字形主体和 L 形裙房的轴测图，画裙房的圆角时，参照图 4-7 的方法作出切点 1、2 和圆心 O_1，同样方法作出主体右上角圆角的切点 3、4 和圆心 O_2，如图 4-9(b)。

② 将 O_1、O_2 下移切角部分的高度，定出下底面圆弧的圆心，分别作四段圆弧，并在主体部分右上角作上、下小圆弧的公切线，即完成作图，如图 4-9(c)。

三、正面斜二轴测图

1. 轴间角和轴向伸缩系数

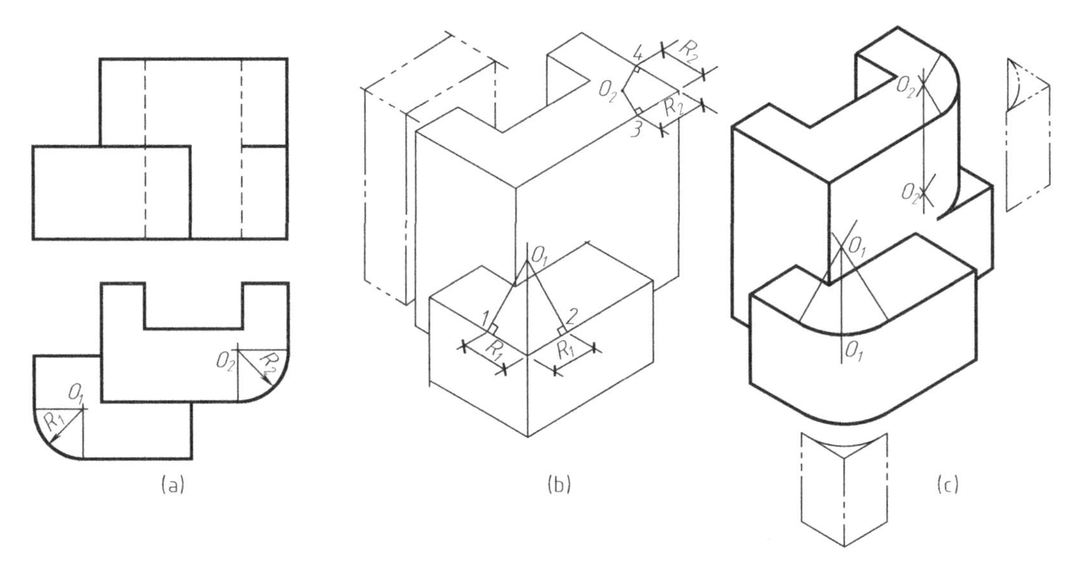

图 4-9　房屋形体的正等测图

轴测投影面 P（用 V 面代替）平行于一个坐标面，投射方向倾斜于轴测投影面时，即得正面斜二轴测图，如图 4-1 所示。由于 $X_0O_0Z_0$ 坐标面平行于 V 面，所以轴测轴 OX、OZ 分别为水平和铅垂方向，轴间角 $\angle XOZ=90°$，轴向伸缩系数 $p=q=1$。轴测轴 OY 与水平线成 45°，$\angle XOY=\angle YOZ=135°$，（$OY$ 轴与水平线也可成 30°或 60°）其轴向伸缩系数 $q=0.5$，如图 4-10(a)。

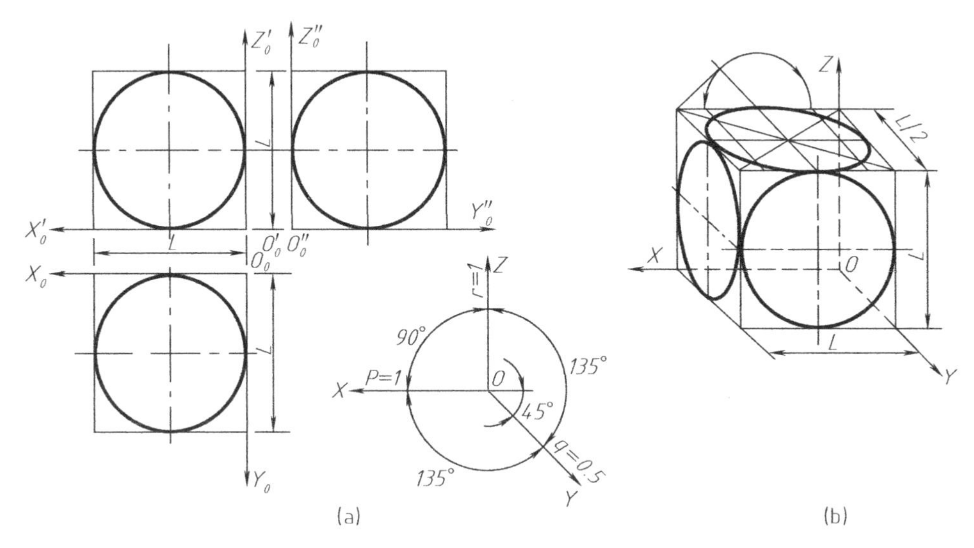

图 4-10　斜二测的轴间角和轴向伸缩系数

2. 正面斜二测画法

在正面斜二测图中，由于物体上平行于 $X_0O_0Z_0$ 坐标面的直线和平面图形，都反映实长和实形。如图 4-10(b)所示，平行于坐标面 $X_0O_0Z_0$ 的圆的正面斜二测仍为大小相同的圆，平行于坐标面 $X_0O_0Y_0$ 和 $Y_0O_0Z_0$ 的圆的正面斜二测是椭圆。椭圆可采用八点法绘制，画法见图 4-10(b)。因此，当物体上有较多的圆或曲线平行于坐标面 $X_0O_0Z_0$ 时，采用正面斜二测作图比较方便。下面以一些典型图例说明正面斜二测画法。

(1) 台阶（图 4-11）

分析

在正面斜二测图中，轴测轴 OX、OZ 分别为水平线和铅垂线，OY 轴根据投射方向确定。如果选择由右向左投射，如图 4-11(b)所示，台阶的有些表面被遮或显示不清楚，而选择由左向右投射，台阶的每个表面都能表示清楚，如图 4-11(c)。

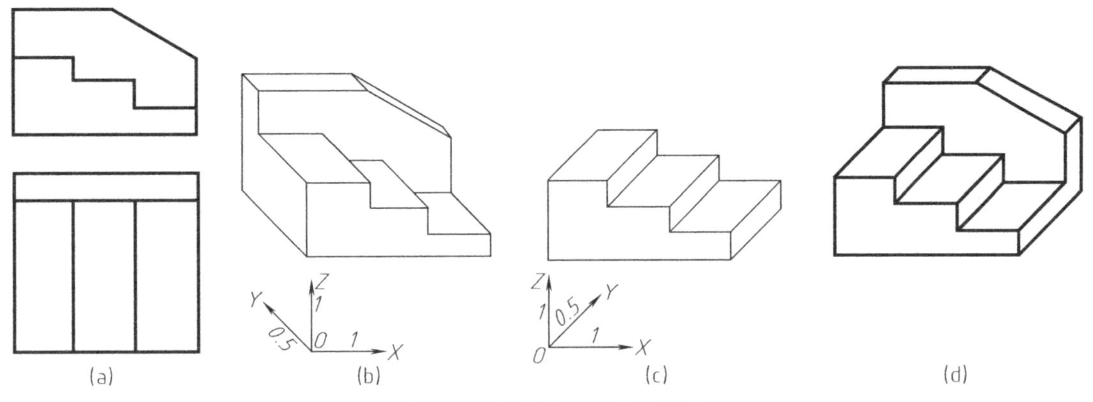

图 4-11　台阶的正面斜二测图

作图步骤如图 4-11(c)、(d)所示，画出轴测轴 OX、OZ、OY，然后画出台阶的正面投影实形，过各顶点作 OY 轴平行线，并量取实长的一半（$q=0.5$）画出台阶的轴测图，再画出矮墙的轴测图。

(2) 带切口圆柱（图 4-12）

分析

正面斜二测的特点是能反映平行于正面的平面图形的实形。图 4-12(a)所示圆柱的端面平行于侧面，为简化作图，可假设将物体斜投影到侧面上，作出侧面斜轴测图。这时，平行于圆柱底面的各个圆及圆弧的侧面投影都反映实形。

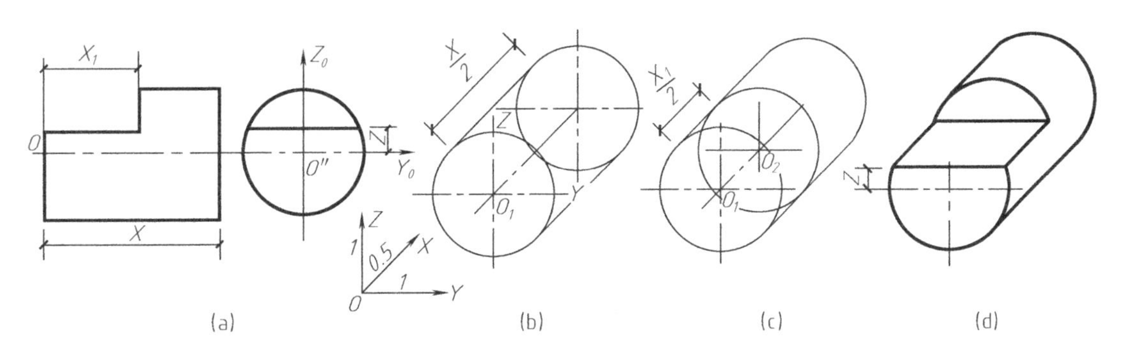

图 4-12　带切口圆柱的侧面斜二测图

作图

① 画轴测轴 OY、OZ 分别为水平线和铅垂线，OX 由左向右投射。先画出整个圆柱，其长度为$\frac{X}{2}$，如图 4-12(b)。

② 作出切口圆的圆心位置 $O_2\left(O_1O_2=\frac{X_1}{2}\right)$，作圆，如图 4-12（c）。

③ 在 O_1 和 O_2 圆周上按切口高度 Z 作平行于 OY 的水平线，再作 OX 轴的平行线连接水平线的对应端点，完成圆柱切口，如图 4-12(d)。

［**例 4-3**］ 作拱门的正面斜二测图（图 4-13）

分析

轴测投影面 XOZ 反映拱门正面投影的实形，作图时应注意 OY 轴方向各部分的相对位置以及可见性。

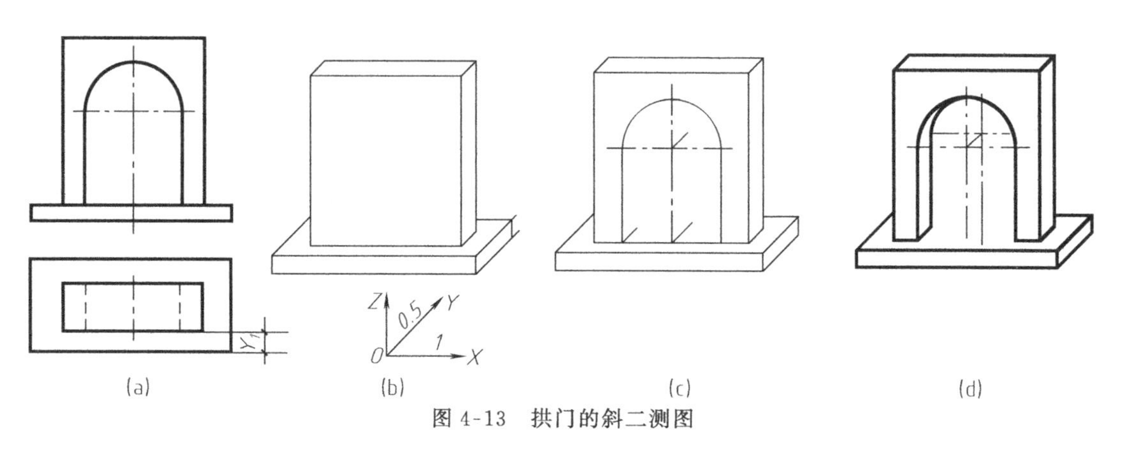

图 4-13 拱门的斜二测图

作图

① 画轴测轴，OX、OZ 分别为水平线和铅垂线，OY 轴由左向右或由右向左投射绘制的轴测图效果相同。先画底板轴测图，并在底板面上向后量取 $\frac{Y_1}{2}$，定出拱门前墙面位置线，画出外形轮廓立方体，如图 4-13(b)。

② 按实形画出拱门前墙面及 OY 轴方向线，并由拱门圆心向后量取 1/2 墙厚，定出拱门在后墙面的圆心位置，如图 4-13(c)。

③ 完成拱门正面斜二测图，注意只要画出拱门后墙面可见部分图线，如图 4-13(d)。

四、水平斜轴测图

如图 4-14(a)所示，当轴测投影面 P 与水平面 H 平行或重合时，所得的斜轴测投影称为水平斜轴测图。

水平斜轴测图的轴测轴 OX 与 OY 的伸缩系数 $p=q=1$，轴间角 $\angle XOY=90°$（反映坐标轴 OX 与 OY 的实形）。OZ 轴的伸缩系数和方向可任意选择，通常将 OZ 轴画成铅垂（或倾斜）方向，伸缩系数选择 $r=1$ 或 0.5，OX、OY 轴与水平线夹角为 30°和 60°（或

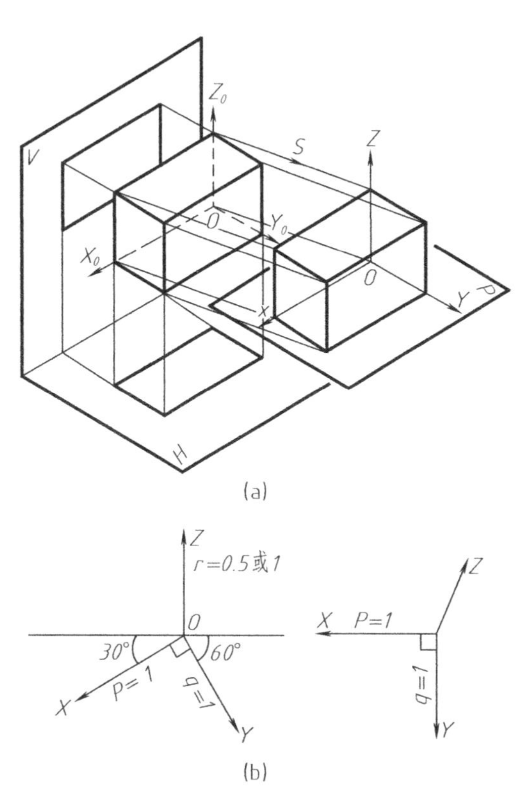

图 4-14 水平斜轴测图的形成

45°)，如图 4-14(b)。

在建筑工程上常采用水平斜轴测图表达房屋的水平剖面图或一个小区的总平面布置。如图 4-15(a)所示为房屋被水平剖切平面剖切后，将房屋的下半部分画成水平斜轴测图，表达房屋的内部布置。图4-15(b)所示为用水平斜轴测图画成的小区总平面鸟瞰图，表达小区中各建筑物、道路、绿化等。

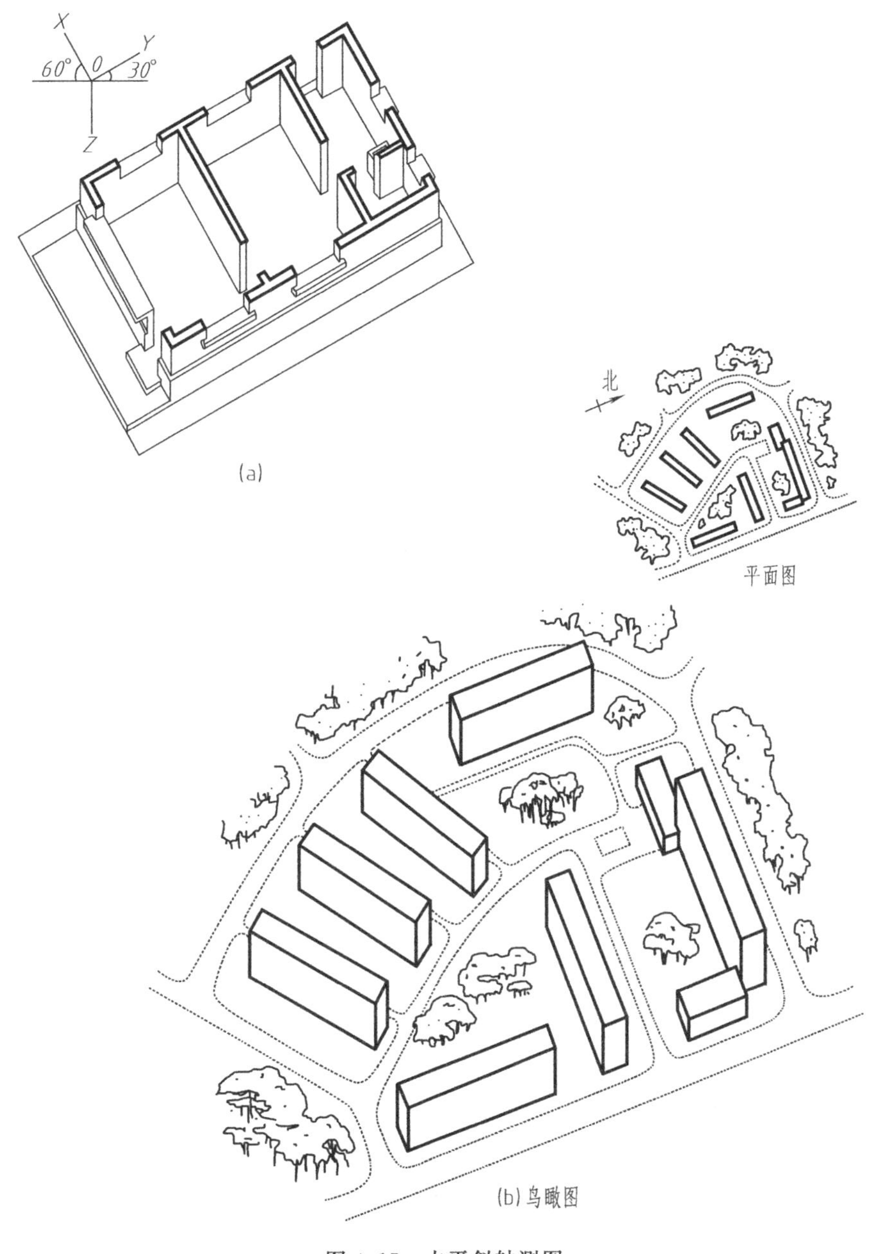

图 4-15　水平斜轴测图

第二节　透　视　图

透视投影属于中心投影，物体的透视投影称为透视图，其基本特点是近大远小，符合人们的视觉印象，比物体的轴测图更加逼真。因此，在建筑设计中，常绘制建筑物的透视图，用来比较、审定设计方案。作为建筑设计经常使用的透视图主要有一点透视（平行透视）和两点透视（成角透视）。

一、透视作图中常用的术语和符号

在绘制透视图时，常需要用到一些专门术语和符号，弄清楚它们的含义，有助于理解透视图的形成和掌握透视图的作图方法，如图 4-16 所示。

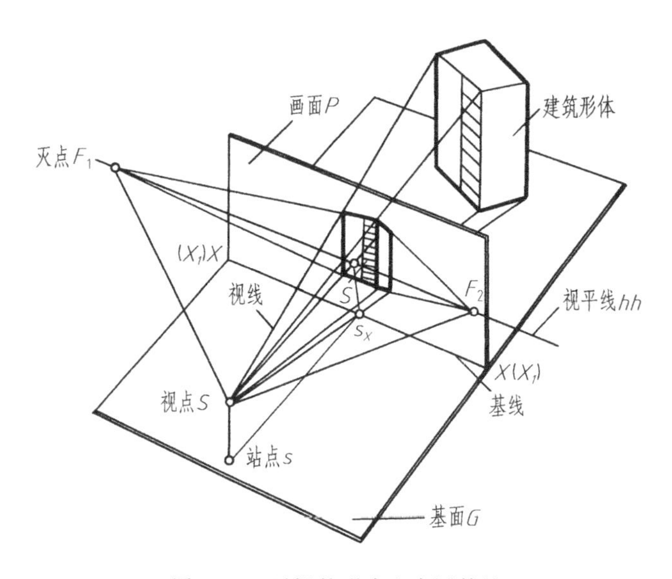

图 4-16 透视的形成和术语符号

基面(*G*)——建筑形体所在的地平面，相当于水平（*H*）投影面。

画面(*P*)——透视图所在的平面，它一般与基面垂直，相当于正面（*V*）投影面。

基线(*XX*)——画面与基面的交线，在画面上用 *XX* 表示，在基面上用 X_1X_1 表示。相当于 *OX* 投影轴。

视点(*S*)——相当于观者眼睛的位置，即投射中心。

站点(*s*)——视点 *S* 在基面上的正投影，相当于人站立的地点。

心点(S°)——视点 *S* 在画面上的正投影，即 SS°垂直于画面，称为中心视线。

视平面——过视点 *S* 所作的水平面。

视平线(*hh*)——视平面与画面的交线。当画面为铅垂面时，视平线通过心点 S°。

视高(*Ss*)——视点 *S* 到基面 *G* 的距离，一般为人眼的高度。当画面为铅垂面时，视高就是视平线与基线间的距离。

视距(SS°)——视点 *S* 到画面 *P* 的距离，即中心视线的长度。当画面为铅垂面时，视距即站点与基线间的距离 ss_x。

图 4-16 是透视图形成的立体图。在绘制透视图时，是将画面 *P* 和基面 *G*，沿着基线 *XX* 分开后画在一张图纸上，如图 4-17(a)所示，至于画面画在基面的上方或下方，都是可以的。

由于画面和基面可无限扩大，所以在作透视图时，将画面和基面的边框去掉，如图 4-17(b)。

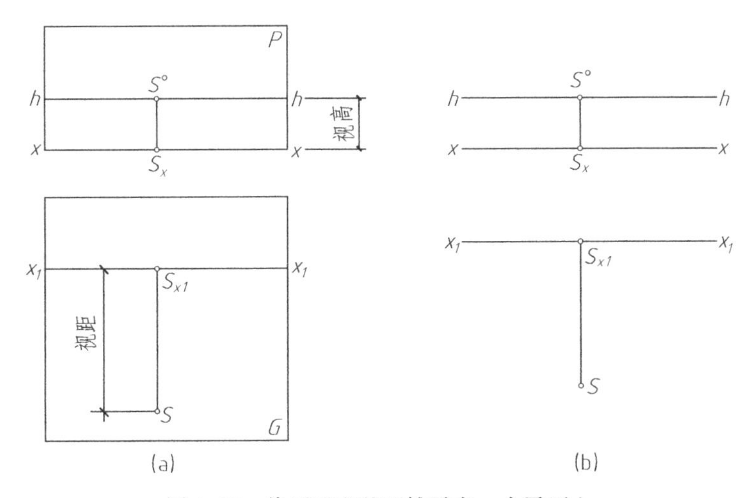

图 4-17　将画面和基面摊平在一个平面上

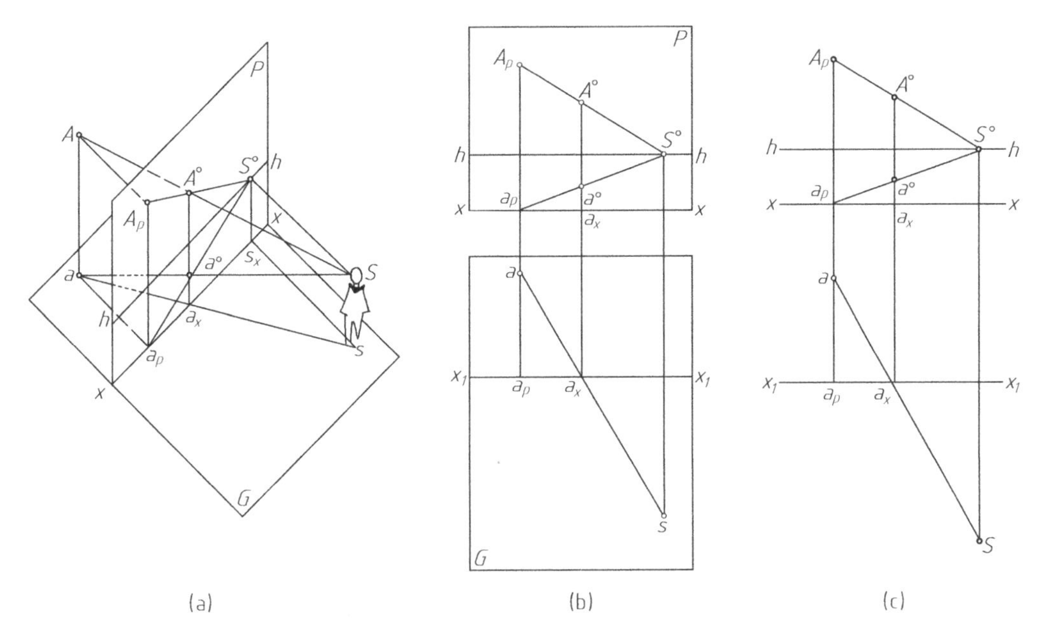

图 4-18　点的透视

二、点和直线的透视

如图 4-18(a)所示，空间点 A 的透视就是从视点 S 向 A 引一条视线 SA 与画面 P 的交点 A°。A 点在基面上的正投影 a，称 A 点的基点。同样，A 点的基透视，即自视点 S 向 a 引视线与画面的交点 a°。从图中可以看出：A 点的透视 A°与基透视 a°的连线垂直于基线 XX 和视平线 hh。

图 4-18(b)为在画面上（展开后的平面图）求 A 点透视的方法。将空间点 A 分别投射到画面 P 和基面 G 上（即自 A 向 P 和 G 作垂线）得到 A_p 和 a，再由 A_p 向 G 面作垂线交 XX 于 a_p。作图步骤是：先在画面 P 上自 A_p 向 S°连线，其次在基面 G 上，自 s 向 a 连线与 X_1X_1 相交于 a_x，再过 a_x 作垂线与 a_pS°和 A_pS°相交于 a°和 A°，即为 A 点的基透视和透视。

从图 4-18(a)、(b)中不难看出，若点位于画面后方，则该点的基透视在 XX 的上方，

hh 的下方（如点 A 的基透视 a°），若点位于画面上，则其透视就是本身。

图 4-18(c) 所示，为去掉边框后的作图。

三、直线的透视、迹点和灭点

1. 直线的透视及基透视一般仍为直线

如图 4-19 所示，直线 AB 的透视即通过视点 S 与 AB 直线相连形成的视线平面与画面（P）的交线 $A^{\circ}B^{\circ}$。同样，直线 AB 基透视 $a^{\circ}b^{\circ}$ 也是一段直线。

但当直线的延长线恰好通过视点 S 时，则直线的透视成为一点，基透视仍是一段直线（如图 4-20 所示）；若直线是铅垂线，由于它在基面上的正投影积聚成一个点，故其基透视也为一点，其透视仍为铅垂线（如图 4-21 所示）。

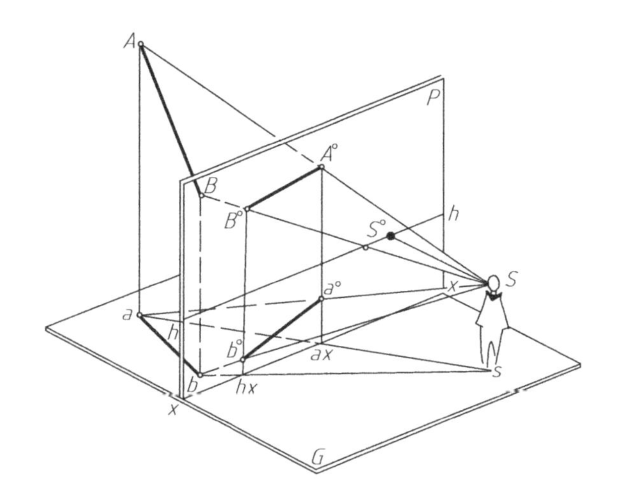

图 4-19　一般直线的透视

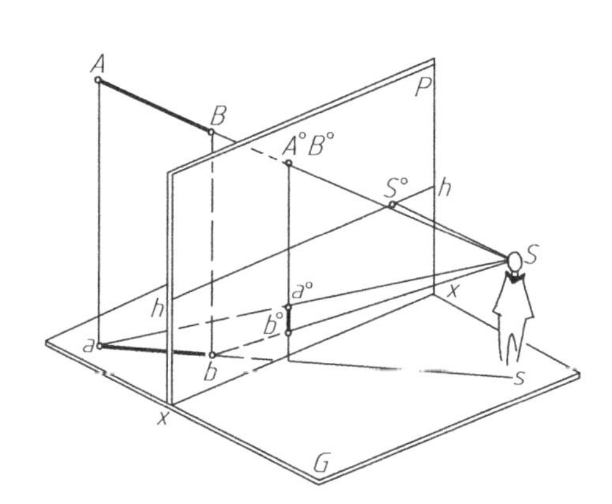

图 4-20　通过视点的直线的透视

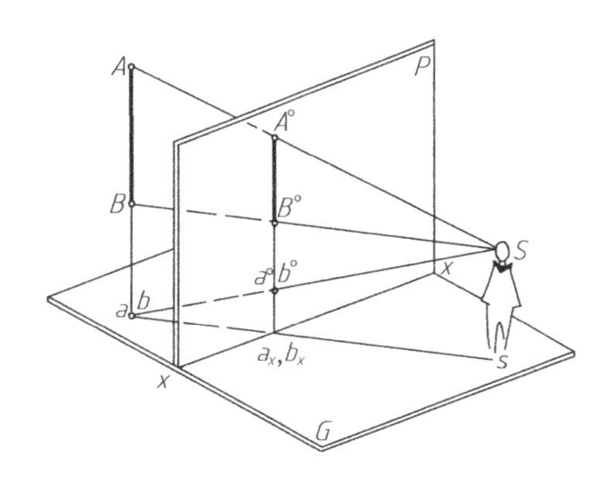

图 4-21　铅垂线的透视

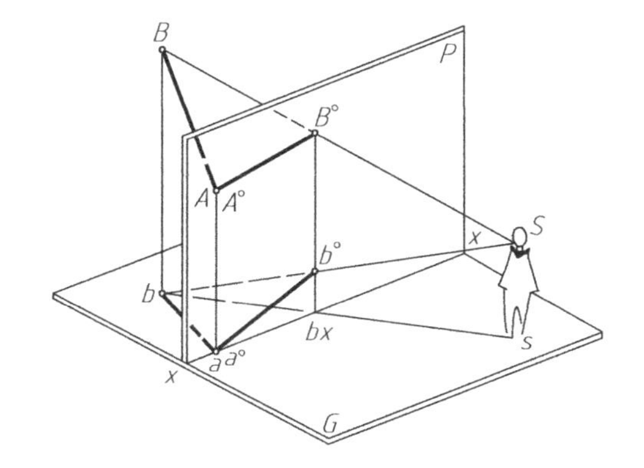

图 4-22　直线的迹点及其透视

2. 直线迹点的透视是其本身，其基透视位于基线上

所谓迹点，是直线与画面的交点。如图 4-22 所示的 A 点，就是迹点，其透视 A° 与 A 重合。

3. 直线的灭点是直线上离画面无限远点的透视

如图 4-23 所示，视点 S 与无限远点 F_{∞} 相连的视线 SF_{∞} 与画面相交的交点 F 是直线 AB 的灭点（视线 SF_{∞} 与直线 AB 必然平行）。同理，可求得直线的投影 ab 上无限远点 f_{∞}

的透视 f，称为基灭点。基灭点 f 一定位于视平线 hh 上。

空间相互平行的直线共灭点，如图 4-24 所示。

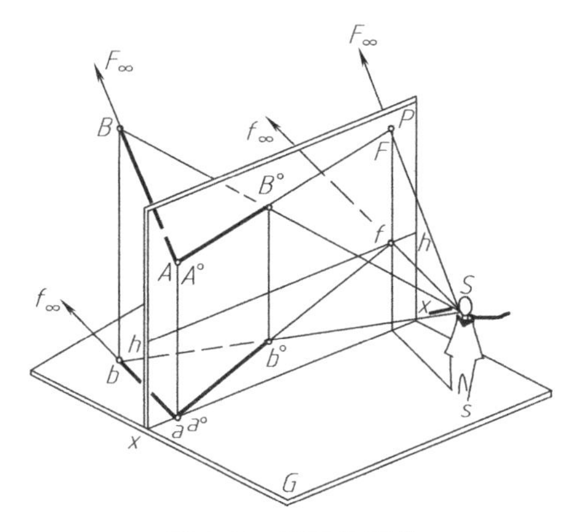

图 4-23　直线的灭点

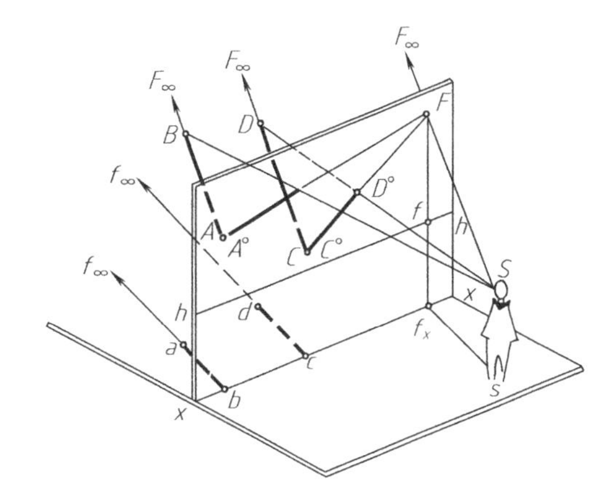

图 4-24　平行线共灭点

四、建筑透视图的基本作图方法

建筑透视图的绘制一般是从平面图开始。首先画出建筑平面图的透视——基透视，然后确定其透视高度，最后完成整个建筑透视图的求作。下面介绍一种常用的透视作图方法——建筑师法（也称视线法）。

（一）建筑平面图的透视画法

图 4-25 是用建筑师法作基面上矩形 $abcd$ 的透视。矩形 $abcd$ 位于基面上，a 点位于画面上，其透视为本身 a°，先求出直线 ab（$/\!/ cd$）的灭点 F_2 和 ad（$/\!/ bc$）的灭点 F_1；其次连线 $a^\circ F_1$ 和 $a^\circ F_2$，即 ad 和 ab 的透视方向。欲求 b 点透视，在平面图上连 sb 交 X_1X_1 于 bx，由 bx 向上作垂线交 $a^\circ F_2$ 于 b°；欲求 d 点的透视，在平面上连 sd 交 X_1X_1 于 dx，由 dx 向上作垂线交 $a^\circ F_1$ 于 d°。由于 $ab /\!/ dc$，$ad /\!/ bc$，分别共灭点 F_2 和 F_1。因此由 b° 向 F_1 连线，由 d° 向 F_2 连线，$b^\circ F_1$ 与 $d^\circ F_2$ 相交于 c°，即 C 点的透视，$a^\circ b^\circ c^\circ d^\circ$ 就是矩形 $abcd$ 的透视。

图 4-26 是用建筑师法作矩形 1234 的一点透视。1、4 和 2、3 垂直于画面，其灭点是 s°；

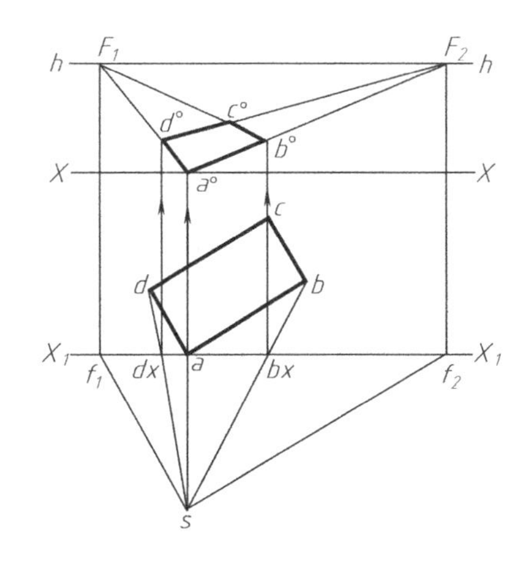

图 4-25　用建筑师法作矩形的透视

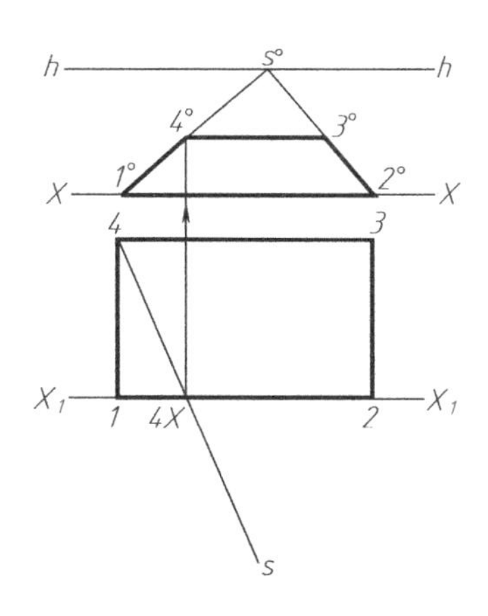

图 4-26　用建筑师法作矩形的一点透视

1、2 两点是迹点，其透视是本身（1°和 2°）。作视线 $s4$ 交 X_1X_1 于 $4X$ 点，自 $4X$ 点引铅垂线交 $s°1°$点得 4°点。3、4 平行于画面，其透视平行 XX（无灭点）。过 4°作线平行 XX 交 2° $s°$于 3°，1°2°3°4°就是矩形 1234 的一点透视。

（二）透视高度的量取

铅垂线若位于画面上，则其透视即该直线本身，能反映直线的实长，称为透视图中的真高线。如图 4-27 所示，已知在画面后有高为 H 的直线 Aa、Bb，求其透视。用建筑师法求出其基透视 $a°$、$b°$；过 $S°$连线 $a°$、$b°$交 XX 于 a_p；由 a_p 作垂线，在其上量取实长 $H=A_pa_p$，由 A_p 向 $S°$连线；分别由 $a°$、$b°$向上作垂线交 $A_pS°$于 $A°B°$。

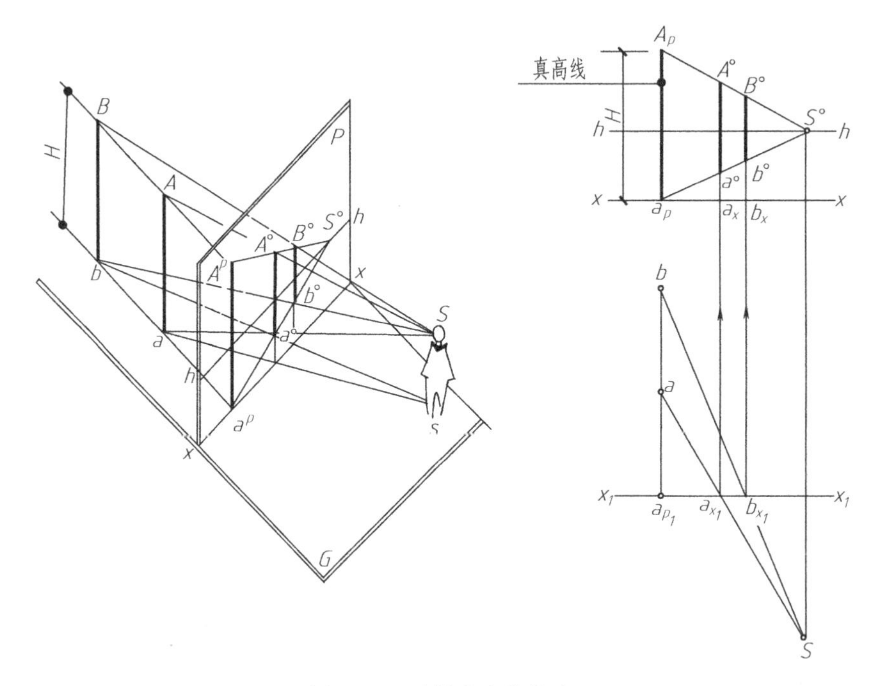

图 4-27　透视高度的量取

图 4-28 为过点 $a°$作铅垂线的透视，使其真实高度等于 H。在 hh 上适当位置取点 W_1 和 W_2，连 $a°W_1$ 和 $a°W_2$ 与 XX 相交于 a_p，然后按前述方法求得 $A°$。

图 4-29 是利用集中高线求作各点透视高度的方法。

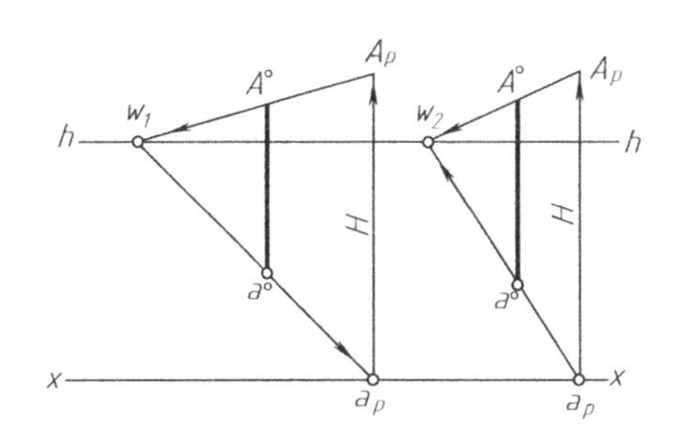

图 4-28　求透视高度的方法

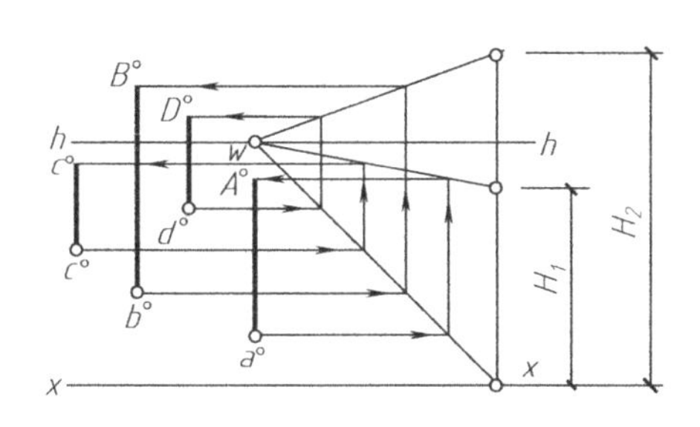

图 4-29　集中高线的运用

（三）用建筑师法作建筑透视图

图 4-30 和图 4-31 为建筑形体透视图的画法。

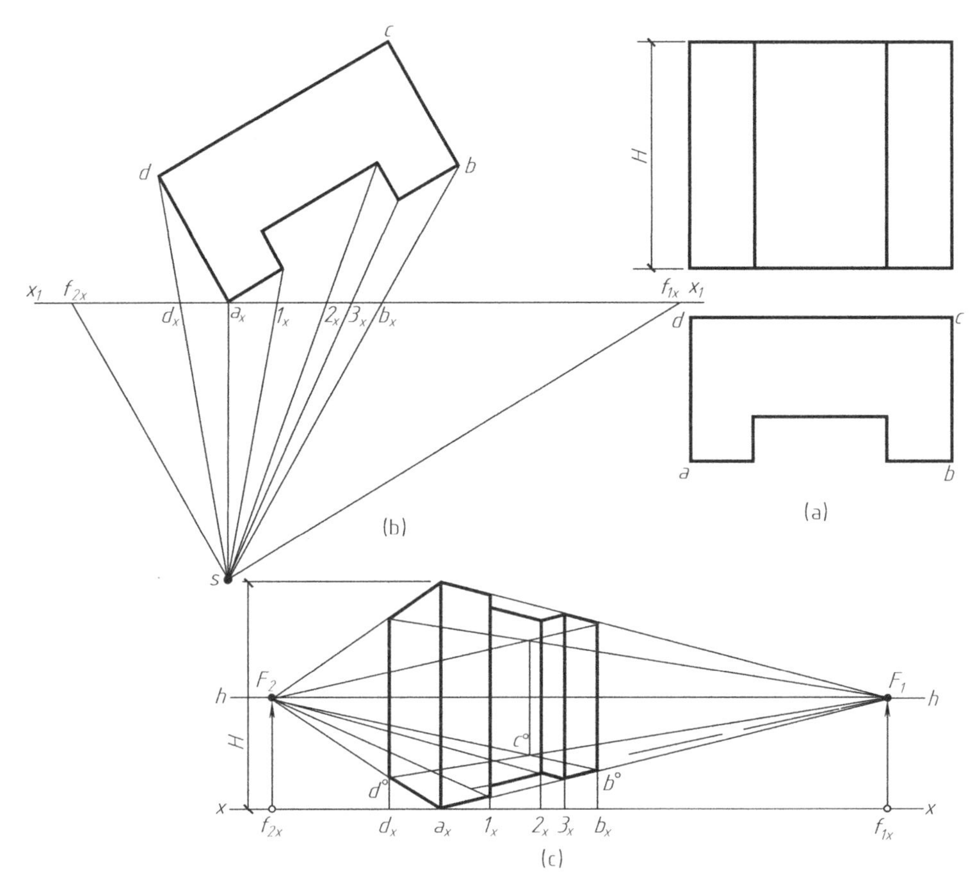

图 4-30　建筑形体透视图的画法

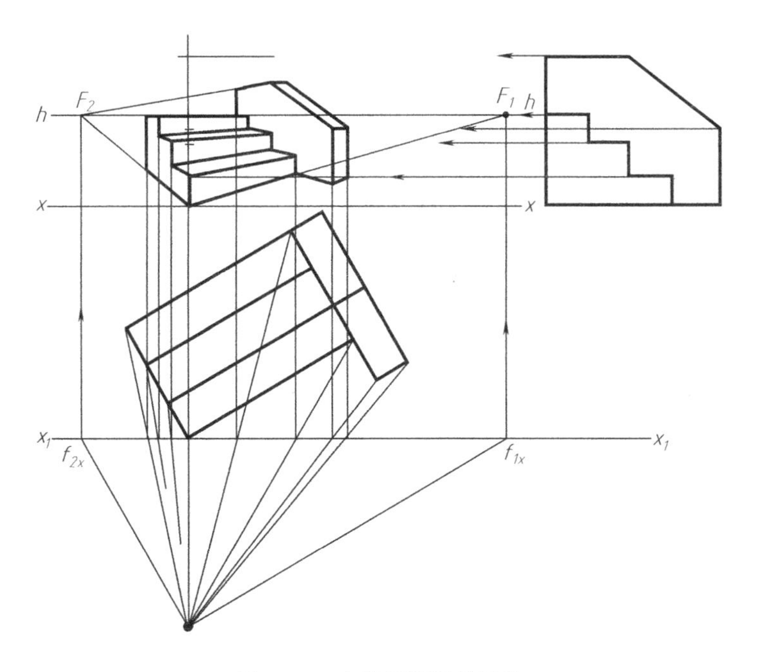

图 4-31　台阶透视图的画法

第三节　徒手草图画法

徒手绘制的图称为草图。草图是创意构思、技术交流，以及设计过程中常用的绘图方法。画草图时不用绘图仪器和工具，而按目测形体各部分的尺寸和比例，用徒手画出。草图虽然是徒手绘制，但并不是潦草的图，仍应做到图线清晰，粗细分明。

由于草图绘制迅速简便，有很大的实用价值，所以应用非常普遍。

一、徒手绘图的基本技法

1. 直线的画法

画轴测草图时，一般先画水平线和垂直线，以确定位置和图形的主要基准线。在画直线的运笔过程中，小手指轻抵纸面，视线略超前一些，不宜盯着笔尖，而要目视运笔的前方和笔尖运行的终点。如图 4-32(a)所示，画水平线时应自左向右、画垂直线时应自上而下运笔。画斜线的运笔方向以顺手为原则，若与水平线相近，自左向右，若与垂直线相近，则自上向下运笔。如果将图纸沿运笔方向略为倾斜，则画线更加顺手，如图 4-32(b)所示。若所画线段比较长，不便于一笔画成，可分几段画出，但切忌一小段一小段画。

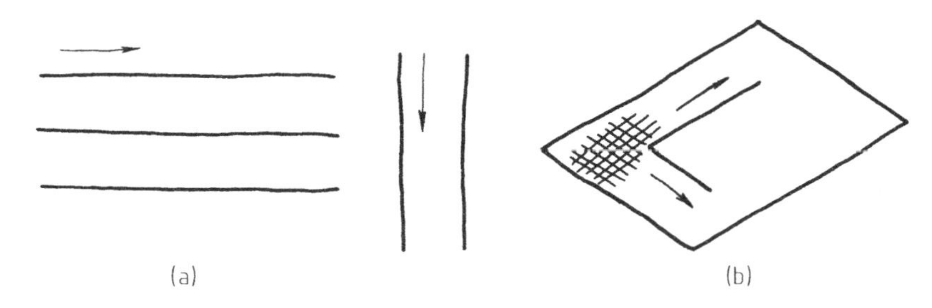

图 4-32　徒手画直线

2. 等分线段

八等分线段，如图 4-33(a)。先目测取得中点 4，再取分点 2、6，最后取其余分点 1、3、5、7。

五等分线段，如图 4-33(b)。先目测以 2∶3 的比例将线段分成不相等的两段，然后将小段平分，较长的一段三等分。

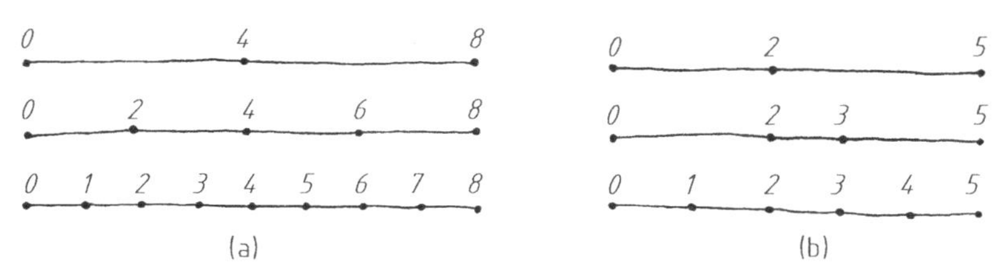

图 4-33　等分线段

3. 常用角度画法

画轴测草图时，首先要画出轴测轴。如图 4-34(a)，正等测图的轴测轴 OX、OY 与水平线成 30°角，可利用直角三角形两直角边的长度比定出两端点，连成直线。图 4-34(b)所示为斜二测图的轴测轴画法。也可以如图 4-34(c)所示将半圆弧二等分或三等分画出 45°、30°斜线。

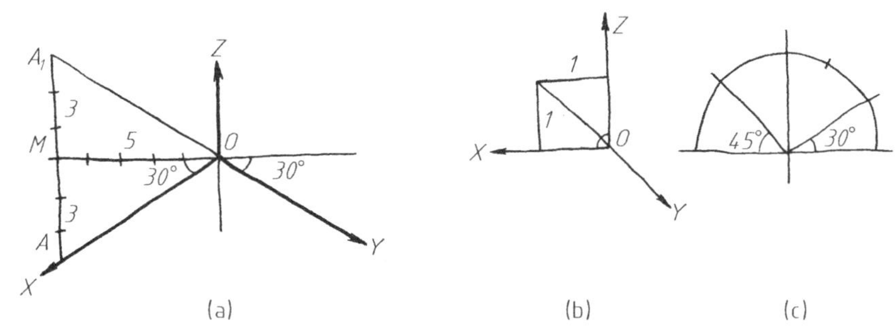

图 4-34　常用角度

二、平面图形草图画法

1. 正三角形画法

徒手画正三角形的作图步骤如图 4-35(a)所示，已知正三角形边长 A_oB_o，过中点 O 作垂直线。五等分 OA_o，取 $ON=3/5OA_o$，得 N 点，过 N 作三角形底边 AB，取线段 OC 等于 ON 的两倍，得 C 点，作出正三角形。

按上述步骤在轴测轴上画出正三角形的正等轴测图，如图 4-35(b)。

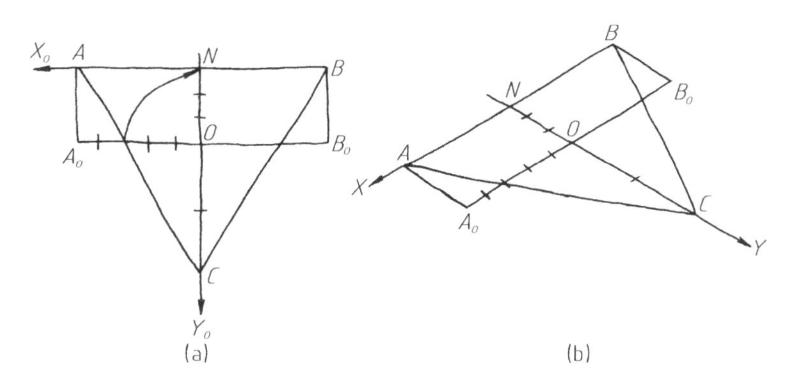

图 4-35　正三角形画法

2. 正六边形画法

如图 4-36(a)所示，先作出水平和垂直中心线，然后根据已知的六边形边长截取 OA 和 OM，并六等分。过 OM 上的点 K（第五等分点）和 OA 的中点 N，分别作水平线和垂直线相交于 B，再作出 B 点的各对称点 C、D、E、F，连成正六边形。

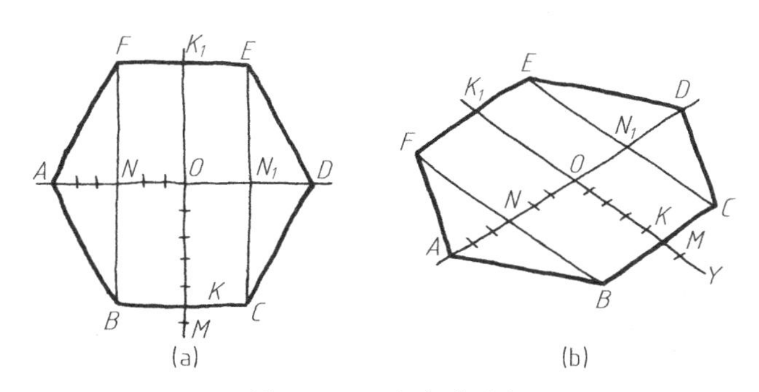

图 4-36　正六边形画法

按上述作图步骤在轴测轴上画出正六边形正等轴测图，如图 4-36（b)。

3. 正八边形画法

如图 4-37(a)所示，根据已知八边形的对边距画出正方形，然后把正方形边长的一半五等分，并在离对称中心线 2/5 处定出各顶点。

图 4-37(b)为正八边形的正等测画法。

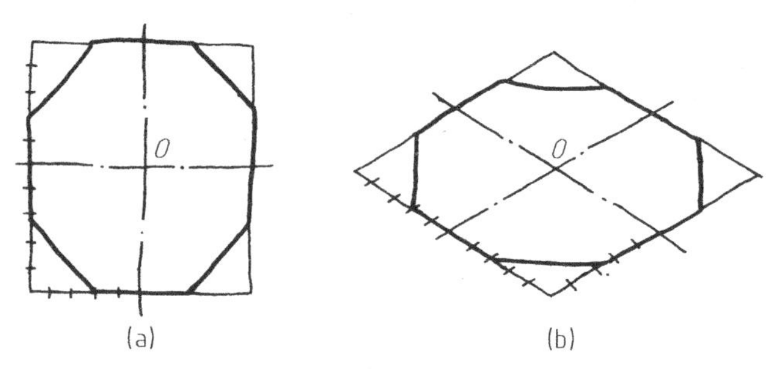

图 4-37　正八边形画法

4. 徒手画圆的方法

画较小的圆时，可如图 4-38(a)所示，在画出的中心线上按半径目测定出四点，徒手画成圆。也可以过四点先作正方形，再作内切的四段圆弧。画直径较大的圆时，取四点作圆不易准确，可如图 4-38(b)所示，过圆心再画两条 45°斜线，并在斜线上也目测定出四点，然后过八个点画圆。

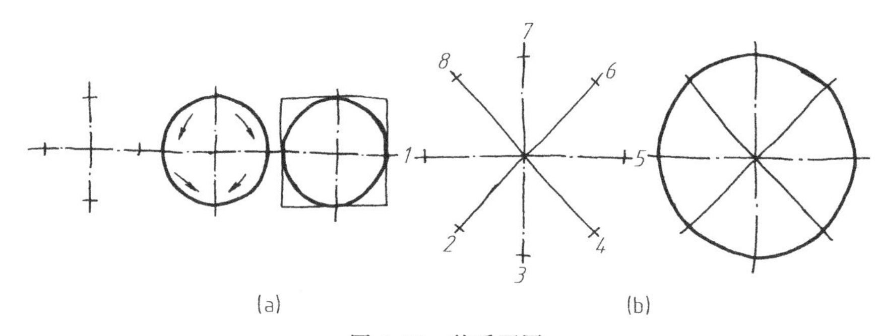

图 4-38　徒手画圆

5. 徒手画椭圆的方法

画较小的椭圆时，先在中心线上定出长短轴的四个端点，作矩形，再在四个端点上画一段短弧与矩形各边相切，然后把四段圆弧用弧线连接，如图 4-39(a)。画较大椭圆时，如图 4-39(b)所示，将矩形的对角线六等分，过长短轴端点及对角线靠外等分点（共八个点）徒手画出椭圆。

图 4-39(c)所示为正等测椭圆画法，作轴测轴 OX、OY，根据已知圆的直径 D 作菱形，得 1、3、5、7 为椭圆的四个切点。三等分 $O5$，并过 M 点作 OX 轴平行线，与菱形的对角线交于 4、6，过 4、6 分别作 OY 轴平行线，与对角线交于 2、8。光滑连接八点即为正等测椭圆的近似画法。

图 4-39(d)所示为斜二测椭圆画法，作轴测轴 OX、OY，根据已知圆的直径 D 作平行四边形。用正等测椭圆类似的画法作椭圆。

三、草图画法举例

图 4-40 所示为建筑形体的正面和水平投影，它由三部分组成。画轴测草图或透视草图

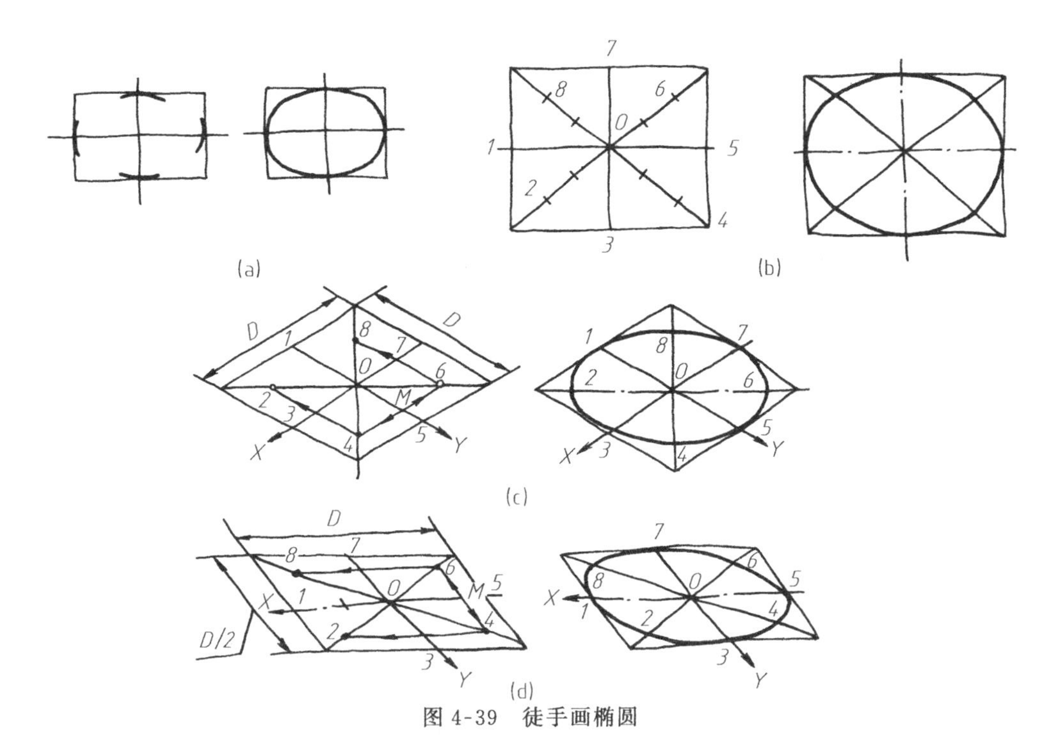

图 4-39 徒手画椭圆

时可按图 4-41 和图 4-42 所示的步骤分块绘制，最后擦去作图线，描深轮廓线。

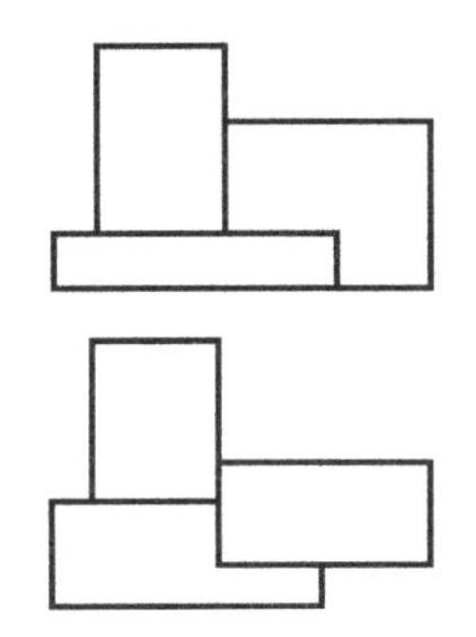
图 4-40 建筑形体的正面和水平投影

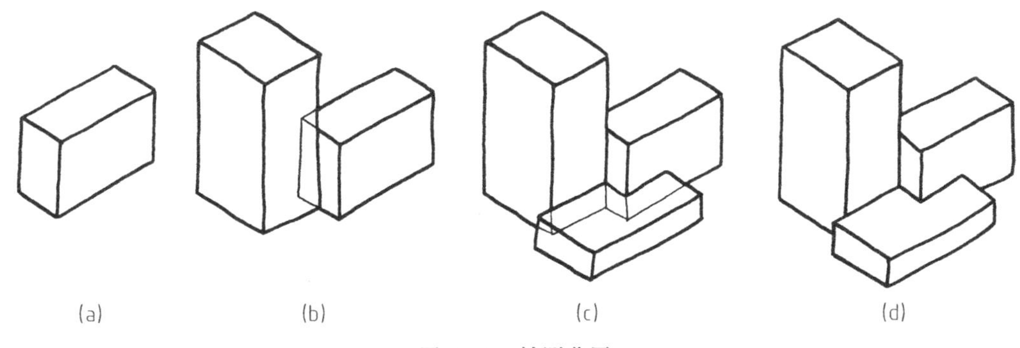

图 4-41 轴测草图

画轴测草图时应注意：首先要选择采用哪种轴测图能将形体表达清楚。分块绘制时，要注意各部分之间的搭接关系。

画透视草图时应注意：首先要选择视高和灭点。图 4-42 所示的视高为观察者人眼的高度，采用二灭点透视。所以房屋的屋顶看不到，只能看到平台面。

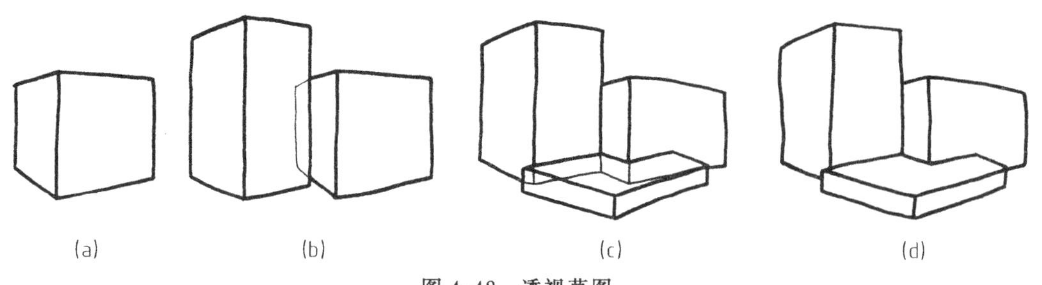

图 4-42　透视草图

第五章

建筑形体的表达方法

第一节　建筑形体的图样画法

一、视图

1. 多面正投影图

用正投影法绘制出的物体的图形称为视图。对于形状简单的物体，一般用三面投影即三个视图就可以表达清楚。但房屋建筑形体比较复杂，各个方向的外形变化很大，采用三面投影难以表达清楚，需要四个、五个甚至更多的视图才能完整表达其形状结构。如图 5-1(b) 所示的房屋形体，可由不同方向投射，从而得到图 5-1(a) 所示的多面正投影图。

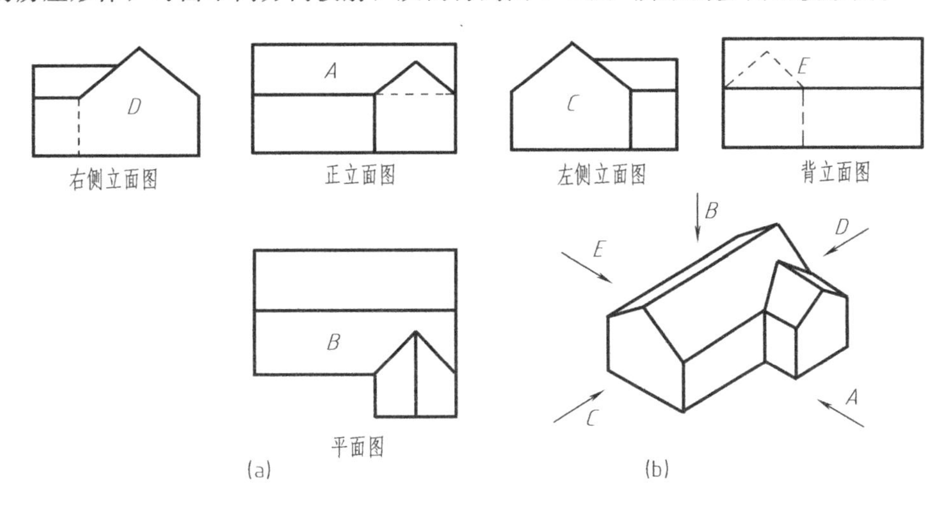

图 5-1　多面正投影图

房屋建筑的视图，应按正投影法并用第一角画法[1]绘制。自前方投射的 A 向视图为正立面图，自上方投射的 B 向视图为平面图，自左方投射的 C 向视图为左侧立面图，自右方投射的 D 向视图为右侧立面图，自后方投射的 E 向视图为背立面图。由于房屋形体庞大，如果一张图纸内画不下所有投影图时，可以把各投影图分别画在几张图纸上，但应在投影图下方标注图名。

2. 镜像投影图

当视图用第一角画法绘制不易表达时，可用镜像投影法绘制。镜像投影是物体在镜面中

[1] 关于第一角画法的说明见本节“三”第三角画法简介。

的反射图形的正投影，该镜面应平行于相应的投影面，如图5-2(a)所示。用镜像投影法绘制的平面图应在图名后注写“镜像”二字，以便读图时不致引起误解，如图 5-2(b)。

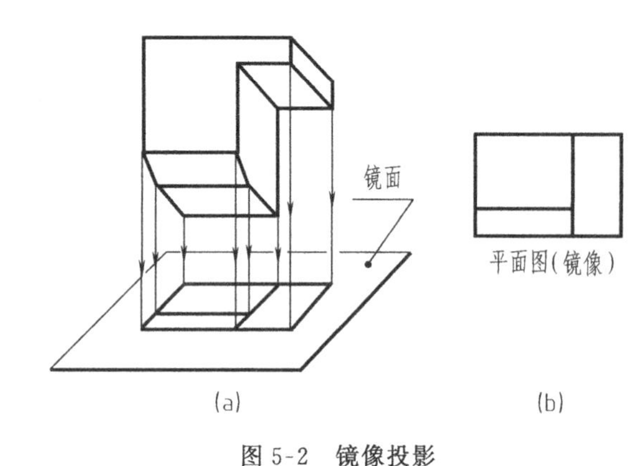

图 5-2　镜像投影

镜像投影图在装饰工程中应用较多，如吊顶平面图，是将地面看作一面镜子，得到吊顶的镜像平面图。

二、剖面图与断面图

如图 5-3(a)，假想用剖切面剖开台阶，将处在观察者和剖切面之间的部分移去，而将其余部分向投影面投射所得的图形称为剖面图。如图 5-3(c)，剖面图除应画出剖切面剖切到部分的图形外，还应画出沿投射方向看到的部分。被剖切面切到部分的轮廓线用粗实线绘制，剖切面没有切到，但沿投射方向可以看到的部分，用中实线绘制。

假想用剖切面将物体的某处切断，仅画出该剖切面切到部分的图形称为断面图。如图 5-3(c)，断面图的轮廓线用粗实线绘制。

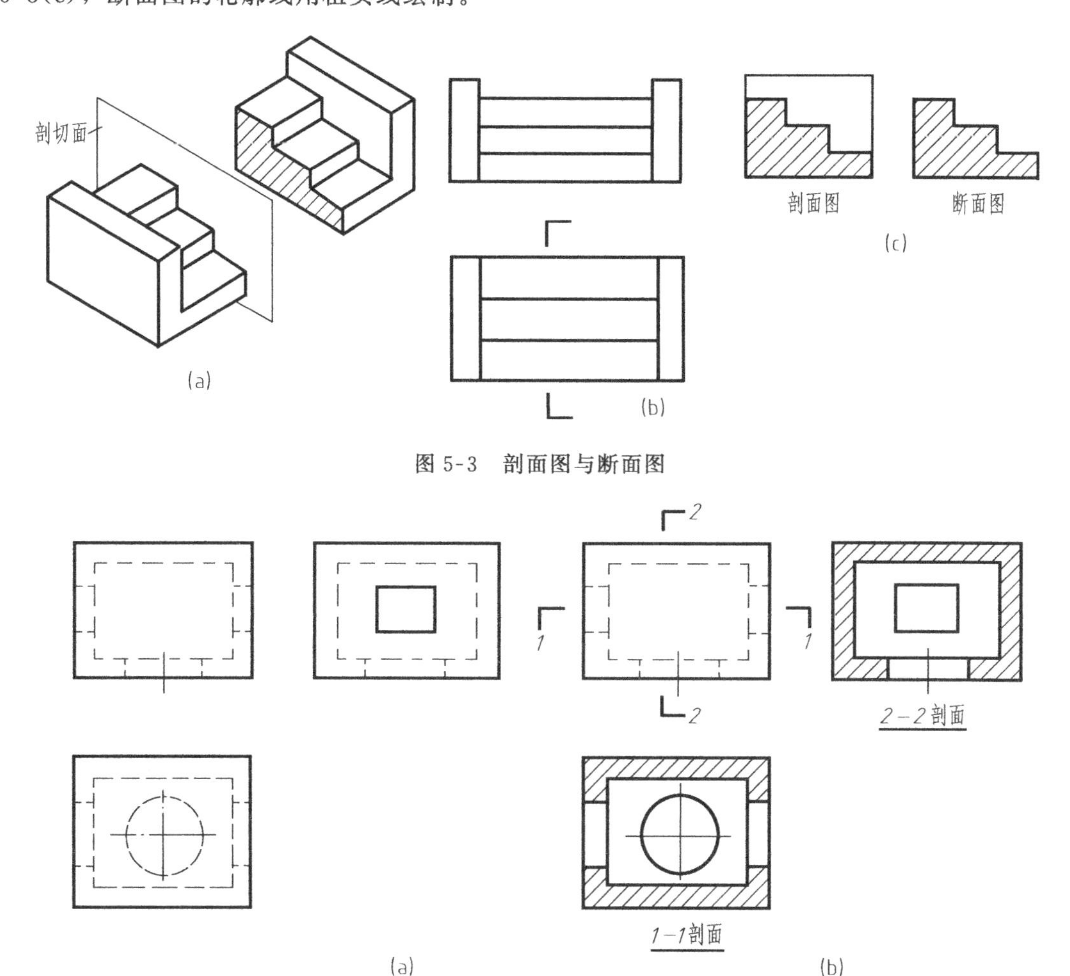

图 5-3　剖面图与断面图

图 5-4　用单一剖切面剖切

1. 剖面图画法

(1) 如图 5-4(a)所示空腹形体，用单一的水平剖切面和垂直剖切面分别剖切后，得到 1—1 和 2—2 剖面图，如图 5-4(b)。

(2) 如果要表示形体不同位置的内部构造，可采用两个（或两个以上）互相平行的剖切平面剖切形体，得到剖面图，如图 5-5 所示。

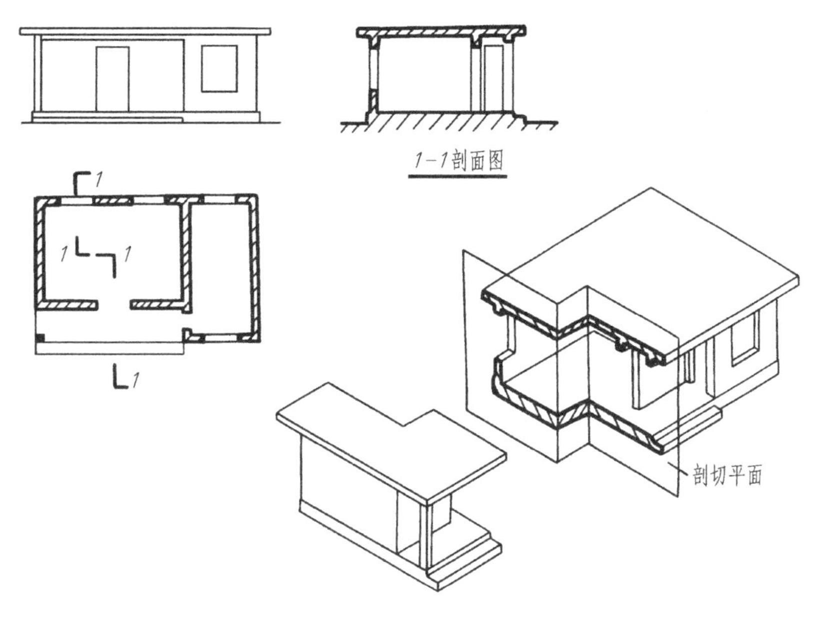

图 5-5　用两个平行的剖切面剖切

(3) 图 5-6 所示楼梯的两个梯段成一定角度，如果用一个或两个互相平行的剖切平面都不能将楼梯表示清楚时，还可以用两个相交的剖切面（交线垂直于某一投影面）进行剖切，得到展开剖面图。该剖面图的图名后应加注“展开”二字。

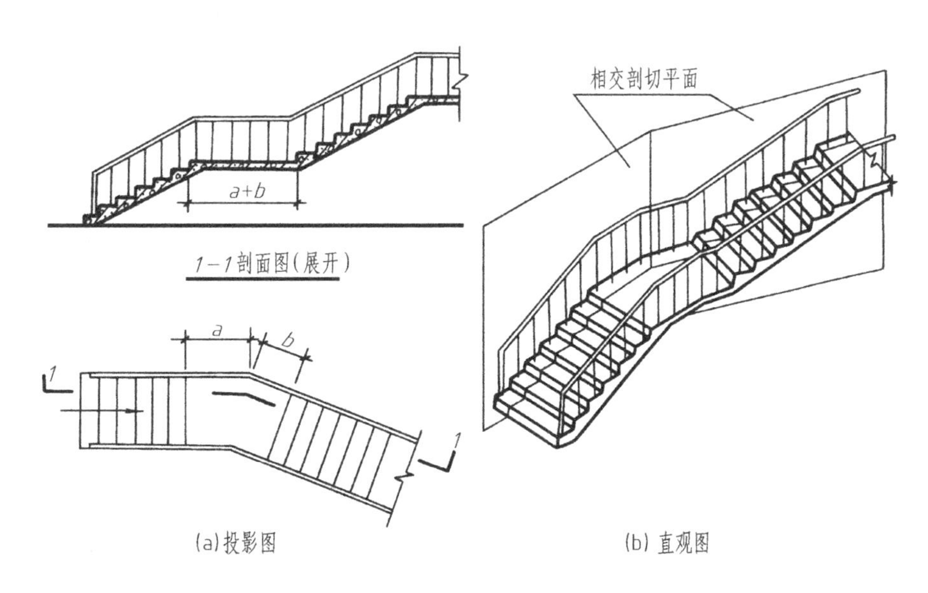

(a)投影图　　(b) 直观图

图 5-6　用两个相交的剖切面剖切

(4) 分层剖切的剖面图，应按层次以波浪线将各层隔开，如图 5-7 所示。必须注意：波浪线不应与任何图线重合，也不能超出轮廓线之外。

分层剖切的剖面图的作用是反映墙面和楼面各层所用的材料和构造的做法，如图 5-7(a)、(b)。

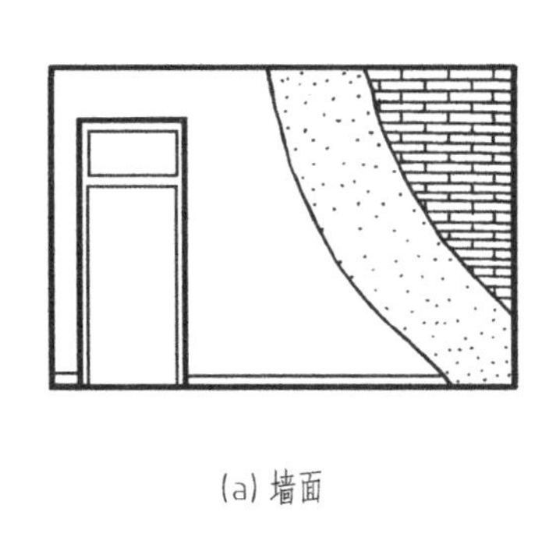
(a) 墙面

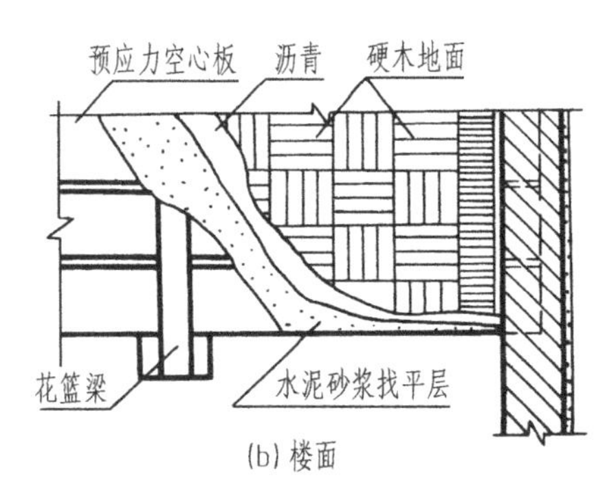

(b) 楼面

图 5-7　分层剖切的剖面图

2. 断面图画法

断面图主要用来表示形体某一局部截断面的形状。如图 5-8(a)所示，杆件的断面图可绘制在靠近杆件的一侧或端部处并按顺序依次排列。

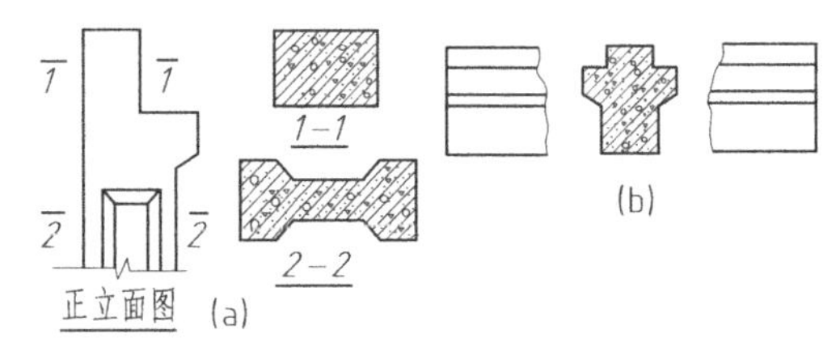

图 5-8　断面图的画法与标注

对于较长的构件，也可以将构件中间用波浪线断开，将断面图画在中间，如图 5-8(b)。

对于结构梁板等断面图可画在结构布置图上。如图 5-9(a)所示为钢筋混凝土楼板和梁的平面图中用断面的方式画出板、梁的断面图，并将断面涂黑。有时为了表示墙面上凹凸的装饰构造，也可以采用这种形式的断面图，如图 5-9(b)。断面轮廓线用粗实线画出。以便与视图中的图线有所区别，不致混淆，并在断面轮廓线内沿轮廓线的边缘画 45°细斜线。

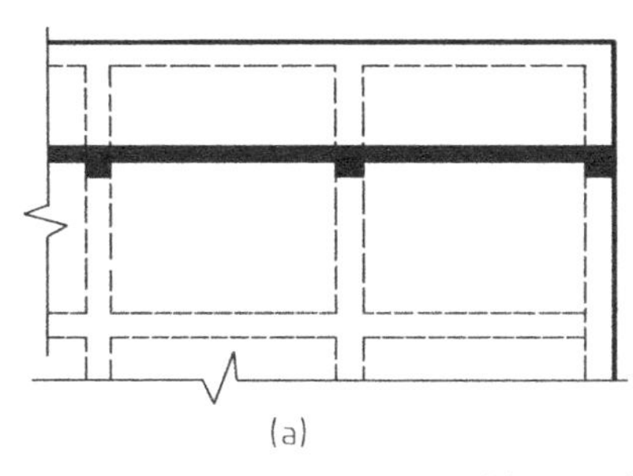
(a)

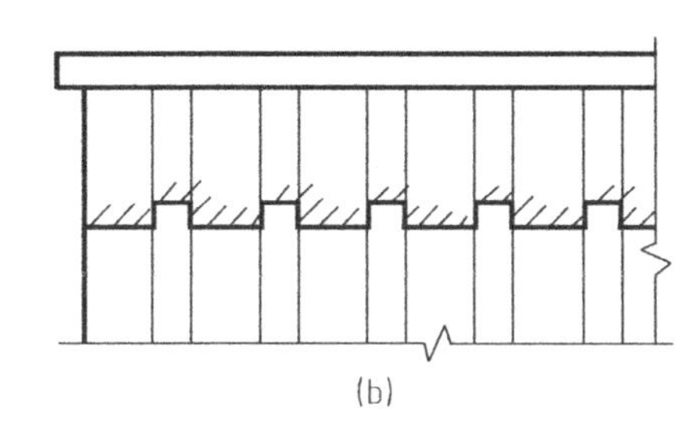
(b)

图 5-9　梁板结构断面图

3. 剖面图与断面图的标注

画剖面图时，应标注剖切符号和编号。剖切符号包括剖切位置线和投射方向线。剖切位置线画粗实线，长度约 6～10mm，投射方向线应垂直于剖切位置线，也画粗实线，长度约 4～6mm。剖切符号的编号用阿拉伯数字或大写拉丁字母，按顺序由左至右、由下至上连续编排，并应注写在投射方向线端部。在剖视图的下方，书写与该图对应的剖切符号的编号作为图名。如图 5-4 中的 1-1 剖面图、2-2 剖面图，并在图名下方画一等长的粗实线。

断面图的剖切符号只画剖切位置线，也画粗实线，长度为 6～10mm。断面编号采用阿拉伯数字，按顺序连续编排，并注写在剖切位置线一侧，编号所在的一侧，即表示该断面的投射方向。注写图名时，只写编号即可，不必书写“断面图”，如图 5-8 所示。

在剖面图或断面图中，剖切面剖切到的实体部分应画出相应的材料图例。常用的建筑材料图例见表 5-1。

表 5-1　常用建筑材料图例

名　称	图　例	说　明	名　称	图　例	说　明
自然土壤		包括各种自然土壤	混凝土		
夯实土壤			钢筋混凝土		断面图形小，不易画出图例线时，可涂黑
砂、灰土		靠近轮廓线绘较密的点	玻璃		
毛石			金属		包括各种金属。图形小时，可涂黑
普通砖		包括砌体、砌块，断面较窄不易画图例线时，可涂红	防水材料		构造层次多或比例较大时，采用上面图例
空心砖		指非承重砖砌体	胶合板		应注明×层胶合板
木材		上图为横断面，下图为纵断面	液体		注明液体名称

三、简化画法

1. 构配件的视图有一条对称线，可只画该视图的一半；有两条对称线，可只画该视图的四分之一，并画出对称符号，如图 5-10(a)。图形也可稍超出其对称线，此时可不画对称符号，如图 5-10(b)。对称符号的画法见表 5-2。

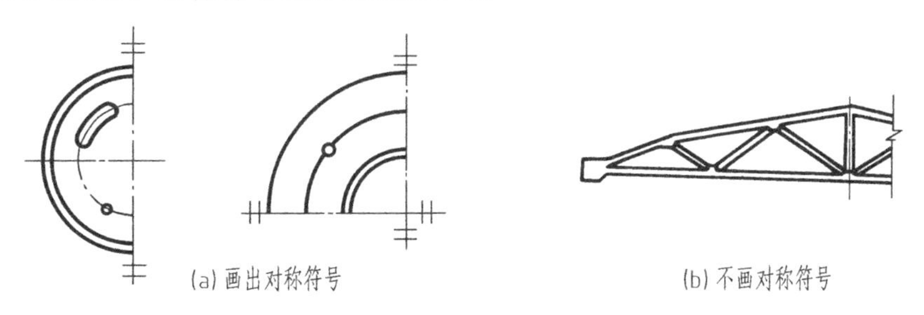

(a) 画出对称符号　　(b) 不画对称符号

图 5-10　简化画法（一）

2. 对称的形体需画剖面图或断面图时，可以对称符号为界，一半画视图（外形图），一半画剖面图或断面图，如图 5-11 所示。

3. 构配件内多个完全相同而连续排列的结构要素，可仅在两端或适当位置画出其完整形状，其余部分以中心线或中心线交点表示，如图 5-12。

4. 较长的构件，如沿长度方向的形状相同或按一定规律变化，可断开省略绘制，断开处应以折断线表示，如图 5-13(a)。

5. 一个构配件，如绘制位置不够，可分几个部分绘制，并应以连接符号表示相连，如图 5-13(b)。

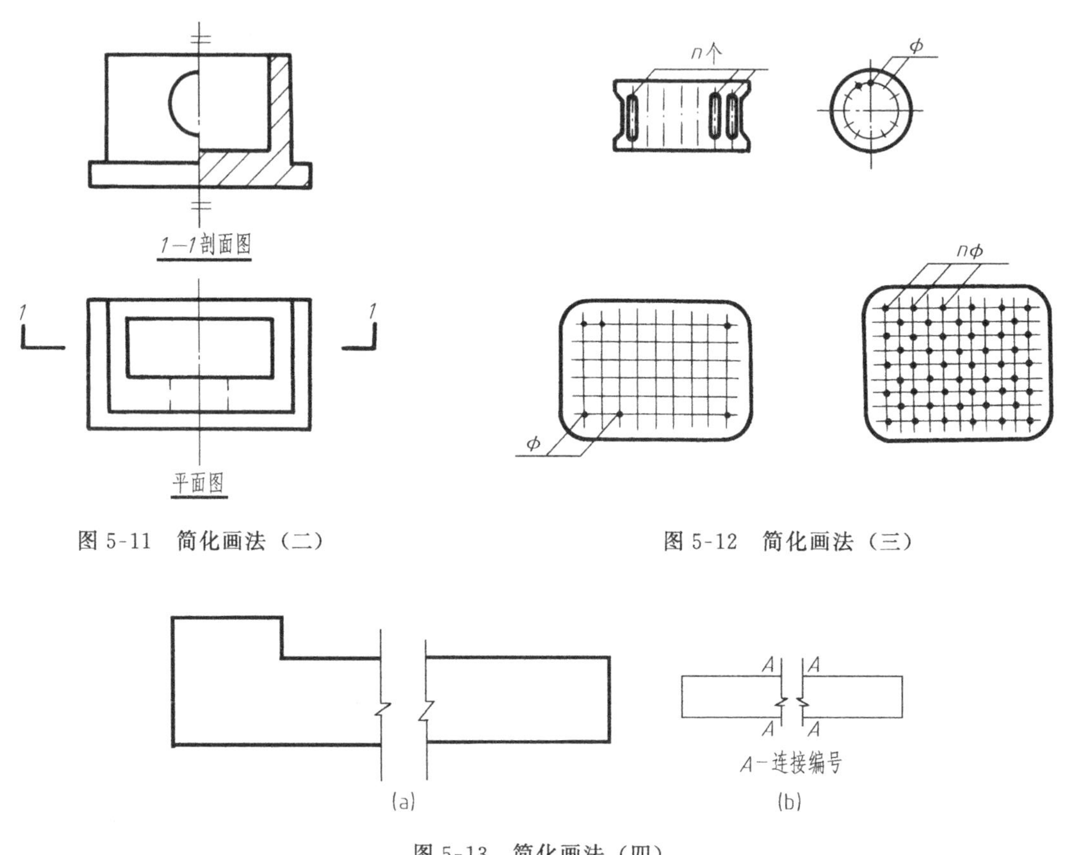

图 5-11 简化画法（二）

图 5-12 简化画法（三）

图 5-13 简化画法（四）

四、第三角画法简介

《技术制图 投影法》规定：“技术图样应采用正投影法绘制，并优先是采用第一角画法。”“必要时才允许使用第三角画法”（GB/T 14692—1993）。但国际上有些国家采用第三角画法，如美国、加拿大、日本等国。为了有效地进行国际间的技术交流和协作，应对第三角画法有所了解。

图 5-14 所示为三个互相垂直相交的投影面将空间分为八个分角，依次为第一角、第二角、第三角……第八角。将形体放在第一角（*H* 面之上、*V* 面之前、*W* 面之左）进行投射而得到的多面正投影，称为第一角画法；将形体放在第三角内（*H* 面之下、*V* 面之后、*W* 面之左）进行投射而得到的投影，称为第三角画法。

采用第三角画法时，将物体置于第三分角内，即投影面处于观察者与物体之间，将物体向六面体的六个平面（基本投影面）进行投射，然后按规定展开投影面，如图 5-15 所示。展开后各视图的配置如图 5-16(a)所示。图 5-16(b)为第一角画法的视图配置，可以对照分析两者间的区别。采用第三角画法时，必须在图样中画出第三角投影的识别符号，如图 5-17 所示。

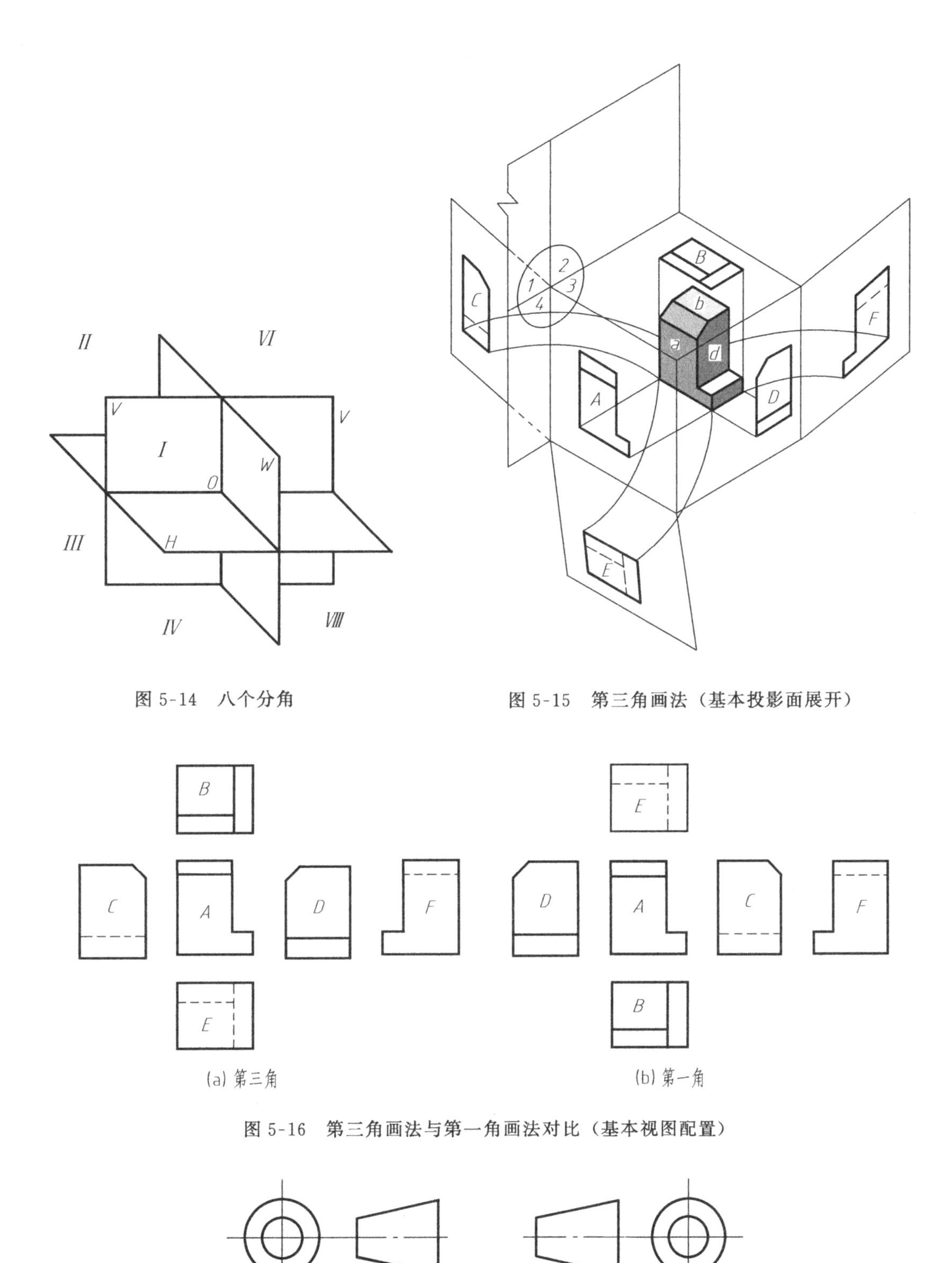

图 5-14　八个分角

图 5-15　第三角画法（基本投影面展开）

图 5-16　第三角画法与第一角画法对比（基本视图配置）

图 5-17　第三角与第一角画法识别符号

第二节 房屋建筑基本表达形式

根据正投影原理，按建筑图样的规定画法，将一幢房屋的全貌包括内外形状结构完整表达清楚，通常要画出建筑平面图、建筑立面图和建筑剖面图。现以图 5-18 所示传达室为例介绍建筑平面图、立面图、剖面图的形成以及图示方法。

1. 平面图

如图 5-18(a)所示，假想经过门窗洞沿水平面将房屋剖开，移去上部，由上向下投射所得的水平剖面图，称为平面图❶。如果是楼房，沿底层剖开所得剖面图称底层平面图，沿二层、三层、……剖开所得的剖面图称二层平面图、三层平面图……。

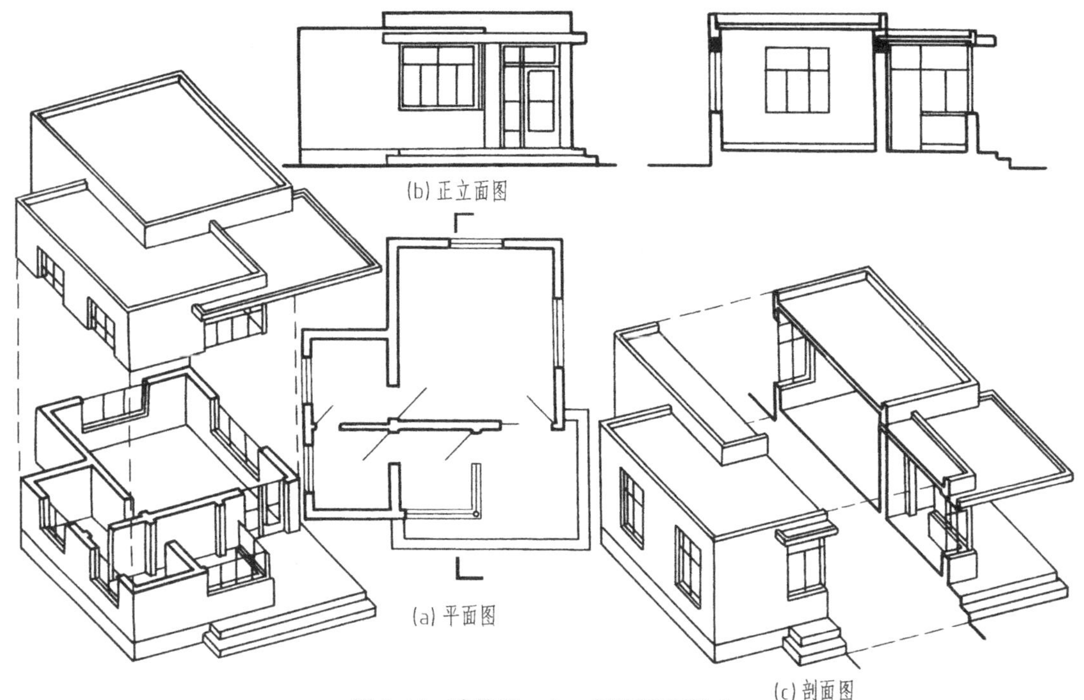

图 5-18 建筑平、立、剖面图的形成

2. 立面图

在与房屋立面平行的投影面上所作出房屋的正投影图，称为立面图。图 5-18(b)中所画出的是从房屋的正面（反映房屋的主要出入口或比较显著反映房屋外貌特征的立面）由前向后投射的正立面图。如果房屋四个方向立面的形状不同，要画出左、右侧立面图和背立面图。也可以按房屋的朝向分别称为东立面图、南立面图、西立面图和北立面图。还可以按房屋轴线的编号由左至右或由下至上来命名，如①～④立面图、Ⓐ～Ⓓ立面图。

3. 剖面图

假想用侧平面或正平面将房屋垂直剖开，移去处于观察者和剖切面之间的部分，把余下的部分向投影面投射所得投影图，称为剖面图。图 5-18(c)是按平面图中剖切符号所示的剖切位置和投射方向作出的剖面图。

---

❶ 建筑图样中的平面图，除特别注明外，一般指楼层的水平剖面图。

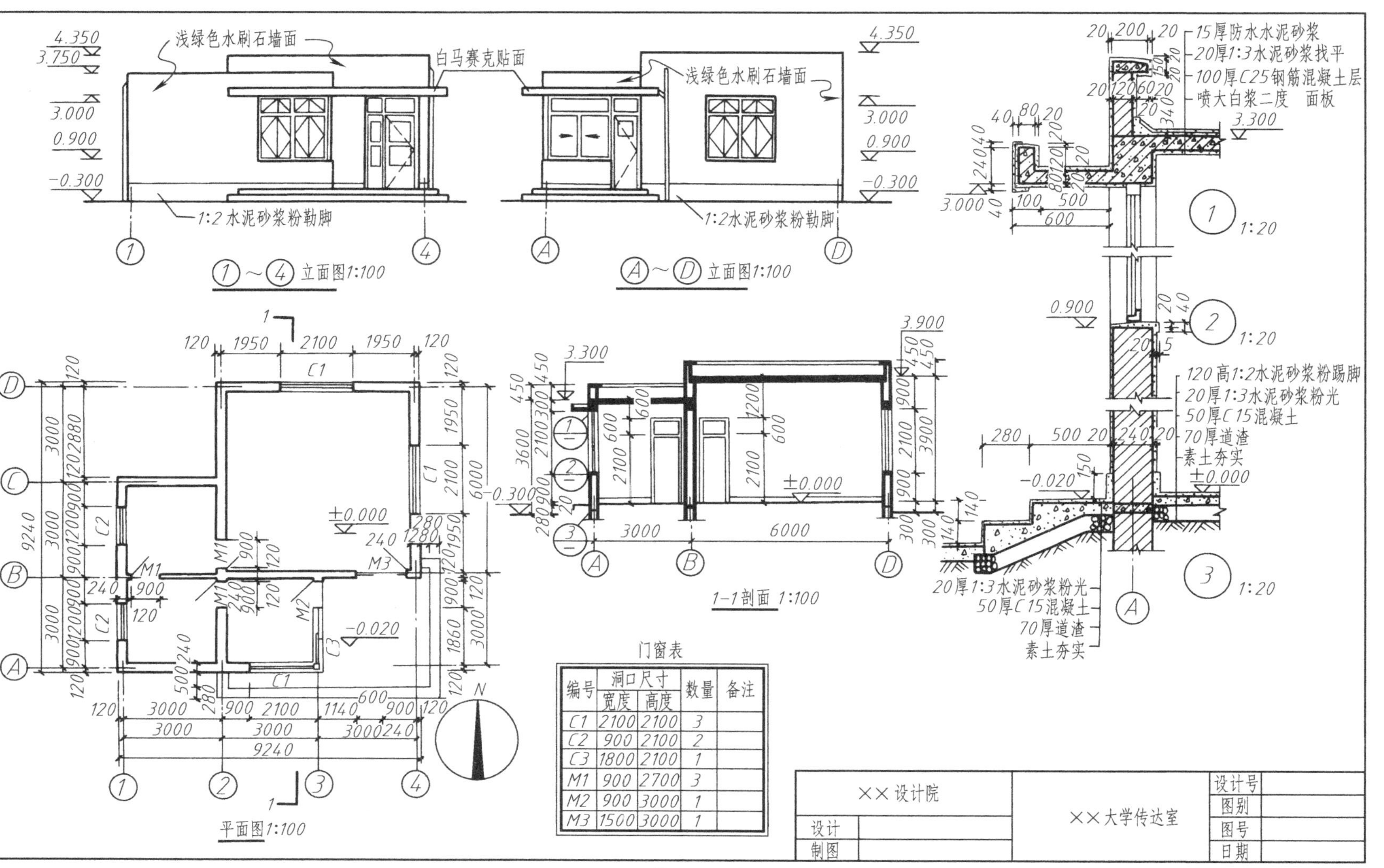

门窗表

编号	洞口尺寸		数量	备注
	宽度	高度		
C1	2100	2100	3	
C2	900	2100	2	
C3	1800	2100	1	
M1	900	2700	3	
M2	900	3000	1	
M3	1500	3000	1	

图 5-19 传达室的建筑施工图

平面图、立面图和剖面图是房屋建筑图中最基本的图样，它们各自表达了不同的内容。平面图表明房屋各部分的位置和长度、宽度方向的尺寸，但不能反映房屋的高度；立面图主要表明房屋外形的高度方向的尺寸，不能反映房屋的内部构造；而剖面图则能表明房屋的内部主要构件在高度方向的各部分尺寸。因此，在绘制和识读房屋建筑图时，必须通过平面图、立面图、剖面图的仔细对照，才能表达或看懂一幢房屋从内到外，从水平到垂直方向各部分的全貌。

由于房屋形体庞大，而平面图、立面图、剖面图选用的比例一般比较小，很多细部构造无法表达清楚，所以还要画出这些复杂部位的详图，即选用较大的比例画出建筑局部构造及构件细部的图样，称为建筑详图。详图是平、立、剖面图的补充图样。

图 5-19 所示为传达室的建筑施工图，包括平面图、①～④立面图、Ⓐ～Ⓓ立面图[1]、1—1 剖面图以及外墙节点剖视详图等。下面以该传达室建筑施工图为例，介绍房屋建筑施工图中的常用符号。

第三节　房屋建筑施工图中的常用符号

在建筑施工图中经常会用到一些符号，如图 5-19 中的定位轴线、索引符号和详图符号、标高符号等。表 5-2 列出了房屋建筑施工图中常用的符号，读者可以对照传达室建筑施工图仔细阅读，了解各种符号的画法及其应用。

表 5-2　房屋建筑施工图中的常用符号

名　称	画　法			说　明
定位轴线	一般标注	通用详图的轴线号	1　2　1/2 用于两根轴线时	①定位轴线用细单点长画线绘制，编号圆用细实线绘制，直径为 8mm，详图可增至 10mm ②定位轴线用来确定房屋主要承重构件位置及标注尺寸的基线 ③平面图中横向轴线的编号，应用阿拉伯数字从左至右顺序编写；竖向轴线的编号，应用大写拉丁字母（I、O、Z 除外），从下至上顺序编写
		1　3,6··· 用于三根或三根以上轴线时	1～10 用于三根以上连续轴号的轴线时	
	附加轴线	1/3　表示3号轴线后附加的第一根轴线 2/C　表示C号轴线后附加的第二根轴线		两个轴线之间，如需附加轴线时，可用分数表示，分母表示前一轴线的编号，分子表示附加轴线的编号（用阿拉伯数字顺序编写）

[1] 为了便于看图，建筑图样通常将左侧立面图画在正立面图的左方，右侧立面图画在正立面图的右方。

续表

名　称	画　　法	说　　明
标高符号	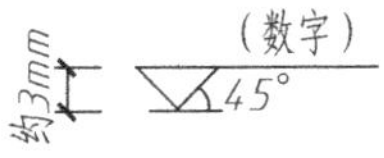  约3mm (数字) 45° 标高符号的画法；(数字) 总平面图上的标高符号；±0.000 5.250 −3.600 −0.450 标高符号的尖端应指向被注的高度；(数字) 特殊情况时；(9.600) (6.400) 3.200 多层标注时	①标高符号用细实线绘制 ②标高数字以米为单位，注写到小数点后第三位；在总平面图中，可注写到小数点后第二位 ③零点标高应写成±0.000，正数标高不注“+”，负数标高应注“−” ④标高符号的尖端，应指向被注的高度，尖端可向上，也可向下 ⑤同一图纸上的标高符号应大小相等，整齐划一，对齐画出
对称符号	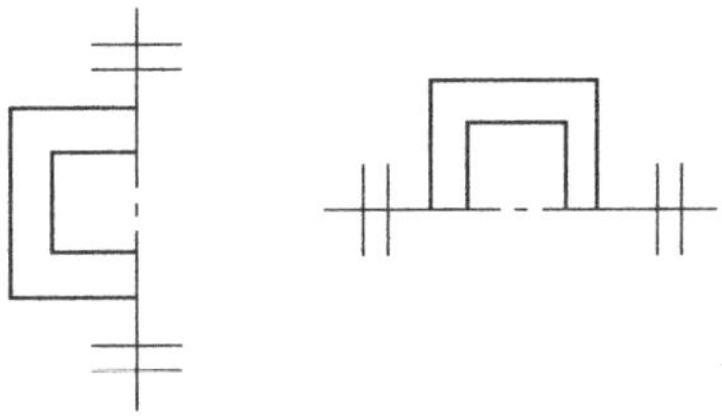	对称符号用细线绘制，平行线长度宜为6～10mm，平行线间距宜为2～3mm，平行线在对称线的两侧的长度应相等
索引符号	直接索引：5/2 详图编号、详图所在图纸号；2/— 详图编号、详图在本张图纸上；J103 4/6 标准图册编号、标准详图编号、详图所在图纸号 索引剖视：3/— 剖开后向下投射；4/6 剖开后向左投射	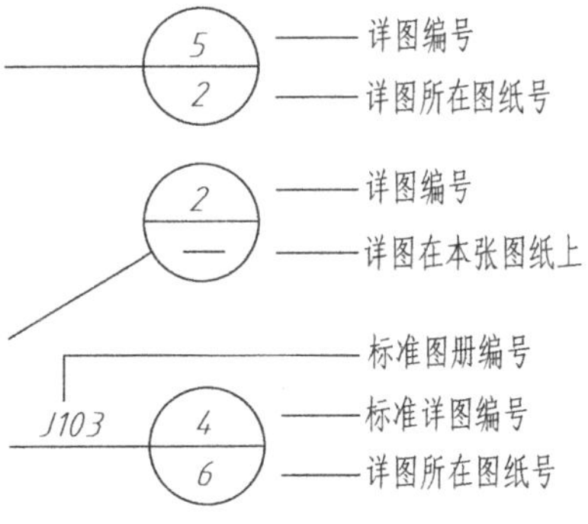 ①索引符号应以细实线绘制，圆的直径为10mm ②上半圆用阿拉伯数字注明详图编号，下半圆用阿拉伯数字注明详图所在的图纸编号(若详图与被索引的图样同在一张图纸内，则画一段细实线) ③引出线宜采用水平方向的直线，与水平方向成30°、45°、60°、90°的细实线，或经上述角度再折为水平方向的折线，引出线应对准索引符号的圆心 ④索引剖视详图时，应在被剖切的部位绘剖切位置线，引出线所在一侧为剖视方向

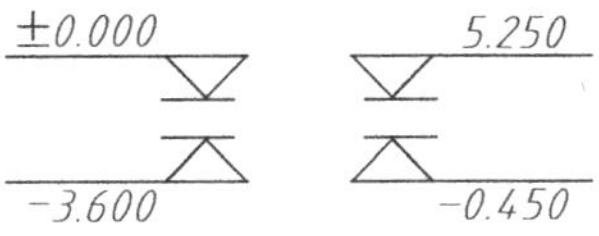

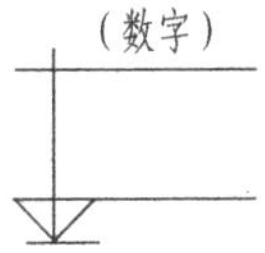

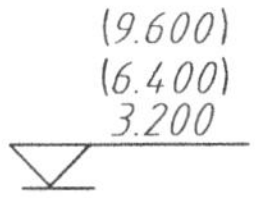

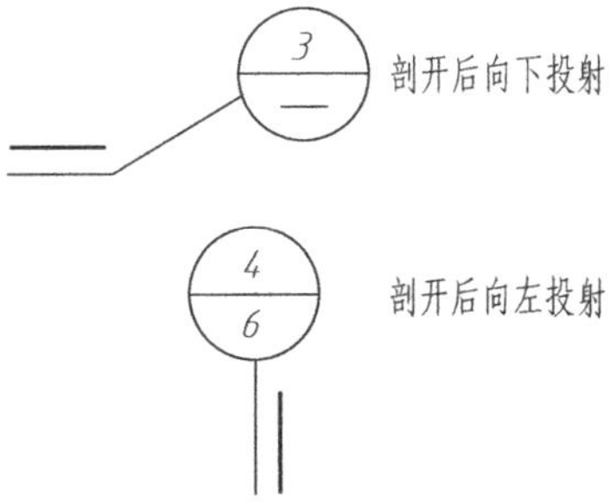

续表

名　称	画　　法	说　　明
详图符号	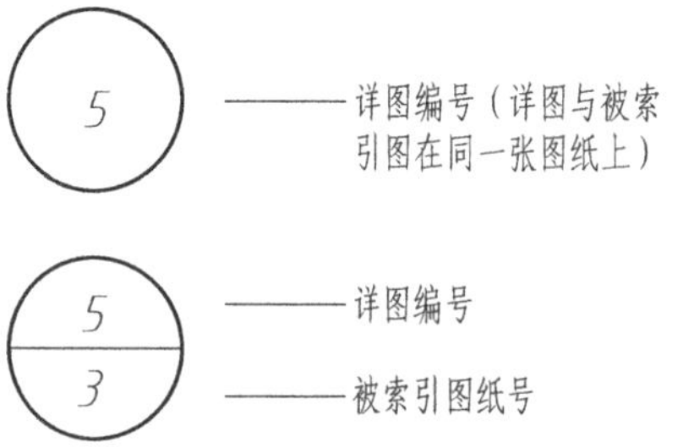 5 ——详图编号（详图与被索引图在同一张图纸上） 5 ——详图编号 3 ——被索引图纸号	①详图符号表示详图的位置与编号，以直径为 14mm 的粗直线圆绘制 ②上半圆中注明详图编号，下半圆中注明被索引图纸的图纸号（若详图与被索引的图样同在一张图纸内时，只注详图编号）
指北针和风玫瑰图	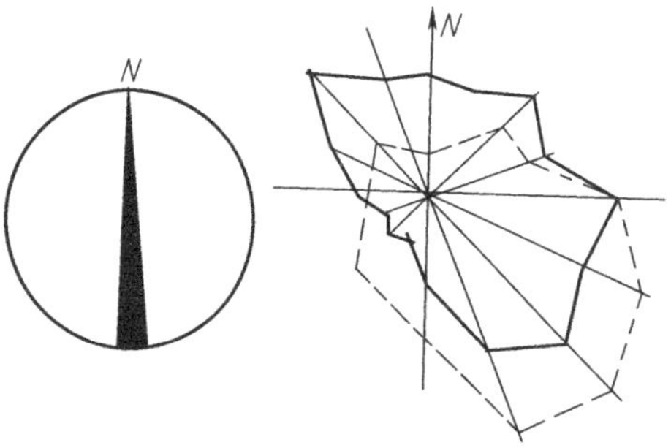 N　　N	用细实线绘制，圆的直径为 24mm，指针尾部的宽度宜为 3mm，针尖方向为北向

第四节　绘制建筑平、立、剖面图的方法与步骤

在初步掌握房屋建筑基本表达形式和图示方法的基础上，通过绘制建筑平、立、剖面图，进一步理解房屋建筑图的图示内容和表达特点。绘图过程中应注意以下几点。

① 绘图的顺序一般是从平面图开始，再画立面图和剖面图。绘图时先用 2H 或 H 铅笔画出轻淡的底稿。画底稿时可将同一方向的尺寸一次量出，以提高绘图速度。底稿完成经检查无误，按规定的线型用 B 或 HB 加深粗线，用 H 或 2H 加深细线。加深的次序是先从上到下画相同线型的水平方向直线，再从左向右画相同线型的垂直方向直线或斜线。先画粗线再画细线，最后标注尺寸和注写有关文字说明。

② 绘图过程中应注意平面图、立面图、剖面图之间的对应关系。如立面图的定位轴线，外墙上门窗的位置与宽度应与平面图保持一致；剖面图的定位轴线，房屋总宽应与平面图一致；剖面图的高度以及外墙上门窗的高度应与立面图一致。平面图表明房屋的内部布局，立面图反映房屋的外形，剖面图表达房屋的内部构造，三者互相补充，完整表达一幢房屋的内外形状和结构。

③ 选择合适的比例（建筑平、立、剖面图通常采用 1∶100），合理布置图面。平面图、立面图、剖面图可以分别画在不同的图纸上，但尺寸和各部分的对应关系必须保持一致，并且注写图名。对于小型建筑，如果平、立、剖面图画在同一张图纸内，则可按“长对正、高平齐、宽相等”的投影关系来画图，更为方便。

现以图 5-19 所示传达室为例，说明绘制建筑平面图、立面图、剖视图的步骤。

1. 平面图画法（图 5-20）

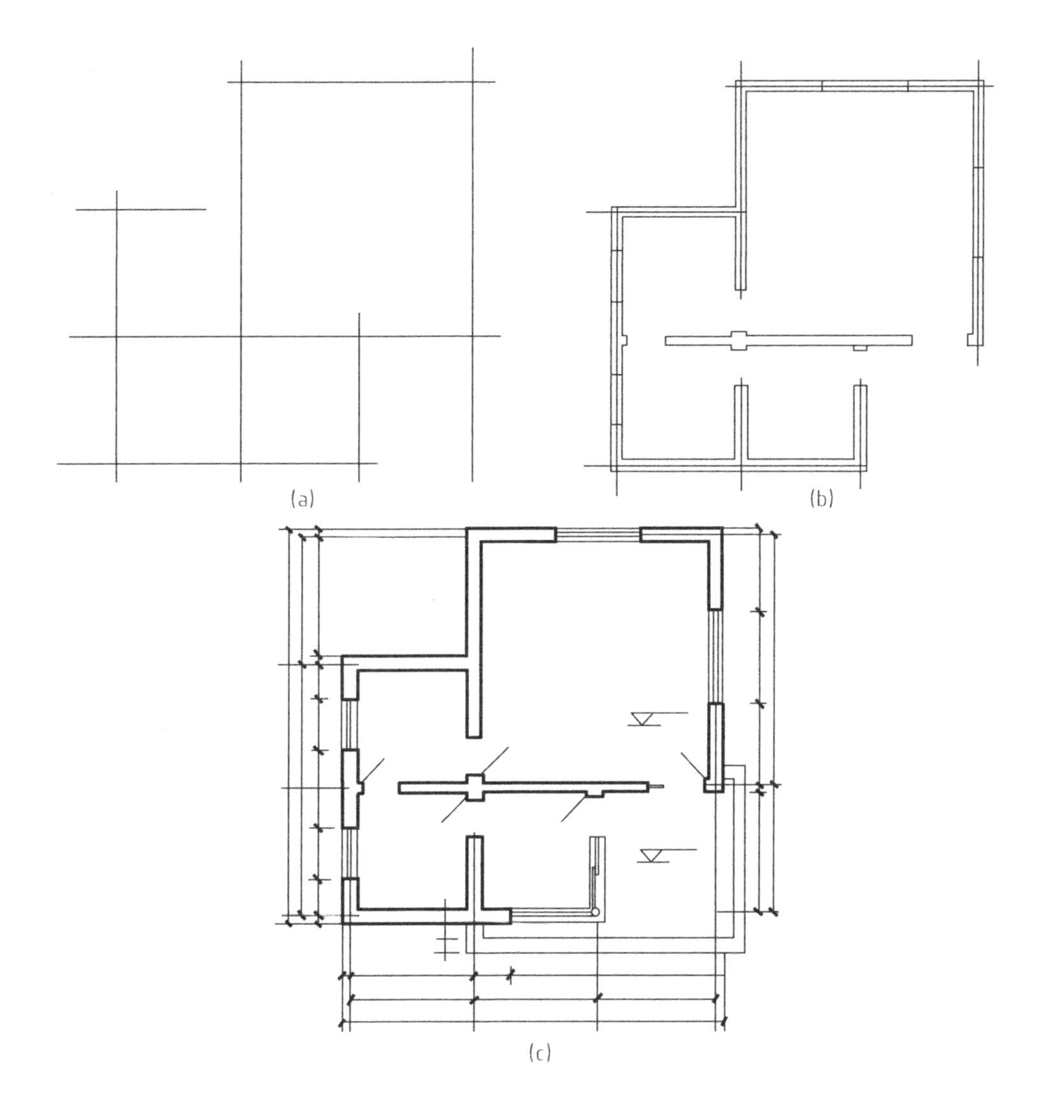

图 5-20　平面图画法

① 画定位轴线，如图 5-20(a)。

② 画墙身线和门窗位置，如图 5-20(b)。

③ 画门窗图例、编号，画尺寸线、标高以及其他各种符号，如图 5-20(c)。

经检查无误，擦去多余作图线，按规定加深图线、注写尺寸和文字。平面图上的线型有三种：墙身线画粗实线（b），门、窗图例和台阶等画中粗线（0.5b）其余均为细实线（0.25b）。

2. 立面图画法（图 5-21）

① 画定位轴线，地坪线，屋面和外墙轮廓线，如图 5-21(a)。

② 画门窗、台阶、雨篷、雨水管等细部，如图 5-21(b)。

③ 检查无误后按规定线型加深并注写尺寸、标高和文字说明，如图 5-21(c)。

为了使立面图的外形清晰，重点突出和层次分明，通常用粗实线（b）画房屋的外墙轮廓线；用中实线（0.5b）画门窗洞、窗台、檐口、雨篷、台阶和勒脚等轮廓线；用细实线（0.25b）画门窗扇、雨水管等。有时也将地坪线画成特粗线（1.4b）。

3. 剖面图画法（图 5-22）

① 画定位轴线、地坪线、屋面及墙身轮廓线，如图 5-22(a)。

② 画门窗位置、屋面板厚度以及女儿墙、雨篷等细部，如图 5-22(b)。

③ 经检查无误后按与平面图相同的线型加深，注写尺寸、标高和有关文字说明，如图 5-22(c)。

完成后的平、立、剖面图见图 5-18 所示传达室平面图、①～④立面图和 1—1 剖面图。

图 5-21　立面图画法　　　　图 5-22　剖面图画法

第六章

建筑施工图

按施工图的内容与作用不同，一套房屋施工图分为“建筑施工图”、“结构施工图”和“设备施工图”三部分，每部分施工图均附有图纸目录、设计说明等。建筑施工图是房屋建筑工程图中最基本的部分，表明房屋的规划位置、外部形状、内部布局和内外装饰等内容。建筑施工图包括总平面图、建筑平面图、立面图、剖面图以及构件详图等。

本章以一幢两户联体别墅为例，介绍建筑施工图的图示内容与读图要点。结构施工图与设备施工图将在第七、第八两章阐述。

第一节 建筑总平面图

总平面图是新建房屋在建筑用地范围内的总体布置图。主要表明拟建房屋的平面轮廓形状、位置和朝向，以及周围环境、地貌地形、标高、道路和绿化的布置等。总平面图是新建房屋的施工定位以及绘制水、电、煤气等管线平面布置的依据。由于需要表达的范围较大，所以总平面图通常采用1：500或1：1000等小比例绘制。

现以图6-1所示某住宅小区总平面图为例，说明总平面图的图示内容和读图要点。

(1) 新建房屋的位置和平面轮廓形状　该小区新建住宅共31幢（62户），在总平面图左下角画出了四种房型的平面轮廓形状，以便在总平面图上对照各种房型所在位置。图中标注了房屋之间的距离以及与规划红线、原有建筑物之间的距离，以表明它们的相对位置。

(2) 测量坐标网　在总平面图上，按X、Y坐标作出间距为10m、20m、50m或更大的方格网作为平面位置的控制网。建筑平面的具体位置可用X、Y坐标值来确定，如总平面图左下角一幢D型住宅标明两角点的坐标值：$X=8.161/Y=51.302$，$X=8.161/Y=33.062$，就可以确定该幢建筑的位置，并且由这两个坐标值可算出房屋的长度（或宽度）。例如两个Y坐标值相减（$51.302-33.062=18.240$），即房屋的总长。

(3) 小区环境与道路、绿化布置　小区主入口在基地北侧，设门卫和物业居委便利店。东南侧的标准网球场与小区中间的中心绿地形成休闲活动中心，小区四周和单体建筑前后，以及道路两侧分别布置大小乔木与灌木。整个小区的绿化率、绿地率必须达到规定的指标。总平面图右上角的“经济技术指标”，表明设计中的合理用地以及生活环境状况等内容。

小区内车行道分为三级，即进入主入口后至小区中心环路为主干道（宽6m），次干道分

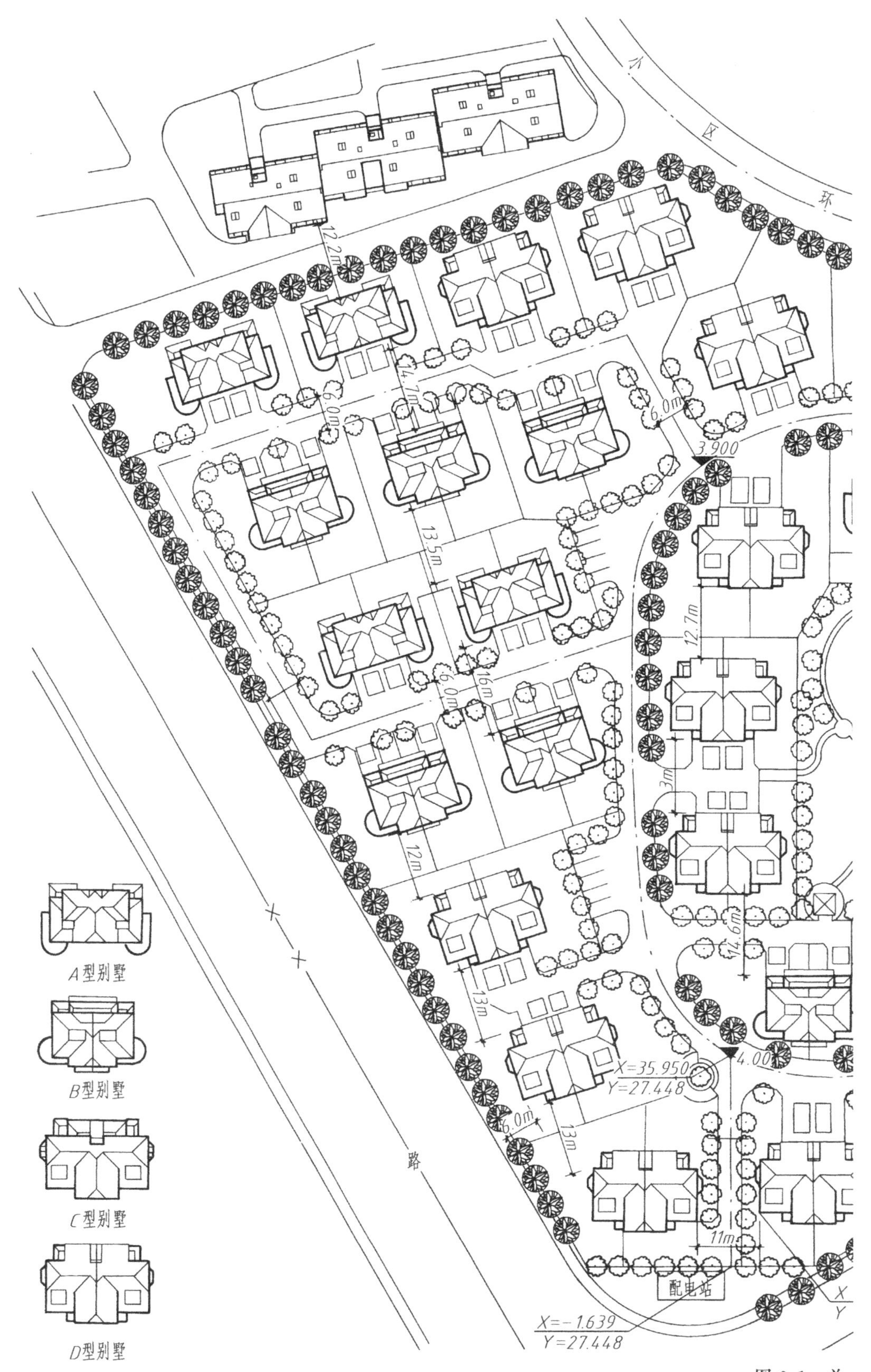

小
区
环
12.2m
14.7m
6.0m
6.0m
3.900
13.5m
12.7m
16m
6.0m
3m
12m
14.6m
13m
4.00
X=35.950
Y=27.448
6.0m
13m
路
11m
配电站
X=-1.639
Y=27.448
X
Y
A型别墅
B型别墅
C型别墅
D型别墅

图 6-1　总

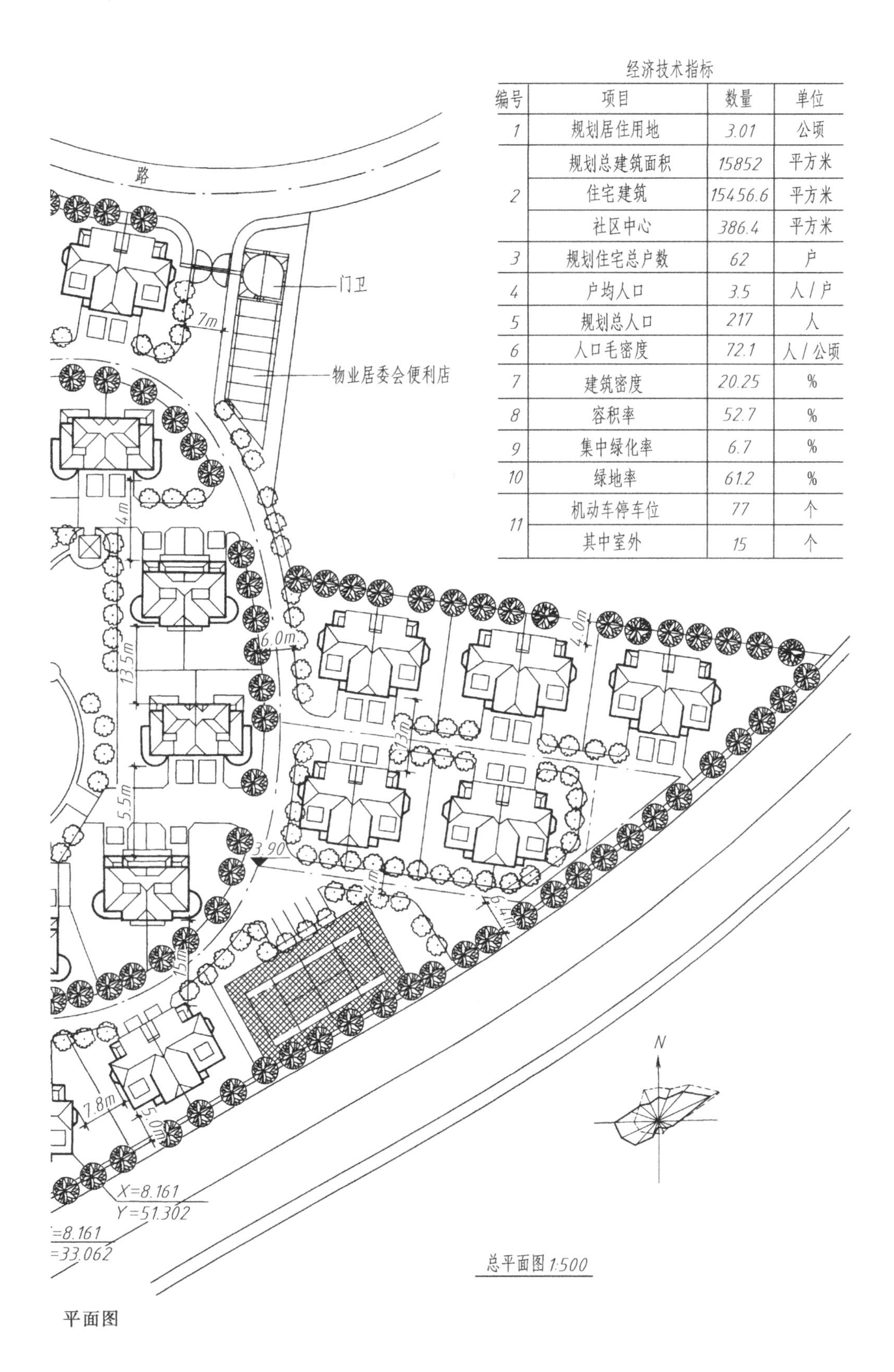

经济技术指标

编号	项目	数量	单位
1	规划居住用地	3.01	公顷
2	规划总建筑面积	15852	平方米
	住宅建筑	15456.6	平方米
	社区中心	386.4	平方米
3	规划住宅总户数	62	户
4	户均人口	3.5	人/户
5	规划总人口	217	人
6	人口毛密度	72.1	人/公顷
7	建筑密度	20.25	%
8	容积率	52.7	%
9	集中绿化率	6.7	%
10	绿地率	61.2	%
11	机动车停车位	77	个
	其中室外	15	个

总平面图 1:500

平面图

二级处理，即供小区内机动车往返的次干道（宽 6m）和单行车次干道（宽 4m）。小区道路设计满足消防要求，消防车与救护车能顺利到达每户住户门前，尽端考虑回转用的空间和场地。在道路中心线上分段设点表明该点坐标值，例如标高 4.00 处的坐标值 $X=35.950/Y=27.448$。

（4）标高　总平面图上所注的标高为绝对标高，以“m”（米）为单位，一般注到小数点后两位。绝对标高是指中国青岛市外黄海海平面作为零点而测定的高度尺寸。*D* 型别墅室内地坪标高±0.00 相当于绝对标高 4.35，室内外高差 450，室外地坪相当于绝对标高 3.90。

（5）朝向和风向　新建房屋的朝向可从总平面图右下角的指北针（或带指北针的风向频率玫瑰图）来确定。风玫瑰图还表明了本地区常年的主导风向。

由于总平面图采用小比例绘制，有些图示内容不能按真实形状表示，也难以用文字注释表达清楚，所以均按国标规定的图例画出。常用的总平面中的图例见表 6-1。

表 6-1　总平面图中常用的图例

名　称	图　例	说　明
新建的建筑物		1. 需要时，可用▲表示出入口，可在图形内右上角用点数或数字表示层数 2. 用粗实线表示
原有的建筑物		用细实线表示
计划扩建的预留地或建筑物		用中虚线表示
拆除的建筑物		用细实线表示
铺砌场地		
敞棚或敞廊		
围墙及大门		上图为实体性质的围墙 下图为通透性质的围墙 如仅表示围墙时，不画大门
坐标	X105.00 Y425.00 A131.51 B278.25	上图表示测量坐标，下图表示建筑坐标

名　称	图　例	说　明
填挖边坡		边坡较长时，可在一端或两端局部表示
护坡		
室内标高	151.00	
室外标高	143.00	
新建的道路	0.6 101.00 R9 150.00	1. “R9”表示道路转弯半径为9m，“150.00”为路面中心控制点标高，“0.6”表示 6% 的纵向坡度，“101.00”表示变坡点间距离 2. 图中斜线为道路断面示意，根据实际需要绘制
原有的道路		
计划扩建的道路		
人行道		
桥梁（公路桥）		用于旱桥时应注明

续表

名称	图例	说明	名称	图例	说明
雨水口与消火栓井		上图表示雨水口，下图表示消火栓井	阔叶灌木		
针叶乔木			修剪的树篱		
阔叶乔木			草地		
针叶灌木			花坛		

第二节　建筑平面图

建筑平面图的图示内容包括房屋的平面布局、房间的分隔、定位轴线和各部分尺寸、门窗的类型和位置及其编号、室内外地坪标高以及台阶、雨水管的位置等。

现以图 6-2 所示三层别墅的底层平面图为例，说明建筑平面图的图示内容和读图要点。

1. 平面布局

平面图表明房屋的平面形状。由于该房屋为一幢两户联体住宅，左右对称，所以仅画出对称的一半[1]，并在对称中心线处画出对称符号。底层平面图表示房屋底层的平面布局，即各房间的分隔与组合，房间的名称，出入口，楼梯的布置，门窗的位置，室外台阶、雨水管的布置，厨房、卫生间的固定设施等。此外，还标注了不同房间的标高，如客厅的标高±0.000，厨房、卫生间的标高－0.0200，汽车房的标高－0.300，以及室外地坪标高－0.450 等。

2. 定位轴线

定位轴线是确定房屋各承重构件如承重墙、柱等的位置。从左向右按横向编号①～⑥，从下向上按竖向编号Ⓐ～Ⓖ。定位轴线之间的距离，横向称为“开间”，如厨房、汽车房的开间尺寸为 3600，客厅、餐厅的开间尺寸为 1500＋3900。竖向称为“进深”，如厨房的进深尺寸为 3600，卫生间的进深尺寸为 2100，客厅和餐厅的进深尺寸为 1800＋2100＋4800。

3. 尺寸标注

平面图中的尺寸分为外部尺寸和内部尺寸两部分。

（1）外部尺寸　为便于读图和施工，外部尺寸一般标注三道尺寸，即

第一道尺寸：表示门、窗洞口宽度尺寸和门、窗间墙体的宽度尺寸，以及细小部分的构造尺寸。

[1] 对称中心线左边的半墙不应画出，但为了表达清楚，仍完整画出。

第二道尺寸：表示轴线之间的距离。

第三道尺寸：表示房屋外轮廓的总尺寸，即外墙的一端到另一端墙边的总长、总宽尺寸

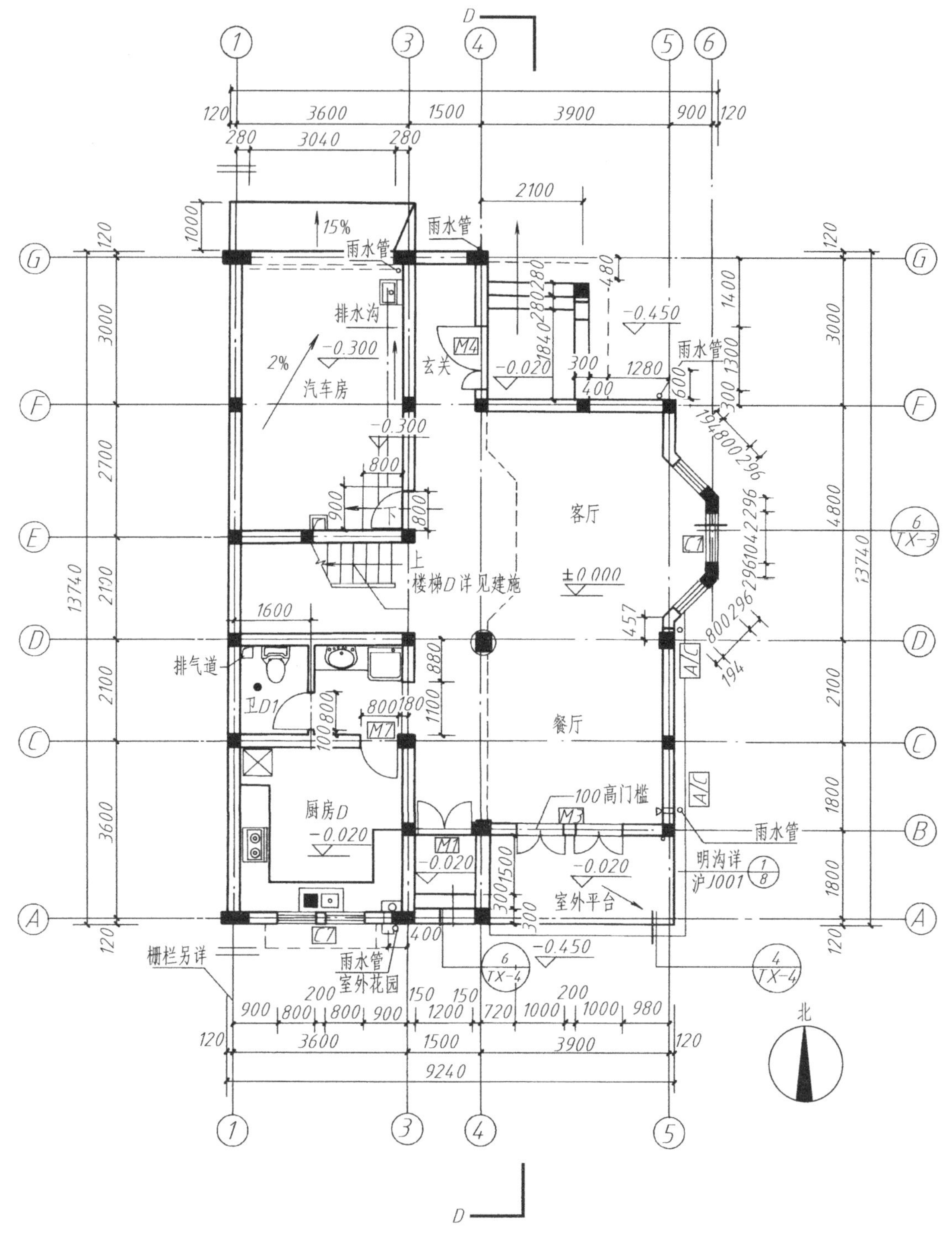

图 6-2 底层平面图

（如 9240×13740）。

另外，室外台阶（或坡道）的尺寸，可单独标注。

（2）内部尺寸　表明房间的净空大小和室内的门窗洞的大小、墙体的厚度等尺寸。

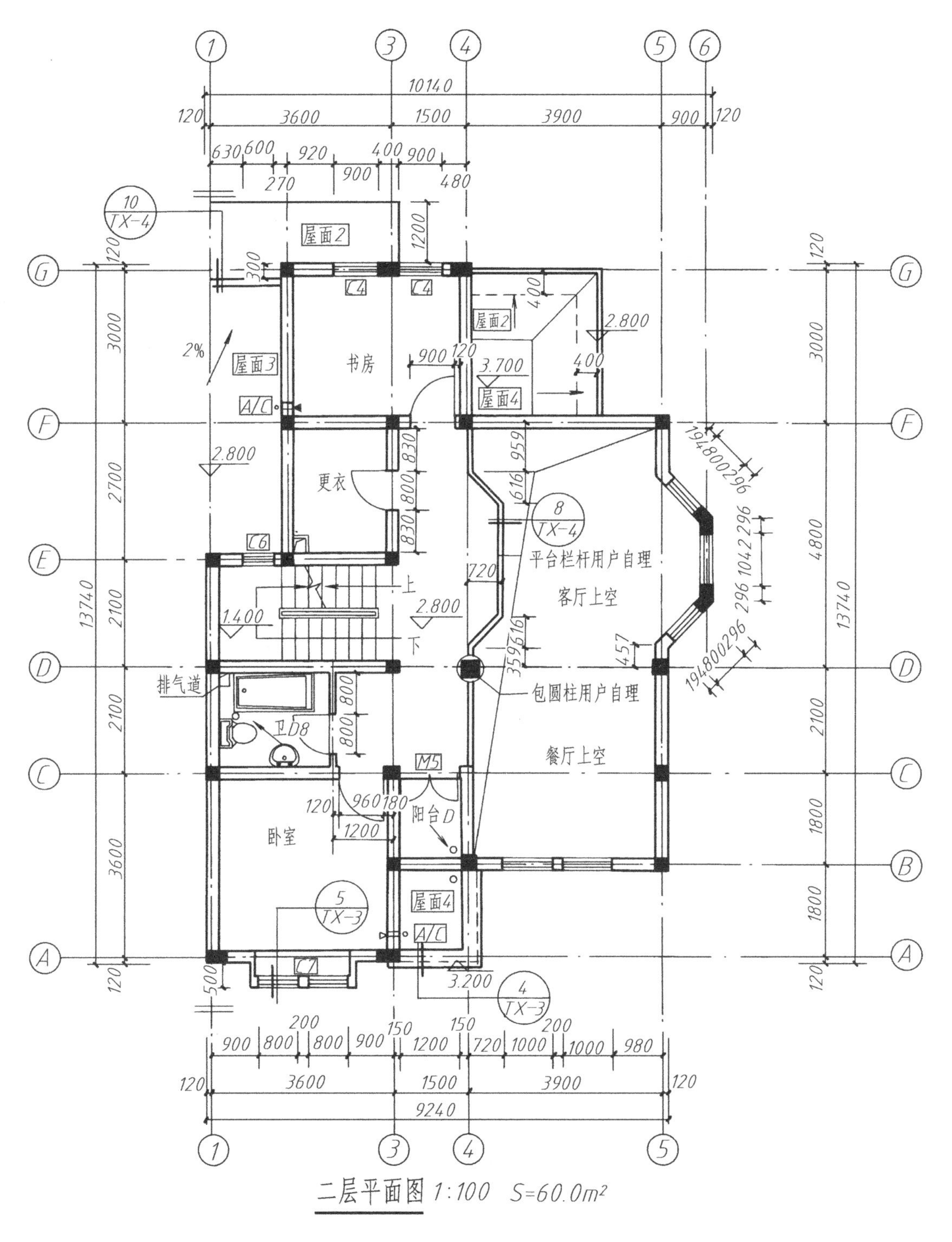

图 6-3　二层平面图

4. 图例

平面图中的门窗和楼梯等均按规定的图例（见表6-2建筑图例）绘制。门窗的代号分别为M和C，代号后面注写编号，如$M1$、$M2$和$C1$、$C2$等，同一编号表示同一类型即形式、大小、材料均相同的门窗。如果门窗的类型较多，可单列门窗表（或直接画在平面图内），表中列出门窗的编号、尺寸和数量等内容，如图5-19所示。至于门窗的具体做法，

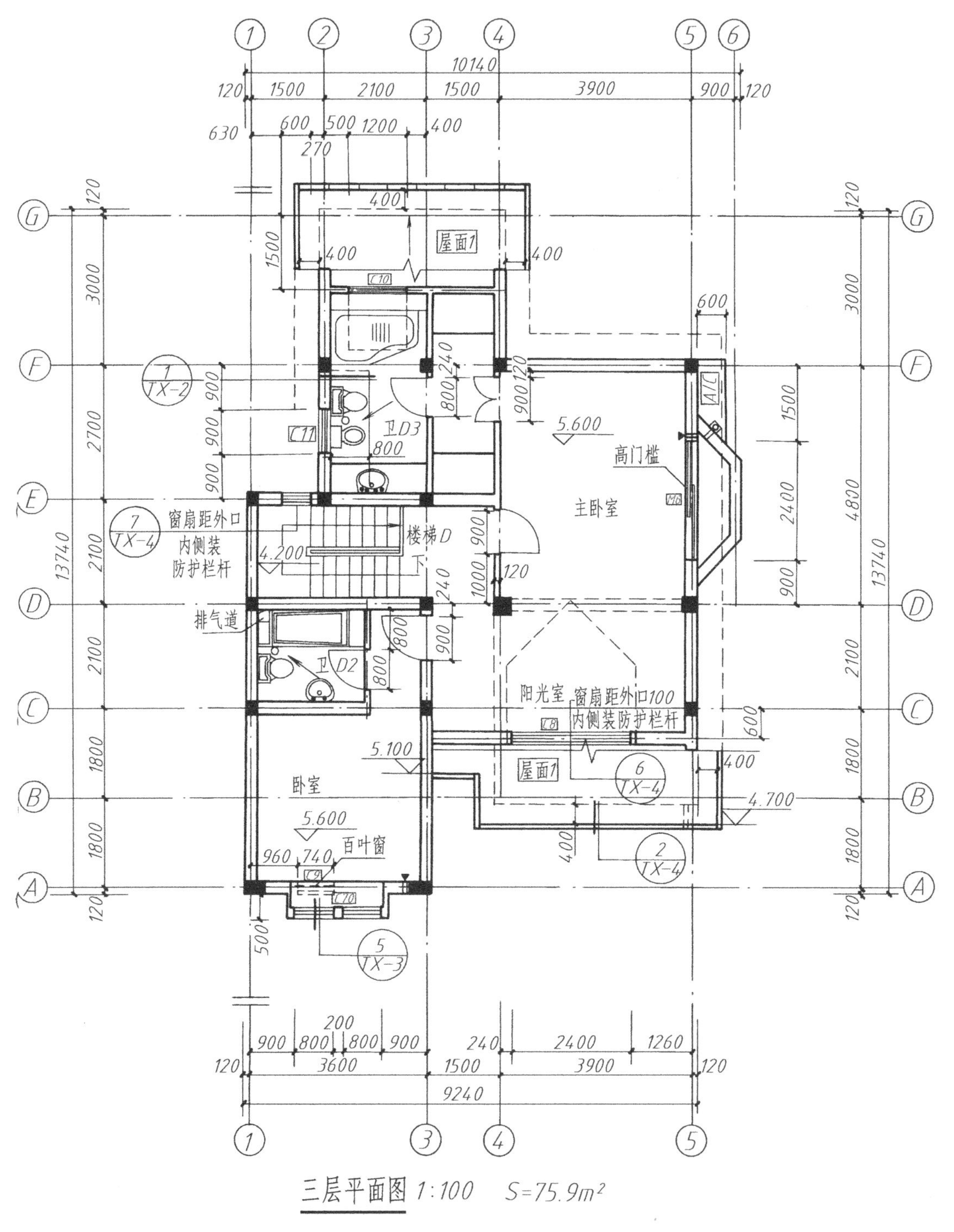

图6-4 三层平面图

则要查阅门窗的构造详图。楼梯的构造比较复杂，另画详图。

5. 有关符号

在底层平面图 6-2 中，必须在需要绘制剖面图的部位画出剖切符号，如 $D—D$。在需要

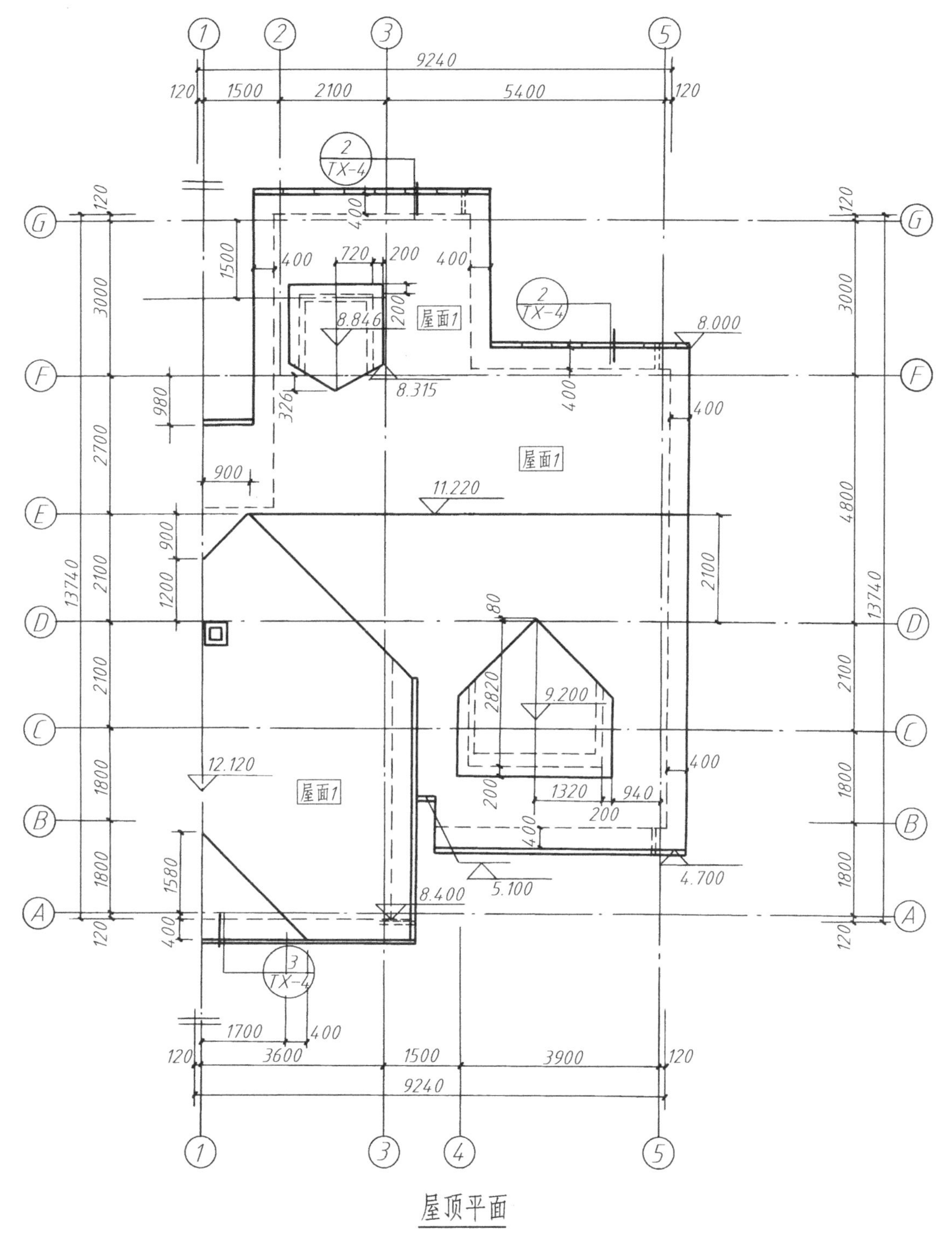

图 6-5 层顶平面图

另画详图的局部或构件处，画出索引符号，如右侧外墙凸出部分（窗）的索引符号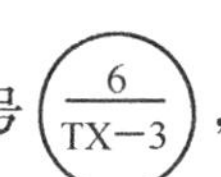，说明该处的详图可在“*TX*—3”图中查阅。底层平面图还要画出指北针，表明建筑物的朝向。

图 6-3、图 6-4 分别为二层和三层平面图，图示内容与底层平面图基本相同。请读者在识读立面图和剖面图的过程中，仔细对照分析，看懂各层楼面之间的组合关系。

图 6-5 为屋顶平面图，与图 6-2～图 6-4 的区别之处是没有采用水平剖面图，屋顶平面图是表示别墅的屋顶外形，如屋面的形状、交线以及屋脊线的标高等内容。

表 6-2　建筑图例

名　称	图　例	说　明
楼梯		1. 上图为底层楼梯平面，中图为中间层楼梯平面，下图为顶层楼梯平面 2. 楼梯及栏杆扶手的形式及踏步数应按实际情况绘制
检查孔		左图为可见检查孔 右图为不可见检查孔
孔洞		
坑槽		
烟道		

名　称	图　例	说　明
通风道		
单扇门（包括平开或单面弹簧）		1. 门的名称代号用 M 表示 2. 在剖面图中，左为外，右为内；在平面图中，下为外，上为内 3. 在立面图中，开启方向线交角的一侧，为安装合页的一侧。实线为外开，虚线为内开 4. 平面图上门线应 90°或 45°开启，开启弧线宜画出 5. 立面形式应按实际情况绘制
双扇门（包括平开或单面弹簧）		
对开折叠门		

续表

名　称	图　例	说　明
墙内单扇推拉门		同单扇门说明中的1、2、5
单扇双面弹簧门		同单扇门说明
双扇双面弹簧门		

名　称	图　例	说　明
单层固定窗		1. 窗的名称代号用C表示 2. 立面图中的斜线表示窗的开启方向，实线为外开，虚线为内开；开启方向线交角的一侧为安装合页的一侧，一般设计图中可不表示 3. 在剖面图中，左为外，右为内；在平面图中，下为外，上为内 4. 平、剖面图中的虚线，仅说明开关方式，在设计图中不需要表示 5. 窗的立面形式应按实际情况绘制
单层外开上悬窗		
单层中悬窗		
单层外开平开窗		
双层内外开平开窗		

第三节　建筑立面图

建筑立面图表明房屋的外形外貌，反映房屋的高度、层数，屋顶的形式，墙面的做法，以及门窗的形式、大小和位置。如图 5-19 所示传达室的①～④立面图和Ⓐ～Ⓓ立面图上，按图例画出门窗并表明开启方向，实线表示向外开，虚线表示向内开，相向的两个箭头则表示推拉窗。同时还列出门窗表，表明门窗的编号、尺寸和数量。

现以图 6-6 所示别墅的立面图为例，说明建筑立面图的图示内容和读图要点。

1. 外形外貌

由于该别墅为左右对称的两户，所以可沿对称面的右半画出①～⑥立面图，反映正立面的外形；左半画出⑥～①立面图，反映背立面的外形。对照平面图，正立面图轴线①右边的三层窗分别为底层厨房、二层和三层卧室的窗，在坡屋顶部位有通风的百叶窗。①～⑥立面图上轴线⑤左边为底层餐厅的落地门和高窗，在坡屋面上有三层阳光室的老虎窗，查看二层

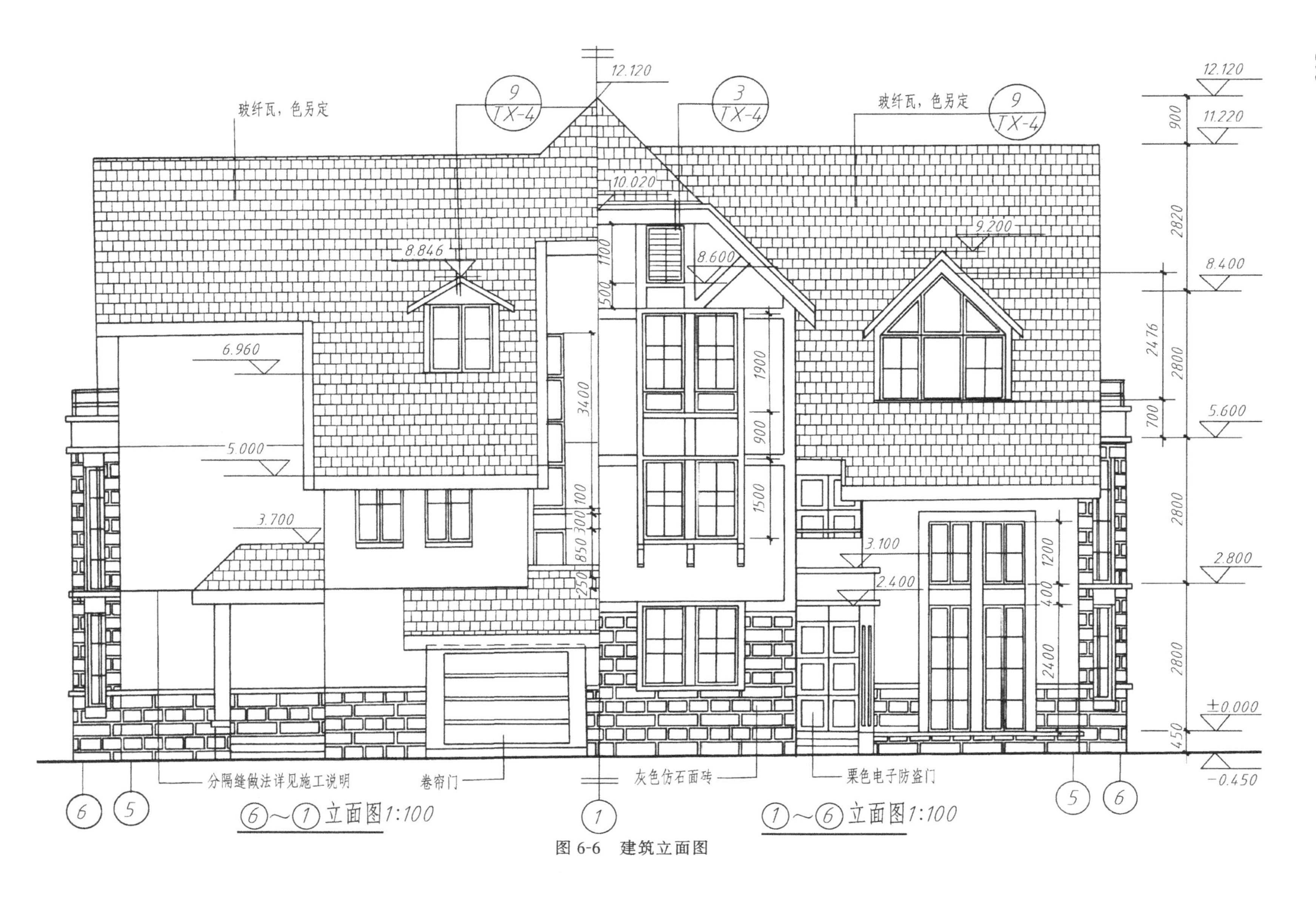
玻纤瓦，色另定
9 TX-4
12.120
3 TX-4
玻纤瓦，色另定
9 TX-4
12.120
900
11.220
10.020
2820
8.846
1100
8.600
9.200
500
8.400
2476
6.960
1900
2800
3400
700
5.600
5.000
900
1500
850 300 100
2800
3.700
3.100
2.800
1200
2.400
400
250
2400
2800
±0.000
450
-0.450
分隔缝做法详见施工说明
卷帘门
灰色仿石面砖
栗色电子防盗门
⑥～①立面图1:100
①～⑥立面图1:100

图6-6 建筑立面图

平面图，在客厅和餐厅部位画有空洞符号，并注写“上空”两字，说明客厅和餐厅的高度占有两层空间。从⑥～①立面图上可看到出入口的台阶、雨篷，汽车房的卷帘门，二层书房的两扇窗，以及坡屋面上三层卫生间的老虎窗。

2. 标注尺寸

立面图上一般只标注房屋主要部位的标高和必要的尺寸。如室外地坪标高为－0.450，比室内客厅地面标高±0.000低0.45m，二层楼面和三层楼面的标高分别为2.800和5.600，最高屋脊线的标高为12.120，房屋的总高为12.120＋0.450。此外，通常还注出窗台、雨篷、檐口等部位的标高。如果需要，还要标注一些局部尺寸，如餐厅落地门、高窗的高度尺寸（门、窗的宽度尺寸在平面图中注出）等。

3. 外墙面装修做法

通常在立面图上注写文字说明表示外墙面装饰的材料和做法。如正面底层墙面采用灰色仿石面砖；突出墙面的装饰线脚和门窗套采用浅灰色仿石喷涂，其余墙面均为白色外墙涂料。屋面采用蓝灰色玻纤瓦。整个立面构成一种“穿斗式”木构建的北欧居住建筑风格。

立面图上还画出需要另画详图的索引符号，如 $\frac{3}{TX-4}$、$\frac{9}{TX-4}$ 等。

第四节　建筑剖面图

识读剖面图时，先在底层平面图上查找剖切符号，明确剖切位置和投射方向。剖切位置一般选在通过门窗洞或楼梯间。需要几个剖面图才能将房屋的内部构造和结构形式表达清楚，应根据建筑物的复杂程度而定。简单的房屋仅作横向（剖切平面平行于侧面）剖面图，结构复杂的房屋还要作出纵向（剖切平面平行于正面）剖面图或其他重要位置的剖面图。如图5-19中的1-1剖面图，表明了传达室的内部结构和构造形式。被剖切平面剖切到的构件包括Ⓐ、Ⓓ轴线的外墙和Ⓒ轴线的内墙，室内和室外地坪线，屋面板和雨篷。墙身门窗洞上涂黑的矩形是钢筋混凝土过梁（或圈梁）的断面。Ⓐ、Ⓑ轴线上涂黑矩形为门窗过梁连同雨篷板的断面。剖面图中未剖切到的可见部分，包括门、窗（图例），室内勒脚线，女儿墙压顶线等。在1∶100的剖面图中，凡剖切到的构件如砖墙用粗实线表示（不画材料图例），地坪线用粗实线表示，钢筋混凝土梁或板则用涂黑表示。凡未剖切到的可见部分则用中实线表示。此外，剖面图上还标注了高度方向的尺寸以及重要部位的标高。

现以图6-7所示别墅的*D—D*剖面图为例，说明剖面图的图示内容和读图要点。

1. 剖切位置

对照底层平面图中的剖切符号可知，*D—D*为横向剖面图，剖切位置在④～⑤轴线之间，剖切后向左投射，表明了餐厅和客厅两层高度的空间，以及三层楼面和坡屋顶（包括老虎窗）的结构形式。垂直方向的承重构件是砖墙和钢筋混凝土柱（图中未示），水平方向的承重构件是钢筋混凝土梁和板，属于混合结构形式。

2. 剖切到的构件

包括室内外地面、楼板、屋顶、外墙及其门窗、梁、雨篷等。

室内外地面（包括台阶）用粗实线表示，通常不画出室内外地面以下的部分，因为基础部分将由结构施工图中的基础图来表达，所以在地面以下的基础墙上画折断线。

三层楼面的楼板，坡屋顶的屋面板，均搁置在砖墙或楼（屋）面梁上，它们的详细构造

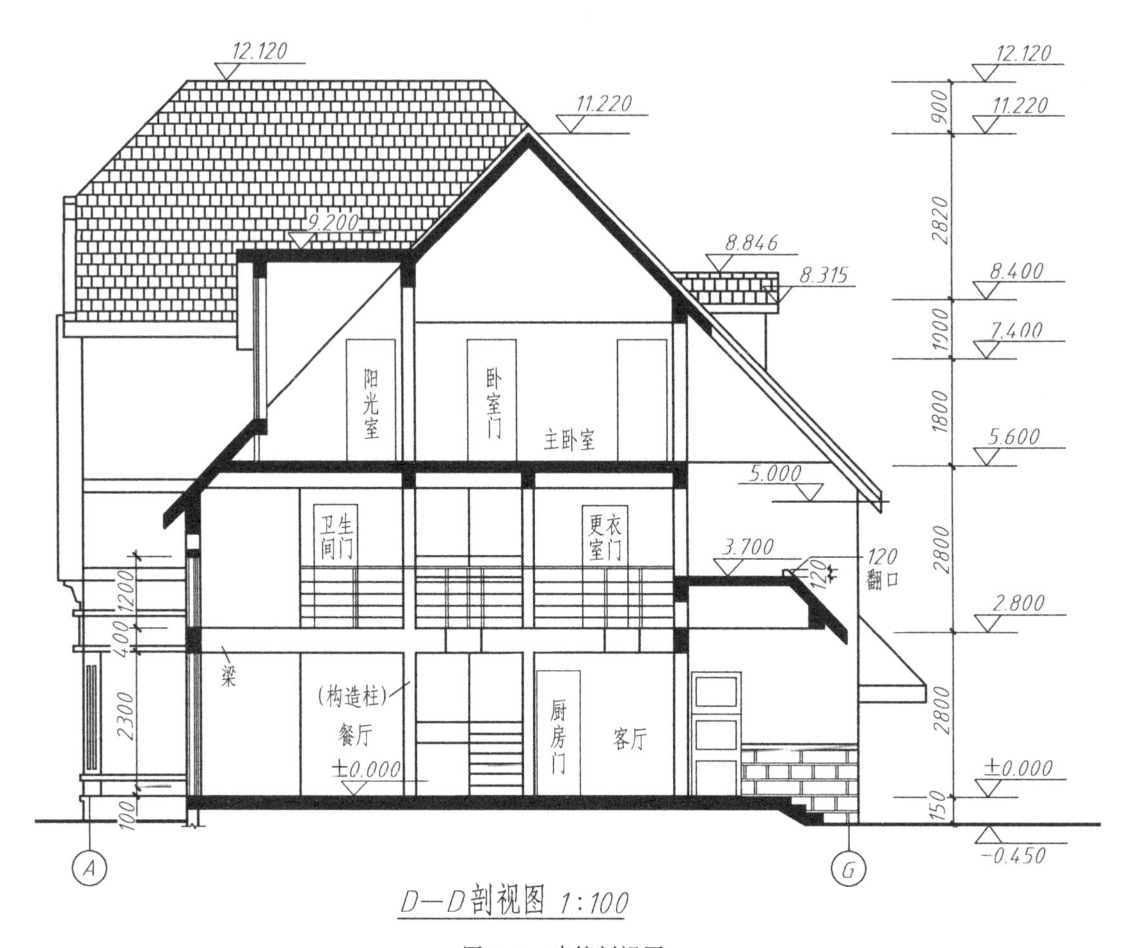

图 6-7　建筑剖视图

可另画节点详图。在 1∶100 的剖面图中示意性地涂黑表示楼板和屋顶层的厚度。

在墙身的门窗洞顶面、屋面板底面的涂黑矩形断面，是钢筋混凝土门窗过梁或圈梁，位于室外台阶上方画出的涂黑断面为过梁连同雨篷板的断面。

3. 未剖切到的可见部分

当剖切平面通过餐厅和客厅并向左投射时，剖面图中画出了可见的楼梯，二层的走廊栏杆，③轴线（对照平面图）上的构造柱和梁的轮廓线，以及各层不同房间的门。同时还要画出可见的房屋外形轮廓。

4. 标注尺寸

剖面图上应标注剖切到部分的重要部位和细部必要的尺寸，如剖面图左边高度方向的尺寸。但在施工时仅依据高度方向尺寸建造容易产生积累误差，而标高是统一以某水准点为准用仪器测定的，能保证房屋各层楼面保持水平。所以在剖面图上除了标注必要的尺寸外，还要标注各重要部位的标高，并与立面图上所注标高保持一致。

此外，在剖面图中，凡需绘制详图的部位，均要画出详图索引符号。

第五节　建 筑 详 图

由于房屋某些复杂、细小部位的处理、做法和材料等，很难在比例较小的建筑平面图、立面图、剖面图中表达清楚，所以需要用较大的比例（1∶20、1∶10、1∶5 等）来绘制这些局部构造。这种图样称为建筑详图，也称为节点详图。

如图 5-19 所示，在 1—1 剖面图的外墙上有三个索引符号，可在本图纸内找到相应的三个节点详图。详图的表达方法要根据该部位构造的复杂程度而定，有的只用一个剖视详图即可表达清楚，如外墙节点详图。而有的则需要画出若干图样才能完整表达清楚，如楼梯详图。

现以图 5-19 所示传达室的外墙节点详图以及三层别墅的楼梯详图和若干节点详图为例，说明建筑详图的内容和图示特点。

一、外墙节点详图

1. 从图 5-19 中外墙节点详图的轴线Ⓐ和详图编号①、②、③可知，该详图是由 1—1 剖面中索引出的三个外墙节点详图。由于它们位于同一剖切平面内，所以将各节点详图画在一起，中间用折断线断开，统称为外墙剖视详图。它表明檐口、屋面、窗台、勒脚和台阶等处的构造情况以及它们与外墙身的相互关系。

节点①（檐口）　表明屋面的承重层、女儿墙、雨篷以及窗顶的构造。在本例详图中，屋面承重层是钢筋混凝土屋面板，檐口采用女儿墙包檐。对照平面图和立面图可知，1—1 剖切位置在传达室出入口的雨篷处。从檐口节点详图可看出，雨篷与窗过梁、屋面板为整体浇注的钢筋混凝土结构。砖砌的女儿墙厚 120（半砖墙），女儿墙上有厚 150 的钢筋混凝土压顶。

节点②（窗台）　本例的窗台构造比较简单，为防止积水，在窗台外侧的砂浆粉刷层做成一定的斜度。

节点③（台阶、勒脚）　表明外墙面的勒脚、出入口的台阶以及室内外地面的构造和做法。对照立面图可看出，外墙下部四周用 1∶2 水泥砂浆粉高度为 150 的勒脚。为了防止地下水对墙身的侵蚀，在距离室内地面以下 50 左右处铺设一圈 60 厚的钢筋混凝土防潮层。此外，还表明了台阶以及室内外地坪的构造和做法。

2. 由于详图采用 1∶20 的较大比例，檐口、雨篷、过梁和屋面板等钢筋混凝土构件均应画出断面几何形状，标注全部尺寸，并画出断面材料图例。墙体厚度是指墙身的结构厚度，不包括粉刷层，如 240（一砖墙）、370（一砖半墙），指的是砖砌体厚度。砖墙断面应画出材料图例。门窗断面应另画详图，或从门窗标准图集中选用，可以只画出轮廓示意图而不标注断面尺寸。

3. 节点详图中应注出各部位的标高，以及墙身细部的全部尺寸。对于屋顶和地面的构造和做法可采用分层构造说明的方法表示。如屋顶部分的构造是：厚度 100 的钢筋混凝土屋面板上用厚度 20 的一份水泥三份黄砂调成的砂浆找平，再涂上厚度 15 的防水水泥砂浆，屋面板的底面用大白浆喷涂两遍。

二、楼梯详图

楼梯的构造比较复杂，在建筑平面图中仅用图例示意画出。楼梯详图表示楼梯的组成和结构形式，一般包括楼梯平面图和楼梯剖面图，必要时画出楼梯踏步和栏杆的详图。这些详图尽量画在同一张图纸上，以便对照识读。

现以别墅三层楼房钢筋混凝土板式楼梯为例，说明楼梯详图的图示方法。

1. 楼梯平面图

图 6-8(a)所示的楼梯平面图实际是水平剖面图，水平剖切面的位置通常在每一层的第

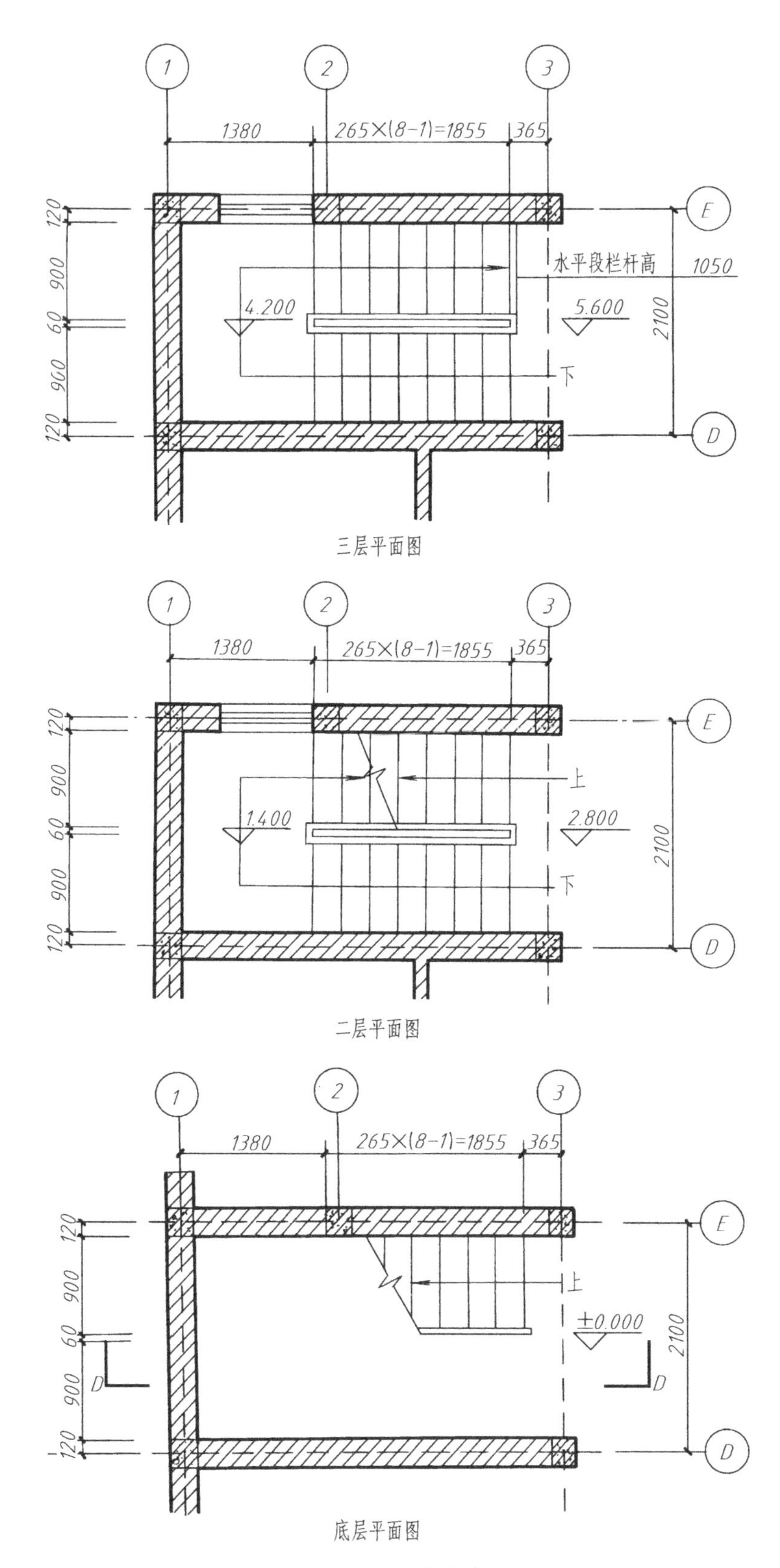
1
2
3
1380
265×(8-1)=1855
365
120
900
60
960
120
E
D
水平段栏杆高
1050
4.200
5.600
下
2100
三层平面图
1380
265×(8-1)=1855
365
120
900
60
900
120
上
1.400
2.800
下
2100
二层平面图
1380
265×(8-1)=1855
365
120
900
60
900
120
上
±0.000
D
D
2100
底层平面图

图 6-8(a) 楼梯详图

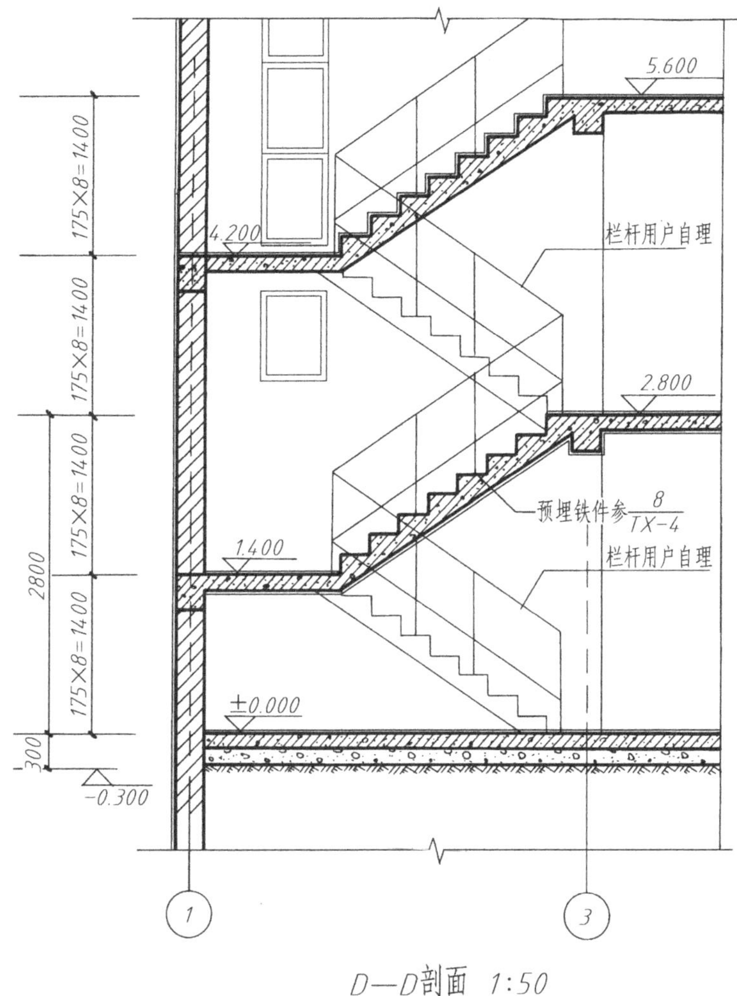

D—D剖面 1:50

图 6-8(b) 楼梯详图

一梯段中间。三层或三层以上的楼房，当中间各层的楼梯完全相同时，可以只画出底层、中间层和顶层三个平面图即可。楼梯平面图上要标注轴线编号，表明楼梯在房屋中所在位置，并标注轴线间尺寸，以及楼地面、平台的标高。

(1) 底层平面图　只有一个被剖切的梯段，并注有表明上行方向的长箭头。按剖切后的实际投影，剖切平面与楼梯段的交线应为水平线，但为避免与踏步线混淆，国标规定，在剖切处画一条45°倾斜折断线表示。

(2) 中间层平面图　既要画出被剖切的上行梯段（注有上行箭头），又要画出完整的下行梯段（注有下行箭头）。这部分梯段与被剖切梯段的投影重合，以45°折断线分界。

(3) 顶层平面图　剖切位置在顶层楼梯的栏杆扶手以上，未剖切到任何一个楼梯段，所以要画出两段完整的梯段和平台，并且只标注下行的箭头。

2. 楼梯剖面图

图 6-8(b)所示为按楼梯底层平面图中的剖切位置和投射方向画出的 D—D 楼梯剖面图，表明楼梯各梯段、平台、栏杆的构造及其相互关系，以及梯段数、踏步数、楼梯的结构形式

等。本例的楼梯每层只有两个梯段，称为双跑楼梯。

楼梯剖面图上应标明地面、平台和各层楼面的标高，以及梯段的高度尺寸：“梯段高度＝踏步高度×踏步数”。如第一梯段的高度为 175×8＝1400。本例各梯段高度一致。栏杆由用户自理，但要画出预埋铁件的位置与详图。

必须注意：由于各梯段楼梯踏步的最后一步走到平台或楼面，所以在楼梯平面图上梯段踏面的投影总比梯段级数少一个，如第一梯段水平投影长度为 265×(8－1)＝1855。

3. 其他节点详图

除了外墙和楼梯详图外，凡不属于房屋结构构件的部分，一般都列为建筑配件而成为建筑施工图的组成部分。如门、窗以及厨房、卫生间的固定设施等。对于这些配件，目前已有成套图册，设计时可选用而不需再画详图。下面介绍别墅的有关节点详图。

(1)南入口剖视详图(1：30)　图6-9是由二层平面图中Ⓐ轴线的索引符号 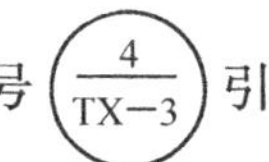

引

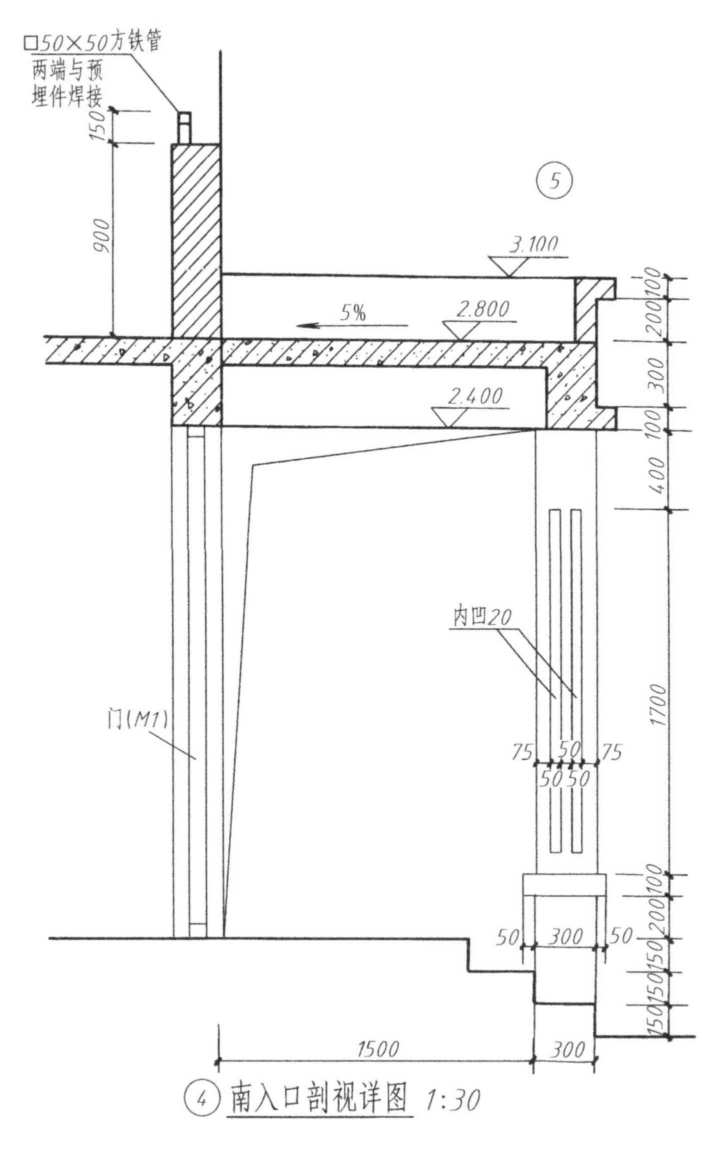

图 6-9　南入口剖视详图

出的南入口剖视详图。入口台阶右前方的装饰立柱与门（M1）之间画有空洞符号，立柱与门过梁（圈梁）上面是平屋面板和阳台板（标高 2.800）。平屋面用 300 高钢筋混凝土封檐，坡度 5%。阳台板为 900 高砖砌墙，上有焊接扶手的预埋方铁管。详图上标注了各部分详细尺寸和标高。

（2）南侧凸窗详图（1∶30） 图 6-10 是由二层平面图Ⓐ轴线的引出符号 $\frac{5}{\text{TX-3}}$ 索引的南侧二、三层凸窗构造详图（对照①～⑥立面图）。该节点的立面图表明了二、三层窗的外形轮廓和两层窗之间的百叶窗。对照节点剖视图可知，该窗凸出外墙面 500，百叶窗内放

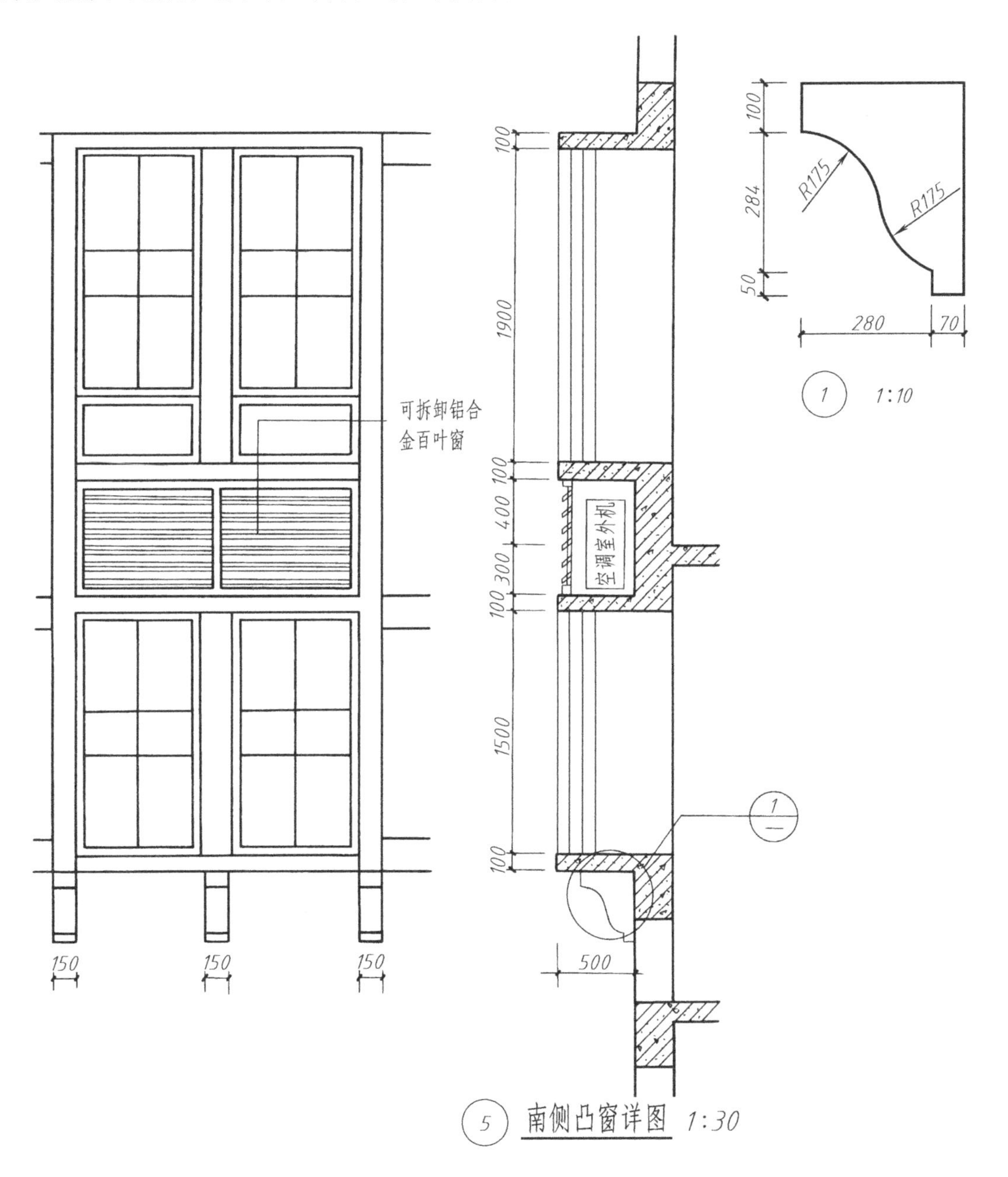

图 6-10 南侧凸窗详图

置空调室外机，使房屋立面整齐统一。凸窗下部有装饰线脚，并另画详图（右上角）以便标注细部尺寸。

（3）坡屋面檐口详图（1∶20） 图 6-11 是由①～⑥立面图上的索引符号 $\left(\frac{3}{TX-4}\right)$ 和三层平面图上的索引符号 $\left(\frac{2}{TX-4}\right)$ 引出的坡屋面檐口详图。图 6-11(a)所示③号节点檐口的坡屋面伸出外墙部分用 150、50 厚，200、100 高钢筋混凝土檐口封檐。图 6-11(b)所示②号节点檐口，表明了坡屋面的排水方式，雨水由雨水斗排入雨水管，进入明沟或地沟。

屋面的做法用文字分层说明。

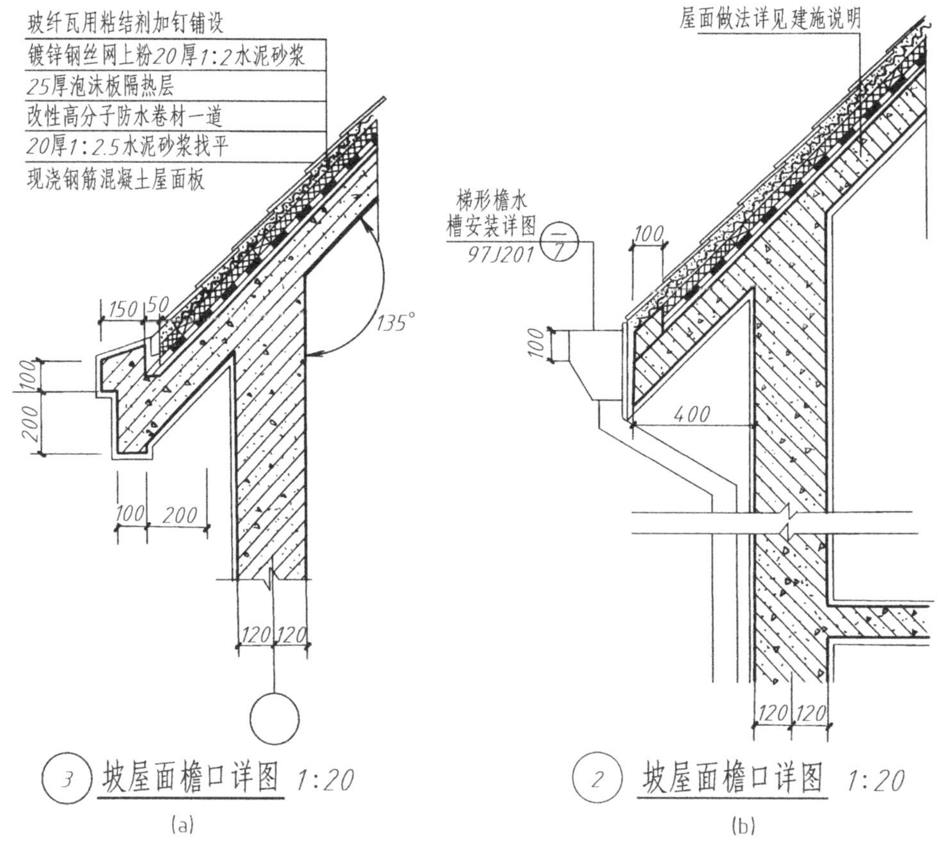

图 6-11 坡屋面檐口详图

第七章

结构施工图

第一节　房屋结构的基本知识

房屋由屋盖、楼板、梁、柱、墙、基础等构件组成，这些构件是支撑房屋的骨架。从图7-1可看出，房屋各部分自身重量、室内设备和家具、人的体重等，都是由楼板、梁、柱和墙传到基础，再由基础传给地基，这些构件称为承重构件。承重构件所用的材料有钢筋混凝土、钢、木、砖石等。如果房屋内部的屋面、梁、柱、楼板等承重构件都是钢筋混凝土结构，用砖墙承重，这种结构称为“混合结构”。如第六章中的三层别墅。

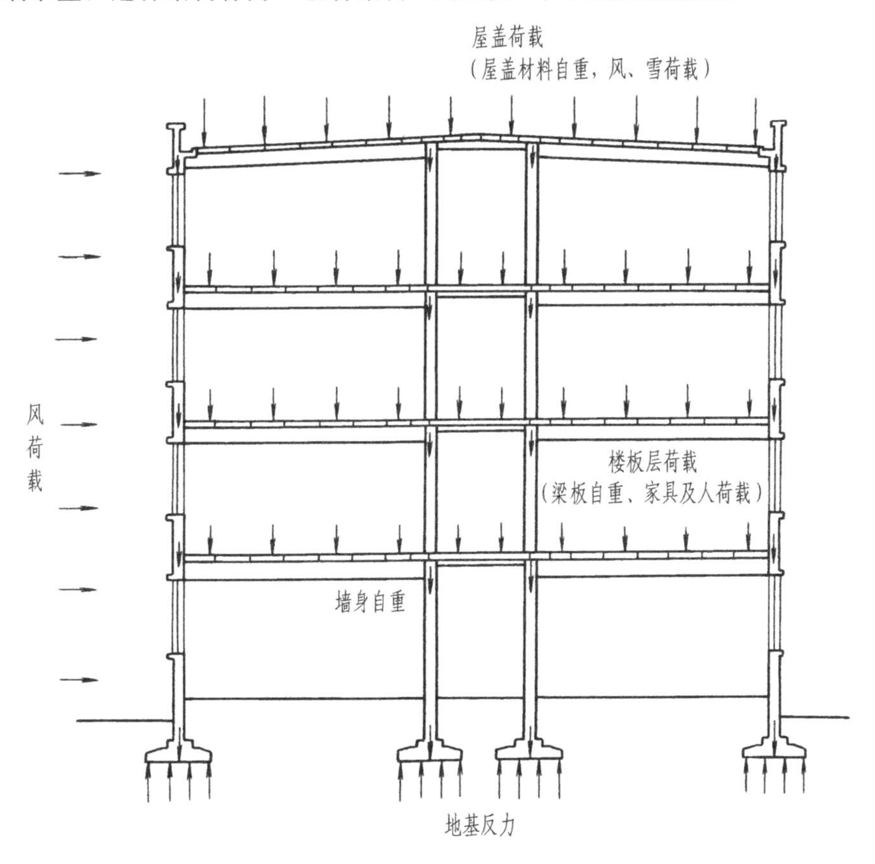

图7-1　某教学楼结构受力示意图

一套房屋工程图，除了前述建筑施工图以外，还要根据建筑设计的要求，通过计算确定各承重构件的形状和大小以及材料和构造，并将结构设计的结果绘制图样，称为结构施工图，简称“结施”。

一、结构施工图的分类和内容

1. 结构设计说明

包括选用结构材料的类型、规格、强度等级；地质条件、抗震要求；施工方法和注意事项；选用标准图集等。对于小型工程，可将说明分别注写在有关图纸上。

2. 结构平面图

包括基础平面图、楼层结构平面布置图、屋面结构平面图等。

3. 构件详图

包括梁、板、柱结构详图、基础详图、楼梯结构详图、屋架和支撑结构详图等。

结构施工图是施工放线、开挖基坑、构件制作、结构安装、计算工程量、编制预算和施工进度的依据。

住宅建筑一般都是采用钢筋混凝土梁板与承重砖墙混合结构，下面对钢筋混凝土结构的基本知识作简要介绍。

二、钢筋混凝土结构简介

由水泥、黄砂、石子和水按一定比例配制而成的建筑材料，称为混凝土。混凝土抗压强度高，但抗拉性能差。为了避免混凝土因受拉而损坏，在混凝土中配置一定数量的钢筋，使其与混凝土结合成一整体，共同承受外力，这种配有钢筋的混凝土称为钢筋混凝土。

梁、板、柱、楼梯、基础等钢筋混凝土构件通常是在施工现场直接浇制。如果这些构件是预先制好运到工地安装的，称为预制构件。有的构件在制作时通过张拉钢筋对混凝土施加一定压力，以提高构件的抗拉和抗裂性能，称为预应力钢筋混凝土构件。

1. 混凝土强度等级和钢筋等级

混凝土按其抗压强度等级分为C10、C15、C20、C25、C30、C35、C40、C45、C50、C60十个等级，数字越大表示抗压强度越高。

钢筋按其强度和品种分成不同等级，并分别用不同的直径符号表示，常用的有如下几种。

Ⅰ级钢筋（如3号光圆钢筋）　　Φ

Ⅱ级钢筋（如16锰人字型钢筋）　　Φ

Ⅲ级钢筋（如25锰硅人字型钢筋）　　Φ

Ⅳ级钢筋（圆和螺纹钢筋）　　Φ

Ⅴ级钢筋（螺纹钢筋）　　$Φ^t$

2. 钢筋的分类和作用

如图7-2所示，按钢筋在构件中的不同作用可分为：

(1) 受力筋　构件中主要受力的钢筋，在梁、板、柱等各种构件中均有配置，在梁、板中还分为直钢筋和弯起钢筋两种。

(2) 箍筋　主要用来固定受力筋的位置，并承受部分内力，多用于梁和柱。

(3) 架立筋　用来固定梁内箍筋位置，与受力筋、箍筋一起构成钢筋骨架。

(4) 分布筋　用于板式结构中，与板中受力筋垂直布置，固定受力筋位置，与受力筋一起构成钢筋网，使力均匀分布给受力筋。

3. 钢筋的保护层和弯钩

为了防止钢筋锈蚀，提高耐火性以及加强钢筋与混凝土的粘结力，钢筋的外边缘到构件表面应有一定距离，即混凝土保护层，如图7-2所示。梁和柱的保护层最小厚度为25mm，

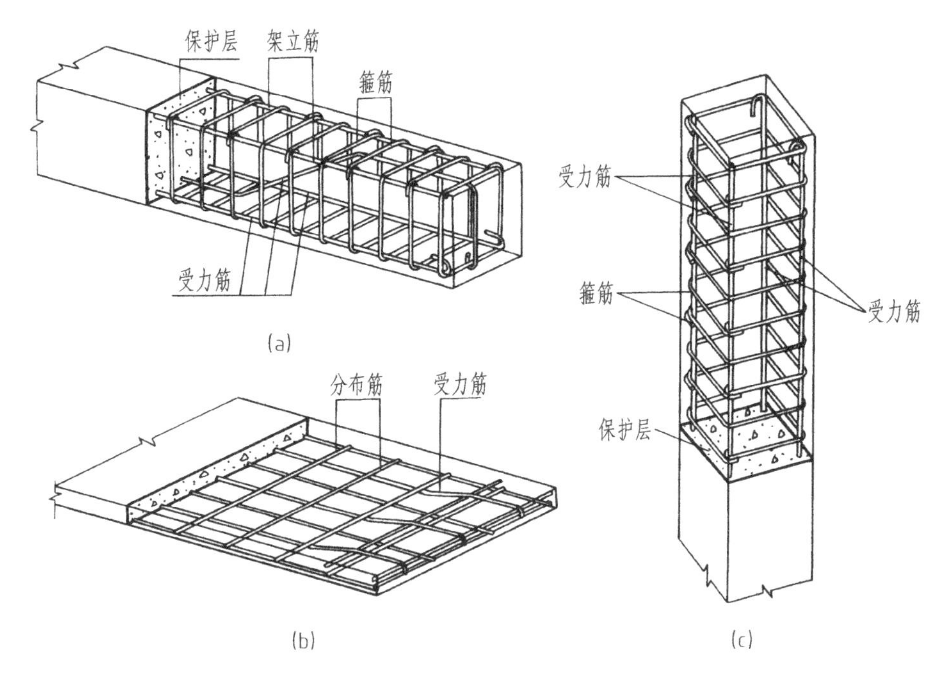

图 7-2 钢筋的分类

板和墙的保护层厚度为 10～15mm。保护层的厚度在结构图中不必标注。

为使钢筋与混凝土之间具有良好的粘结力，应在光圆钢筋两端做成半圆弯钩或直弯钩，箍筋两端在交接处也要做出弯钩。弯钩的形式与简化画法如图 7-3。

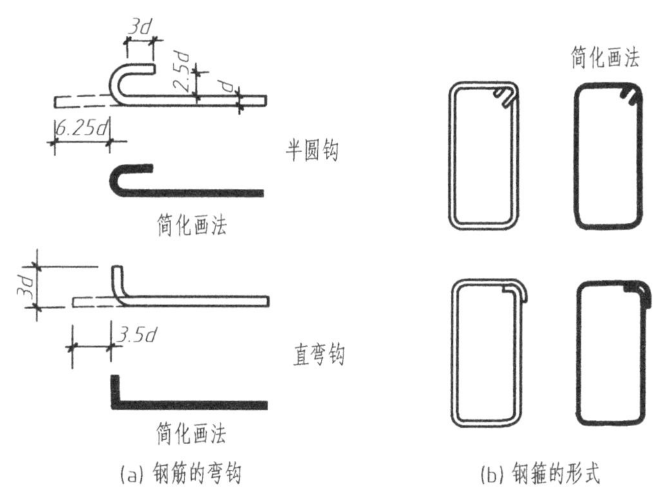

图 7-3 钢筋和箍筋的弯钩

4. 钢筋混凝土构件的图示特点

在钢筋混凝土构件中一般不画钢筋混凝土的材料图例，是为了明显表示钢筋的配置情况。其表示方法是假想混凝土为透明体，用细实线画出构件的外形轮廓，用粗实线或黑圆点（钢筋断面）画出内部钢筋。这种能反映构件钢筋配置的图样，称为配筋图。配筋图一般包括平面图、立面图和断面图，有时还要列出钢筋表。如果构件形状复杂，且有预埋件时，还要另画构件外形图，称为模板图。

对于不同等级、不同直径、不同形状的钢筋应给予不同的编号和标注。如图 7-4 所示，钢筋的编号以阿拉伯数字依次注写在引出线一端的 6mm 细线圆中。钢筋的标注形式有两种：2Φ12 和 ϕ6@150，其含义如图 7-4 所示。

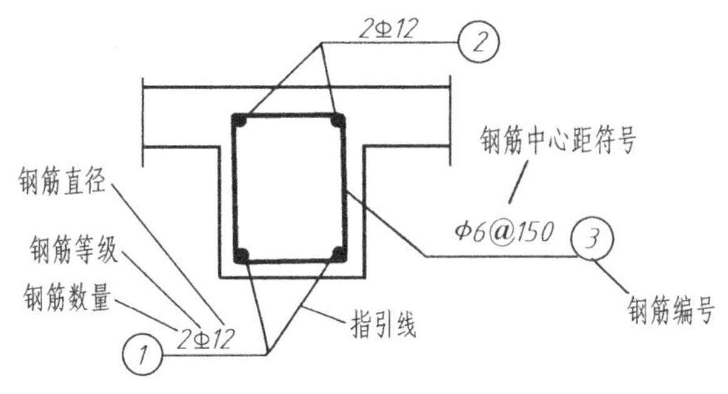

图 7-4　钢筋的标注形式

三、常用构件代号

在结构施工图中，构件种类繁多，布置复杂，为了便于阅读和冷制，常采用代号来表示构件的名称。常用构件的名称、代号见表 7-1。

表 7-1　常用构件代号（GBJ 105—1987）

名　称	代　号	名　称	代　号	名　称	代　号
板	B	梁	L	框架	KJ
屋面板	WB	屋面梁	WL	刚架	GJ
空心板	KB	吊车梁	DL	支架	ZJ
槽形板	CB	圈梁	QL	柱	Z
折板	ZB	过梁	GL	基础	J
密肋板	MB	连系梁	LL	设备基础	SJ
楼梯板	TB	基础梁	JL	桩	ZH
盖板或沟盖板	GB	楼梯梁	TL	柱间支撑	ZC
檐口板	YB	檩条	LT	垂直支撑	CC
吊车安全走道板	DB	屋架	WJ	水平支撑	SC
墙板	QB	托架	TJ	梯	T
天沟板	TGB	天窗架	CJ	预埋件	M

第二节　基础平面图与基础详图

基础是房屋地面以下的承重构件，承受上部建筑的荷载并传给地基。地基可以是天然土壤，也可以是经过加固的土壤。基础的形式与上部建筑的结构形式，荷载大小以及地基的承载力有关。如图 7-5 所示，一般有条形基础图(a)、独立基础图(b)、(c)、筏板（又称片筏）基础图(d) 等。

基础图是表示房屋建筑地面以下基础部分的平面布置和详细构造的图样，包括基础平面布置图与基础详图。它们是施工放线（用石灰粉定出房屋的定位轴线、墙身线、基础底面

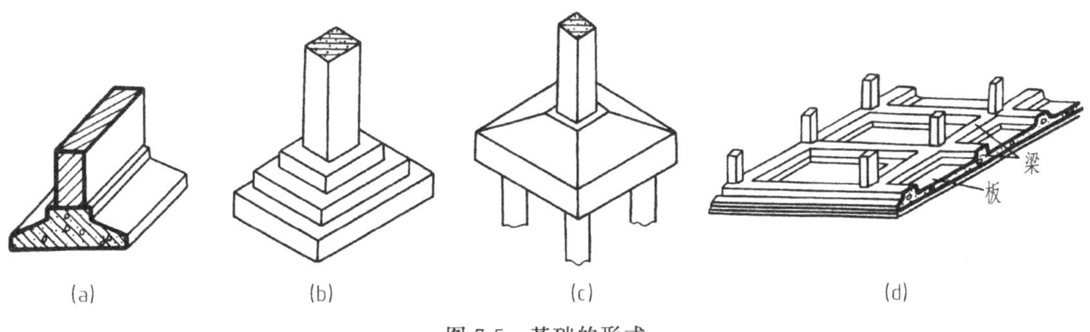

图 7-5　基础的形式

长、宽线），开挖基坑、砌筑或浇注基础的依据。

一、基础平面图

图 7-6(a) 所示为条形基础的基础平面图（局部），它是假想用一个水平面沿房屋室内地面以下剖切后，移去房屋上部和基坑回填土后所作的水平剖面图，如图 7-6(b) 所示立体图。基础平面图是表示基础平面整体布置的图样。

基础平面图中一般只需画出墙身线（属于剖切到的面，用粗实线表示）和基础底面线(属于未剖切到但可见的轮廓线，用中实线表示)。其他细部如大放脚等均可省略不画。

基础平面图上应画出轴线并编号，标注轴线间尺寸和总长、总宽尺寸，它们必须与建筑平面图保持一致。基础底面的宽度尺寸可以在基础平面图上直接注出。也可以如图 7-6(a) 所示的方式用代号标明，如剖切符号 J_1—J_1、J_2—J_2 等。以便在相应的基础断面图（即基础详图）中查找各道不同的基础底面宽度尺寸。

为了抵御地基的反作用力，在底层平面门洞下部设置基础梁。基础梁用粗单点长画线表示，同时标明代号，如 *JL*-1、*JL*-2 等，如图 7-6(a)。

二、基础详图

基础详图主要表明基础各部分的构造和详细尺寸，通常用垂直剖面图表示。如图 7-7 (b) 所示为图 7-6(a) 中 J_2—J_2 的基础断面图，即Ⓑ、Ⓒ轴内墙的基础详图。基础详图包括基础的垫层、基础、基础墙（包括大放脚）、防潮层等的材料和详细尺寸以及室内外地坪标高和基础底部标高。

基础详图采用的比例较大（1∶20、1∶10 等），墙身部分应画出砖墙的材料图例，基础部分由于画出钢筋的配置，所以不再画出钢筋混凝土材料图例。详图的数量由基础构造形式的变化决定，凡不同的构造部分都应单独画出详图，相同部分可在基础平面图上标出相同的编号而只需画出一个详图。

条形基础的详图一般用剖面图表达。对于比较复杂的独立基础，有时还要增加一个平面图才能完整表达清楚。

三、基础图识读实例

仍以第六章中的别墅为例，说明基础平面图和基础详图的图示内容和读图要点。

1. 基础结构平面布置图（图 7-8）

(1) 定位轴线　与建筑平面图完全一致的包括纵向和横向全部定位轴线编号，注出轴线间尺寸和总长、总宽尺寸。

(2) 基础的平面布置　包括基础墙、构造柱、承重柱以及基础底面的轮廓形状、大小及

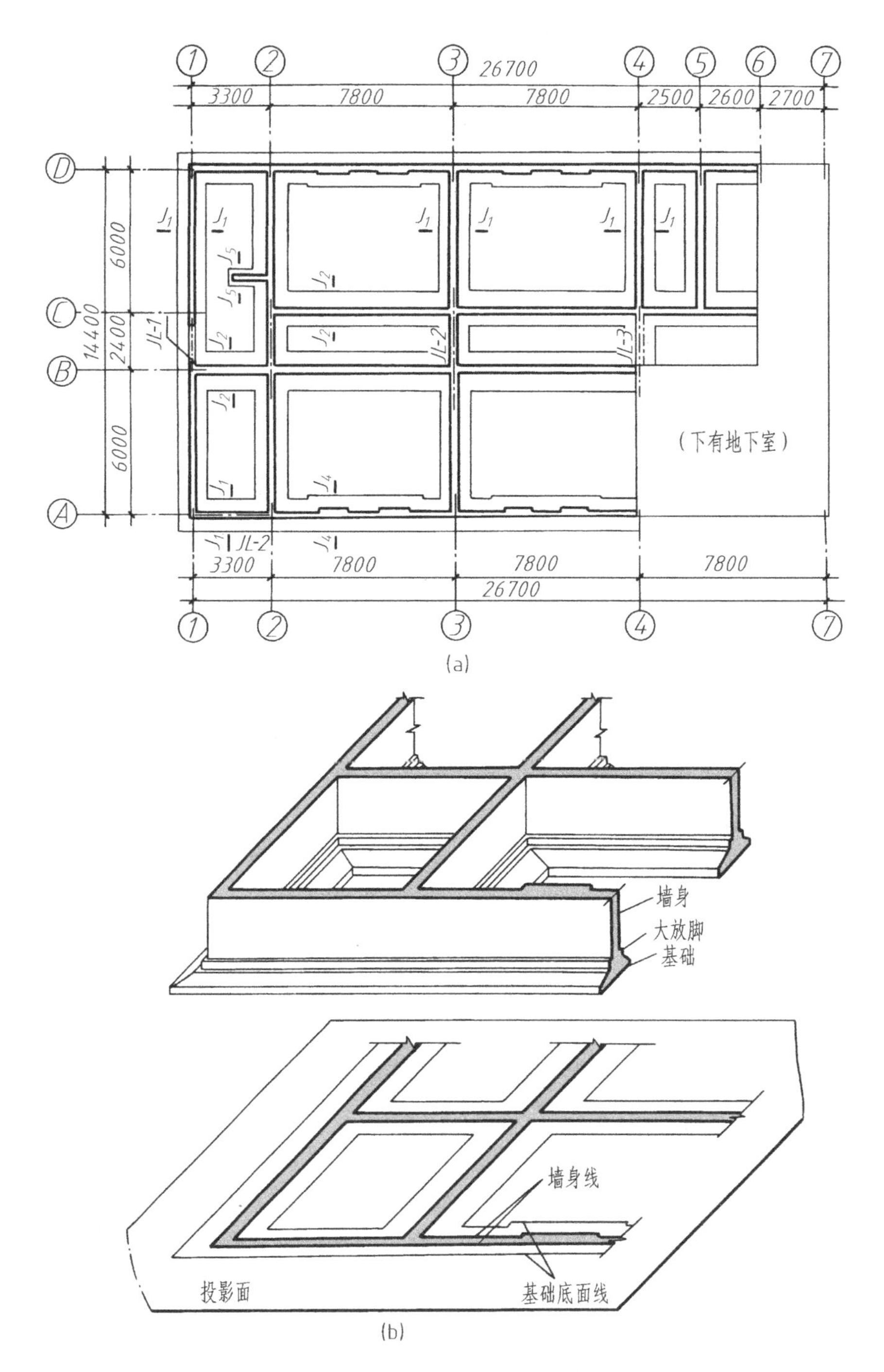

图 7-6 基础平面图的形成

其与定位轴线的关系。

本例基础平面的布置分两部分：条形基础部分画出基础底面外形轮廓线，并直接注出底面宽度尺寸，如Ⓑ轴线基础底面宽度为与轴线对称的 1000，③轴线基础底面宽度为轴线右侧的 1700 和 1400 等；筏板基础部分直接画出横向和纵向的钢筋配置，在筏板基础底板中有底层钢筋和顶层钢筋，按《建筑结构制图标准》规定，底层钢筋弯钩应向上或向左，如图中

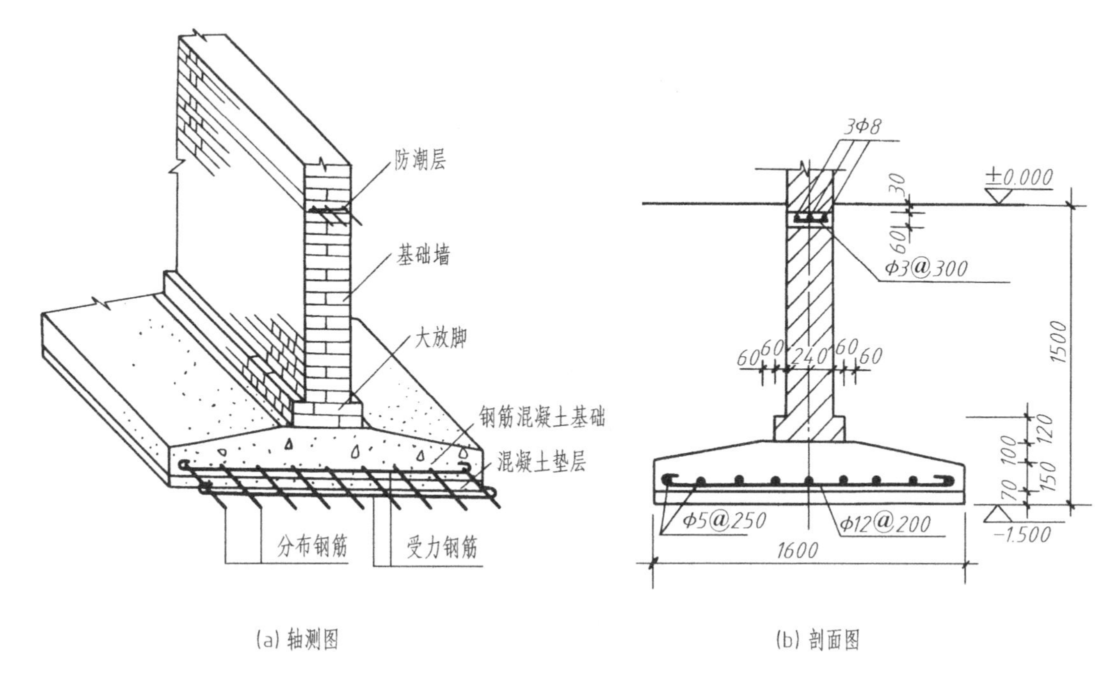

(a) 轴测图 (b) 剖面图

图 7-7 基础详图（J_2—J_2）

①轴和③轴间的Φ14@120 和Φ16@100，顶层钢筋弯钩向下或向右，如Ⓕ轴和Ⓖ轴间的Φ14@120。必须注意，Ⅱ级钢筋在端部不必画出弯钩，但为了表明是板内的上部还是下部钢筋，端部用 45°短画表示。

(3) 基础梁的位置与代号 当房屋底层平面中有门洞或两柱之间无承重墙的局部时（参见建筑平面图），为了防止在地基反力作用下在门洞处引起开裂或隆起，通常在门洞处的条形基础中设置基础梁，如③轴线上的Ⓒ～Ⓔ段 *JL*-2(450×500) 和Ⓓ轴线上的③～⑥段*JL*-1 (550×700) 等，用粗点画线表示。另一方面，为了满足抗震设防的要求，在基础平面图中，除了特别标注的基础梁 *JL*-1～*JL*-7 以外，在 240 厚的基础墙下均设置条形基础统梁 *JLL*，与墙身轴线重合，并与基础梁拉通。

条形基础在标高－0.300 处沿基础墙四周设置连通的钢筋混凝土地圈梁，兼顾防潮作用，又称为防潮层。其断面尺寸和钢筋配置见图 7-9 基础详图。

2. 墙下条形基础详图（图 7-9）

图 7-9 为承重墙下的基础（包括地圈梁和基础梁）详图。该承重墙基础是钢筋混凝土条形基础，由于各条轴线的条形基础断面形状和配筋形式是类似的，所以只需画出一个通用的断面图，再附上基础底板（称翼缘板）配筋表，列出基础底面宽度 *B* 和受力筋 A_s，就将各部分条形基础的形状、大小、构造和配筋表达清楚了。

图 7-10 是局部筏板基础示意图，补充基础详图中局部筏板基础部分的构造尺寸和钢筋配置。

基础详图中的基础梁另画配筋图，并附上基础梁配筋表，分别列出不同编号基础梁的断面尺寸（$b\times h$）和下部筋、上部筋、箍筋的配置，如图 7-11。

关于基础的材料以及施工注意事项等在基础详图中另加说明，例如在图 7-9 中：本结构基础材料采用 C25 混凝土；所有基础梁、翼缘板均设置 100 厚 C10 混凝土垫层，每边放出

100mm；在标高−0.300处沿240墙设置地圈梁的断面尺寸（240×240）和配筋Φ6@200、4Φ12等。

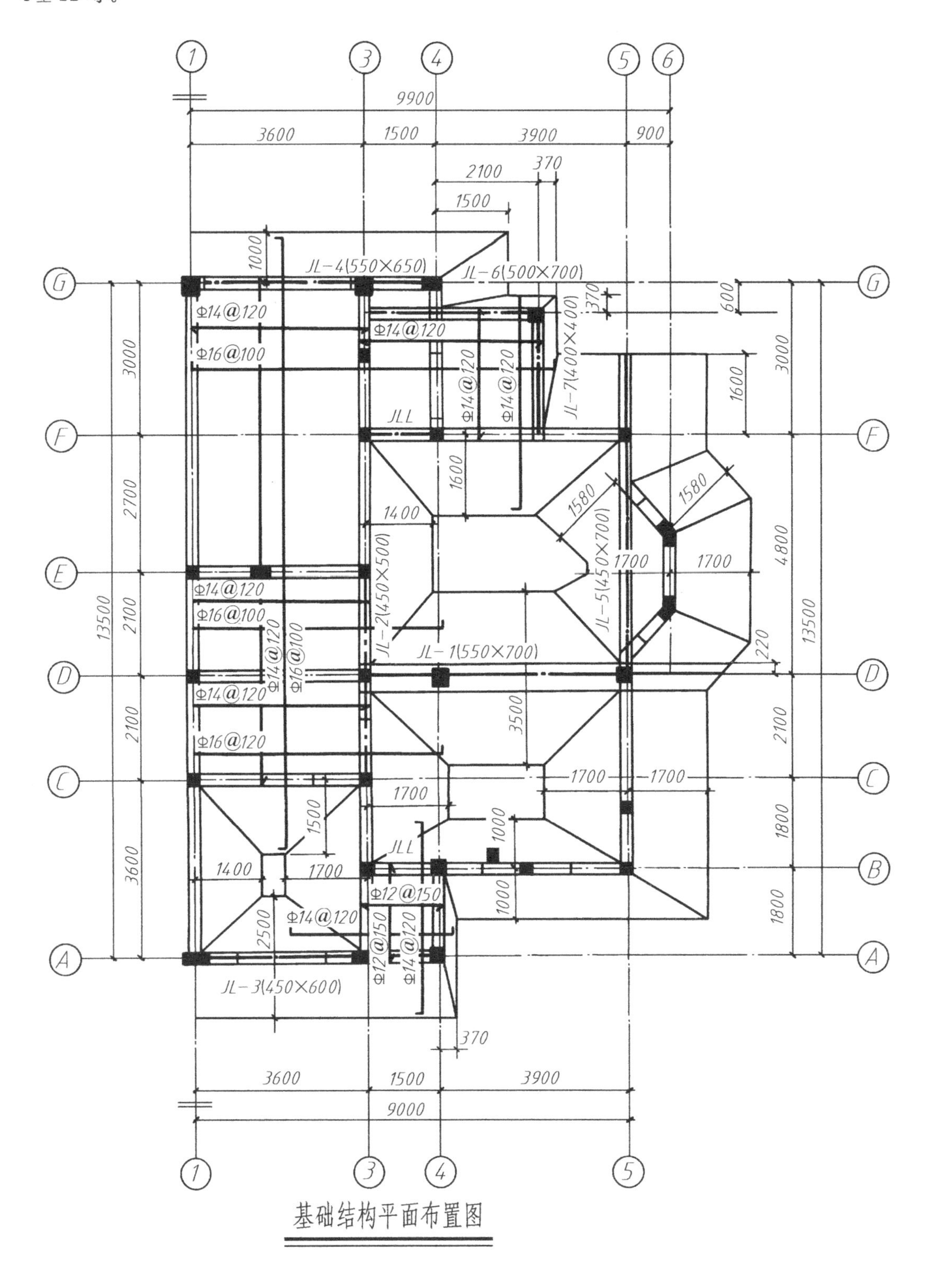

图7-8　基础结构平面布置图

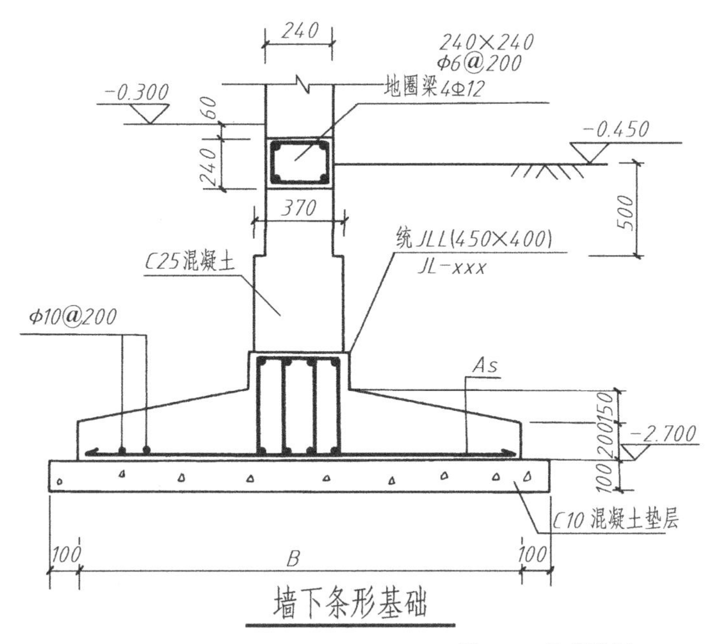

基础翼缘板配筋

基础翼缘板宽度 B	基础配筋 As
B=3800	Φ16@100
B=3400	Φ16@120
B=3200	Φ14@120
B=2800	Φ14@140
B=2600	Φ12@120
B=2600	Φ12@120
B=2500	Φ12@120
B=2400	Φ12@130
B=2200	Φ12@130
B≤1500	Φ10@150

图 7-9　基础详图

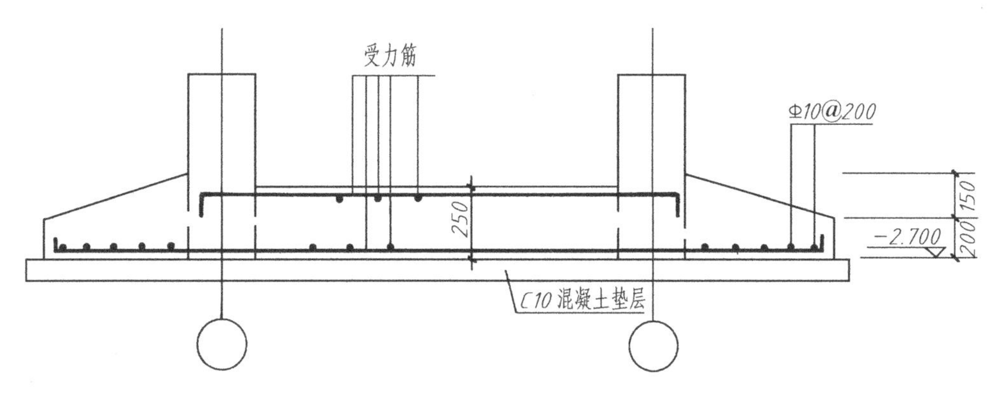

图 7-10　用于局部筏板配筋示意

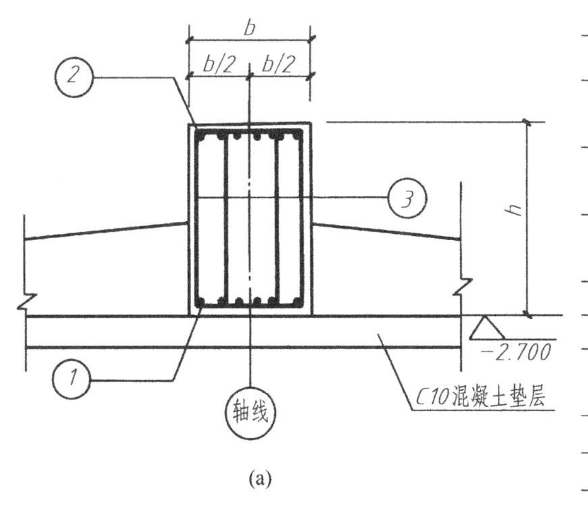

(a)

基础梁配筋表

断面尺寸 $b\times h$	下部筋①	上部筋②	箍筋③	备　注
550×700	8Φ25	8Φ25	4φ10@150	悬挑部分 4φ10@100
450×500	6Φ25	6Φ25	4φ8@150	悬挑部分 4φ8@100
450×600	7Φ25	6Φ25	4φ8@150	悬挑部分 4φ10@100
550×650	6Φ25	6Φ25	4φ10@150	
450×700	8Φ25	8Φ25	4φ10@100	
500×700	7Φ25	7Φ25	4φ8@150	悬挑部分 4φ8@100
450×400	4Φ20	4Φ20	4φ8@150	
400×400	4Φ16	4Φ16	4φ8@200	

(b)

图 7-11　基础梁配筋示例

第三节　结构平面图

房屋建筑的结构平面图是表示建筑物各承重构件平面布置的图样，除了基础结构平面图以外，还有楼层结构平面图、屋面结构平面图等。一般民用建筑的楼层和屋盖都是采用钢筋混凝土结构，由于楼层和屋盖的结构布置和图示方法基本相同，因此本节仅介绍楼层结构平面布置图和构件详图。

一、楼层结构平面图

楼层结构布置平面图（简称：结构平面图）是假想将房屋沿楼板面水平剖开后所得的水平剖面图，用来表示房屋中每一层楼面板及板下的梁、墙、柱等承重构件的布置情况，或现浇楼板的构造和配筋。

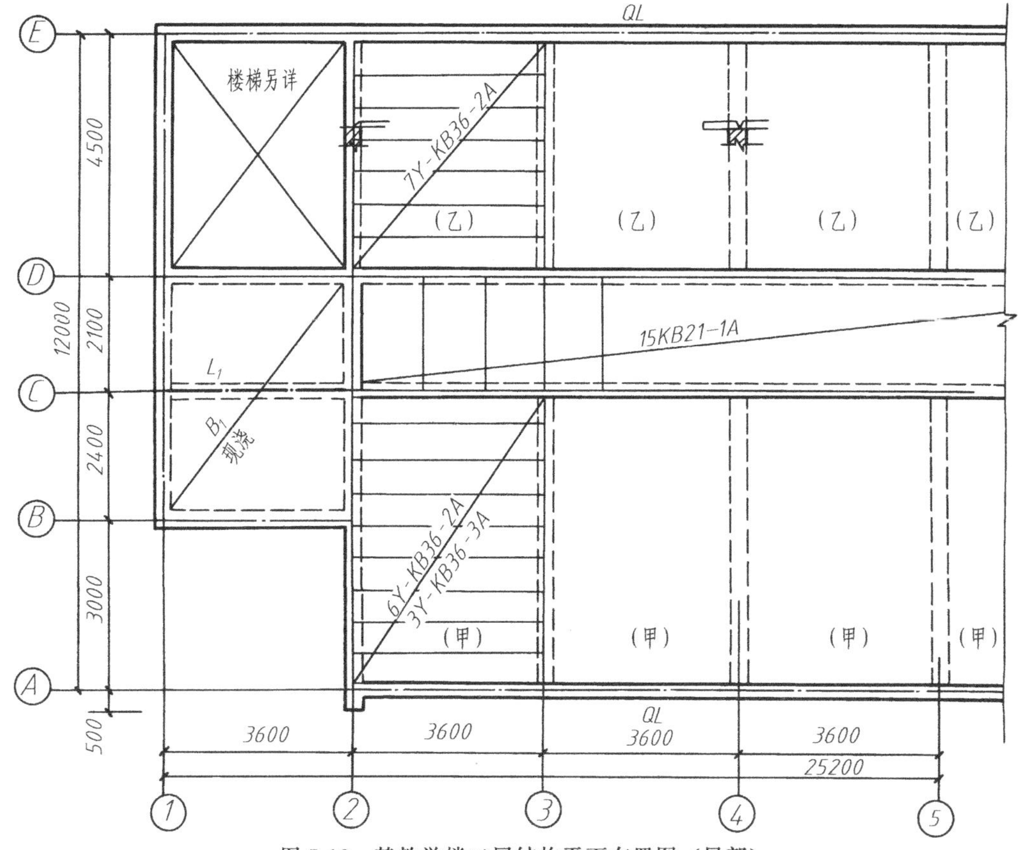

图 7-12　某教学楼二层结构平面布置图（局部）

图 7-12 为某教学楼二层结构平面布置图（局部），图中被楼板遮住的墙身用虚线表示，梁（*L*）用粗点画线表示，圈梁（*QL*）用细点画线表示（与墙身中心线重合）。各种构件均按表 7-1 中的代号和编号标记，查看图中的代号、编号和定位轴线，可了解各种构件的数量和位置。从图 7-12 中可看出，该教学楼为一幢砖墙承重、钢筋混凝土梁板的混合结构。楼面结构除了①～②轴线为现浇部分，其余均为预制楼板构件。画有交叉对角线处为楼梯间。在结构平面图中，直接画出预制楼板的代号和编号，现浇楼板与楼梯间一般另画详图。下面分别叙述预制和现浇楼板的图示内容和方法。

1. 预制楼板

如图 7-12 所示的楼层结构平面图中，轴线②以右全部铺设预制的预应力钢筋混凝土空心板，其标注方法是用细实线画一对角线，在线上标注板的类别、尺寸和数量等。从图中可看出，铺设预制板的房间有两种不同规格尺寸，甲种房间铺设的预制板是“6Y-KB36-2A/3Y-KB36-3A”，乙种房间铺设的预制板是“7Y-KB36-2A”，走廊铺设的预制板是“15KB21-1A”。关于预制空心板的标注形式，按南方地区的标注法说明如下：

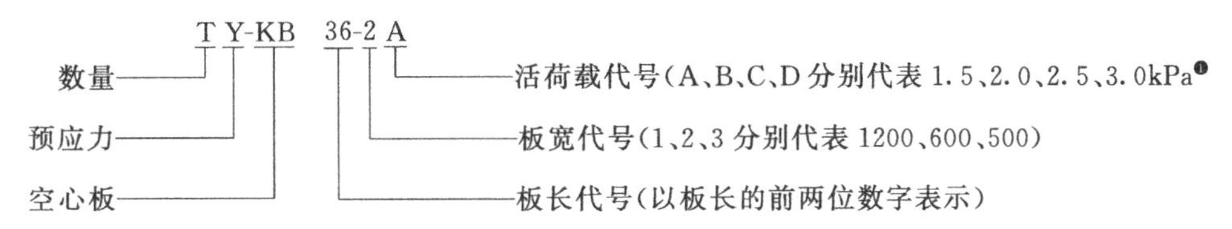

上述乙种房的标注表示 7 块预制空心板，板长 3600mm，板宽 600mm，荷载 150kg/m^2。从图 7-12 可知，Ⓐ～Ⓒ轴线与Ⓒ～Ⓔ轴线间的房间（甲、乙）分别是同一类型、同一数量和相同的铺设方向。

2. 现浇楼板

钢筋混凝土板的配筋通常采用结构平面图表达，必要时还要画出结构剖面图，如图 7-13(a) 所示。从图中可看出，板支承在①～②与Ⓑ～Ⓓ轴线承重墙上，从板的断面可知，板（B）与墙身上的圈梁（*QL*）以及Ⓒ轴的梁（L_1）一起现浇。在结构平面图上用粗实线画出板中受力钢筋及其他构造钢筋的布置、形状。不同的钢筋应给予编号，并标明钢筋的等级、直径和间距。如图 7-13(a)，板的底部配置了两种受力筋①和②，板顶部配置了两种受力筋③和④。分布筋一般不必画出，可在结构施工图的设计说明或图纸中用文字说明钢筋等级、直径和间距。

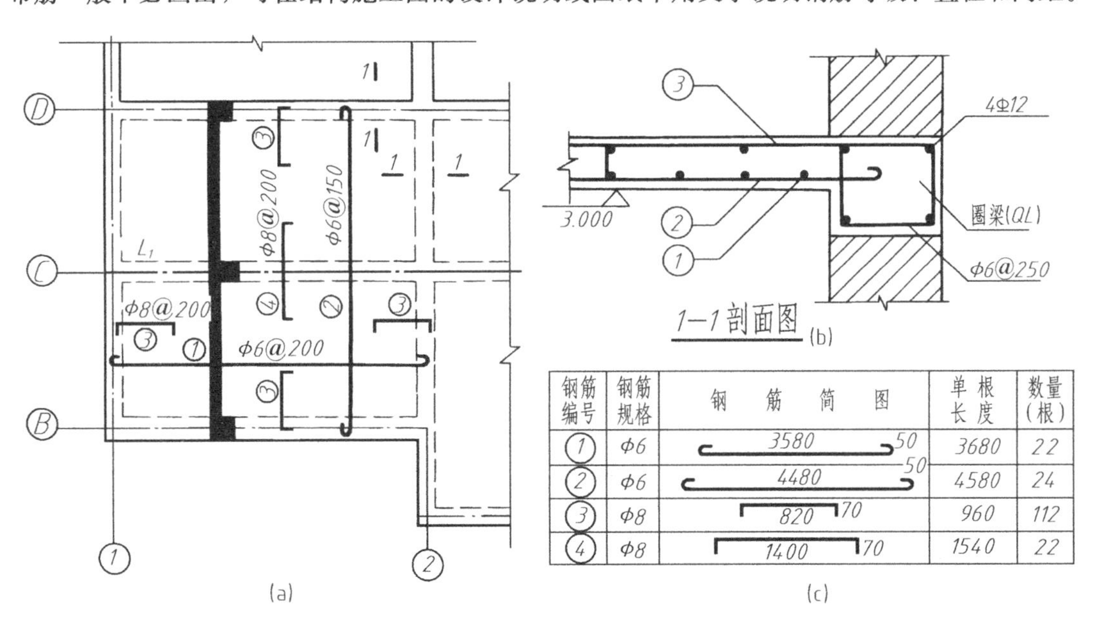

钢筋编号	钢筋规格	钢筋简图	单根长度	数量（根）
①	Φ6	3580 50	3680	22
②	Φ6	4480 50	4580	24
③	Φ8	820 70	960	112
④	Φ8	1400 70	1540	22

图 7-13 现浇楼板配筋图

图 7-13(b) 所示为 1—1 剖面图，表达砖墙、圈梁与楼板的关系，板底标高以及板内配筋情况。图 7-13(c) 为板钢筋表，包括钢筋编号、规格、形状尺寸和根数。

❶ 1kPa=100kg/m^2。

二、钢筋混凝土构件详图

钢筋混凝土构件有定型和非定型两种，定型的预制或现浇构件可直接引用标准图或通用图，只需在图纸上写明选用构件所在标准图集或通用图集的名称、图集号。非定型的构件则必须绘制构件详图。

钢筋混凝土构件详图包括模板图、配筋图和钢筋表三部分。

模板图主要表达构件的外部形状、尺寸和预埋件代号和位置。如果构件形状简单，模板图可与配筋图画在一起。配筋图着重表示构件内部的钢筋配置、形状、规格、数量等，是构件详图的主要部分，一般用立面图和断面图表示。现以图 7-13(a) 中Ⓒ轴线的梁为例说明钢筋混凝土构件的图示内容和表达方法。

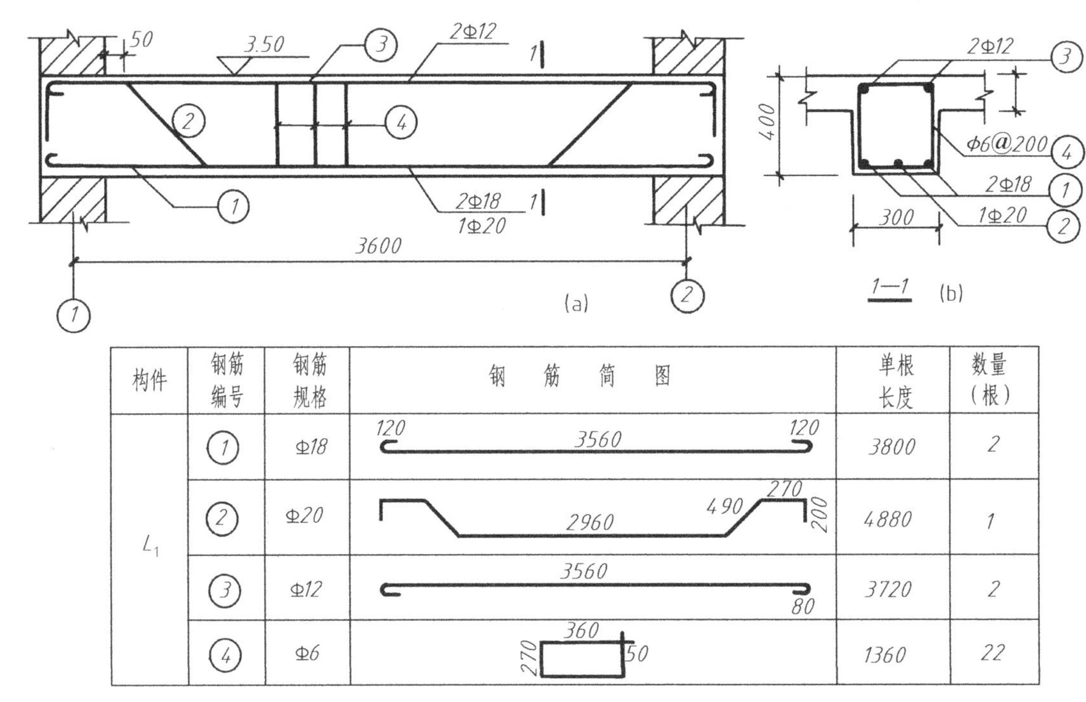

构件	钢筋编号	钢筋规格	钢筋简图	单根长度	数量（根）
L_1	①	Φ18	120 3560 120	3800	2
	②	Φ20	2960 490 270 200	4880	1
	③	Φ12	3560 80	3720	2
	④	Φ6	360 270 50	1360	22

图 7-14 梁（L_1）配筋图

对照教学楼二层结构平面图可知，图 7-13 所示梁位于Ⓒ轴线上①～②轴线之间，梁的两端支承在①、②轴线的承重墙上。图 7-14（a）为该梁的配筋图，由立面图对照 1—1 断面可看出，梁底部配置了三根受力钢筋，其中两根Φ 18 直钢筋，编号为①，一根弯起钢筋Φ 20，编号为②。梁顶部配置两根架立钢筋Φ 12，编号为③。箍筋 ϕ6，间距 200，编号为④，箍筋在构件中如果是均匀分布的，不必全部画出。

此外，在构件详图中还应注出梁的长、宽、高尺寸（3600、300、400），梁与轴线及支座的相互关系，钢筋的定位尺寸，梁底结构标高等。

三、结构平面图识读实例

本例为砖墙承重、现浇钢筋混凝土混合结构三层别墅。现以二层结构平面图为例说明结构平面图的图示内容和读图要点。

二层结构平面图包括二层结构平面布置图如图 7-15(a) 和二层现浇板配筋图如图7-15(b) (见 130～131 页)。

① 对照建筑平面图二层平面可知，在二层结构平面布置图上，①～③轴间分别为卧室、

卫生间、更衣室和书房的楼面，③～④轴间为阳台和走廊的楼面，④～⑤轴间的餐厅和客厅由于占两层空间的高度，所以无楼板，画有空洞符号。

② 各轴线上的黑色方块表示钢筋混凝土柱。除客厅中间的柱 Z_1(350×350)和南、北立面坡屋面下的 Z_2(300×300)以外，其余均为按抗震设防而设置的构造柱，共七种不同类型(*GZ*1～*GZ*7)。

③ 除卫生间的隔墙外，其余砖墙均为承重墙，用细实线表示，被楼板遮住部分用虚线表示。楼板由承重墙和梁支承，为提高楼层结构整体刚度，在楼层 2.760 标高处（即楼板面标高）墙上均设置圈梁（*QL*），用细点画线表示其中心位置与墙身中心线重合。在出挑的阳台、窗台，架空的走廊等处另设置钢筋混凝土梁。如Ⓐ轴上的 *ML*-2(1) 和 *L*2-*A*(2)，④轴上的 *ML*-2(1) 和 *L*2-4(2)（为便于查找，在 *ML*2(1) 等需要说明的部分，下面加一线框）等。*L*2 表示二层楼面梁的代号，“A”或“4”表示该梁位于Ⓐ或④轴线，括号内的数字表示不同类型。*ML* 表示门梁。在梁的代号下面注写梁的断面尺寸和配筋，如 *L*2-*B*(1)：240×360（断面尺寸）、ϕ8@150(2)；3Φ16；3Φ16（配筋）。

④ 二层结构平面布置图上标明与建筑平面图完全一致的定位轴线和编号，并注出轴线间尺寸，柱的断面尺寸以及有关构件与轴线的定位尺寸。同时还标明需要画出详图的索引符号共七处，表示各节点的构造和钢筋配置。

图 7-15(b) 为二层现浇板配筋图。除楼梯另有结构详图外，楼板的钢筋配置直接画出，并注写钢筋等级、直径和间距，其表示方法与图 7-13 相同。

屋面结构平面图和楼梯结构图限于篇幅，不再一一介绍。

第四节　工业厂房建筑结构图

工业厂房根据不同的生产工艺要求，通常分为单层厂房和多层厂房两类。本节以某机械加工车间为例，介绍单层厂房建筑结构图的基本内容和图示特点。

单层厂房大多采用装配式钢筋混凝土结构，其主要构件有以下几部分，如图 7-16。

(1) 屋盖结构　包括屋面板和屋架等，屋面板安装在屋架上，屋架安装在柱上。

(2) 吊车梁　两端安装在柱的牛腿（柱上部的凸出部分）上。

(3) 柱　用来支撑屋架和吊车梁，是厂房的主要承重构件。

(4) 基础　用来支承柱，并将厂房的全部荷载传递给地基。

(5) 支撑　包括屋架结构支撑和柱间支撑。其作用是加强厂房结构的整体稳定性。

(6) 围护结构　即厂房的外墙以及加强外墙整体稳定的抗风柱。外墙属非承重结构，一般采用砖墙砌筑，本例采用预制钢筋混凝土墙板。

一、建筑施工图（图 7-17）

1. 建筑平面图

该车间是单层单跨厂房。车间内设有梁式起重机（吊车）一台，起重机规格见图中说明。车间东端为辅助建筑，有工具间、磨刀间、精密机床间等。因为有楼梯间，所以辅助建筑部分不是单层，其层数可从立面图上查看。

横向定位轴线①、②、③、……和竖向定位轴线Ⓐ、Ⓑ、Ⓒ、……，构成柱网，表示厂房的柱距和跨度。本车间的柱距是 6m，即横向轴线之间的距离；跨度是 18m，即竖向轴线Ⓐ与Ⓓ之间的距离。厂房的柱距决定屋架的间距和屋面板、吊车梁等构件的长度；车间的跨度决定屋架的跨度和起重机的轨距。我国单层厂房的柱距和跨度的尺寸都已经系列化，所以厂房的主要构件也都已经系列化。

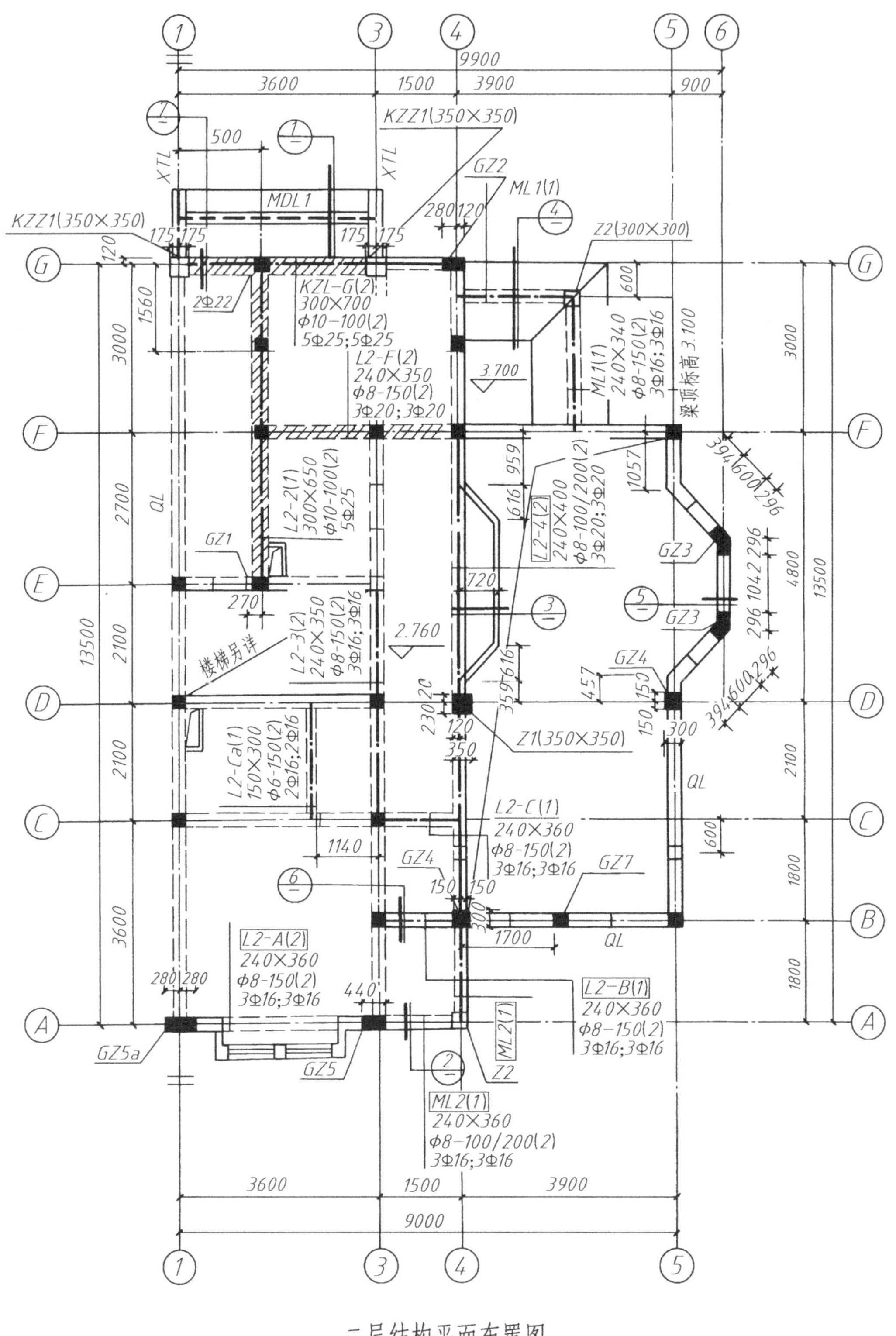

二层结构平面布置图

结构标高为:2.760

(a)

图 7-15　结构

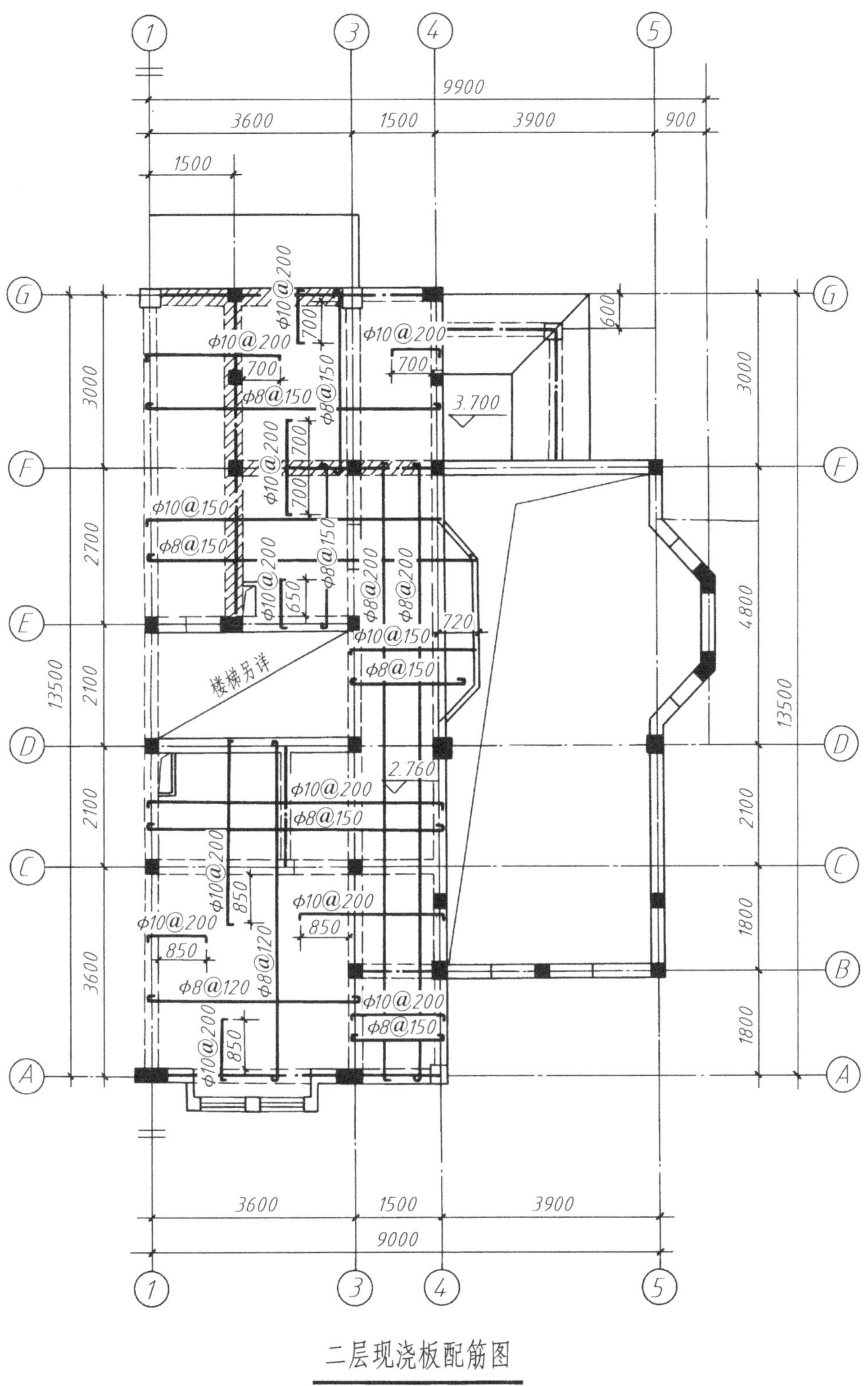

二层现浇板配筋图

板面标高为:2.760

(b)

平面图

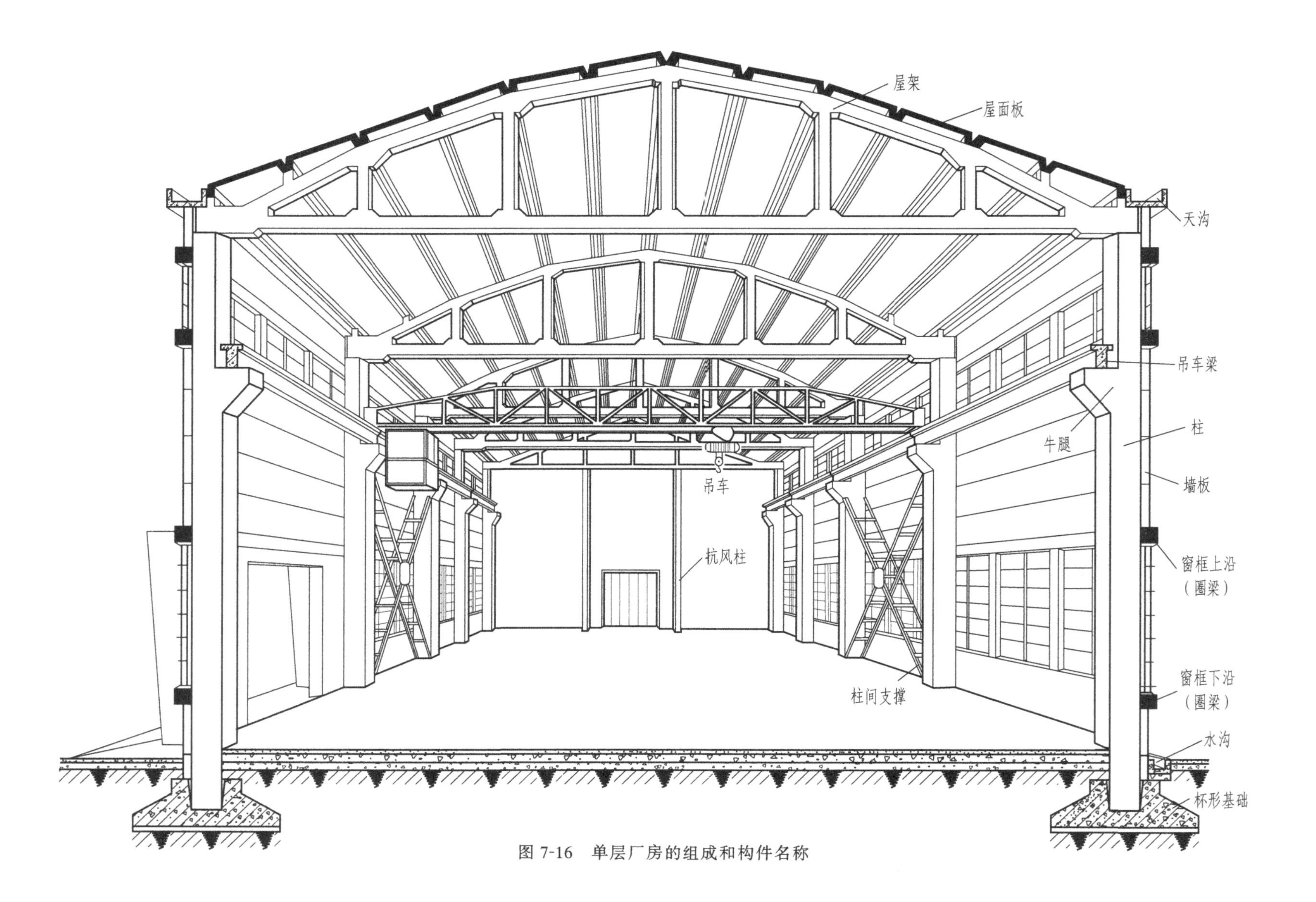

图 7-16　单层厂房的组成和构件名称

定位轴线一般是柱或承重墙的中心线，而在工业建筑中的端墙和边柱的定位轴线，通常设在端墙的内墙面或边柱的外侧处，如横向定位轴线①和⑧，竖向定位轴线Ⓐ和Ⓓ。在两定位轴线之间，必要时可增设附加轴线，如(1/A)轴线表示在Ⓐ轴线以后附加的第一根轴线，(2/B)表示在Ⓑ轴以后附加的第二根轴线。

平面图上标注的尺寸以及外墙上门、窗的表达形式与民用建筑相同。

2. 建筑立面图

建筑立面图反映厂房的整个外貌形状以及屋顶、门、窗、雨篷、台阶、雨水管等细部构造。标注各主要部位的标高。

由于厂房的跨度不大，屋盖未设天窗，由外墙上高、低两排窗通风采光，高排窗的代号为*GC*1，低排窗的代号为*GC*2。由于同一类型窗的开启方式相同，所以在立面图上仅画出部分窗的开关方式，其余不必重复画出。辅助建筑外墙上窗的类型和序号在南立面图和东立面图上都有标注。东立面图上*GC*7号窗的上方有一个表示墙上预留的矩形洞，其详细构造和尺寸，可根据该图例旁的索引符号(7/2)查阅图纸“建施2”的第7号详图（因篇幅关系未画出）。

3. 建筑剖面图

1—1剖面图为横剖面图，从平面图上的剖切符号看出，1—1剖面位于轴线④～⑤之间，剖面方向为自右向左。

1—1剖面图表明厂房内部的柱、梁、屋架、屋面板以及墙、门窗等构配件的相互关系，并标注了这些构件的标高。屋架下弦底面（或柱顶）标高10m以及吊车轨顶标高8.2m是单层厂房的重要尺寸，它们是根据生产设备的外形尺寸、操作和检修所需的空间、起重机的类型及被吊物件的尺寸等要求而确定的。

二、结构施工图

1. 基础平面图（图7-18）

单层厂房的上部结构是以柱承重，采用独立的柱基础，代号*ZJ*。从图7-18中可看到两种不同的柱基础ZJ_1和ZJ_2，分别标注了它们的平面轮廓尺寸。如在⑥轴线与Ⓐ轴线的相交处标注了ZJ_1的平面轮廓尺寸（4000×2800）；在⑧轴线与Ⓐ轴线相交处标注了ZJ_2的平面轮廓尺寸（3000×2500）和定位尺寸（600、650）。其余相同部分不必重复标注。

厂房辅助建筑的上部结构是砖墙，采用条形基础，基坑的宽度可在图中直接注出，如Ⓐ轴线的基坑宽度为2300，⑨轴线的基坑宽度分别为1550、950、1300等。部分墙身线旁注有JL_1、JL_2……JL_8，表明这部分基础墙下部设置八种不同规格的基础梁。

在基础平面图中还画出了车间内设备基础的平面布置，并标注了各种设备的基坑边线与柱网轴线的距离尺寸。如果是倾斜位置，需注明与轴线的倾角，如WFB80卧式镗床的基础。安排设备基础时，还应考虑与柱基础相互影响的问题，如T68卧式镗床的基础与柱基础出现重叠现象，工艺与土建的有关设计人员应共同研究处理的方法。

2. 结构平面图（图7-19）

结构平面图是表示建筑物承重构件平面布置的图样。单层厂房结构平面图包括柱网布置平面图和屋盖结构平面图等。这里仅介绍厂房柱网平面布置图。

图7-19表示机械加工车间的柱网、吊车梁、屋架、柱间支撑等构件的平面布置，从图中的构件代号及其引出线，可看出南、北两排柱（Z_1）都属于同一类型，西端的抗风柱（Z_3）是另一种类型。粗实线*WJ*18表示预制钢筋混凝土屋架，跨度为18m。纵向柱之间的

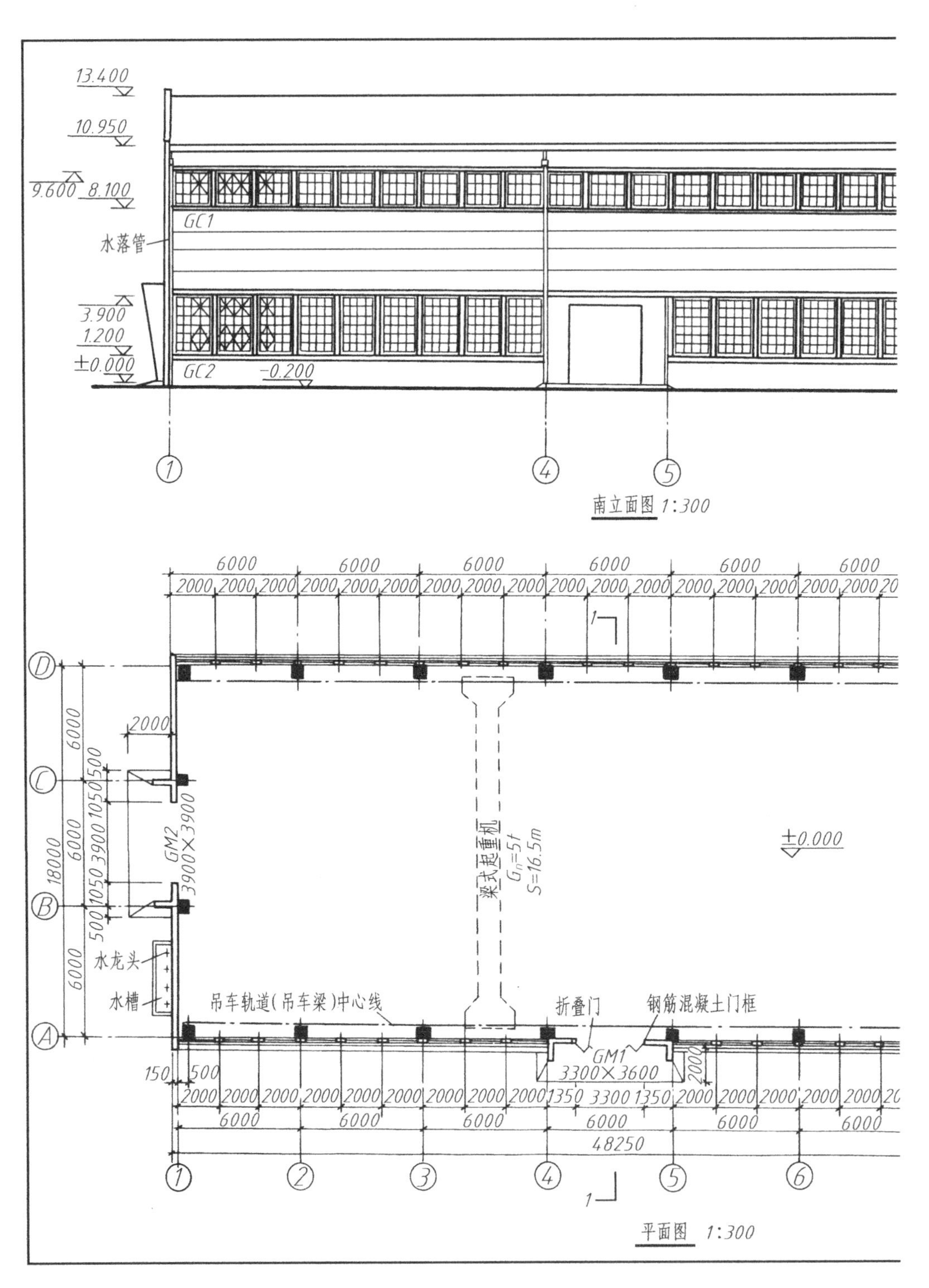

13.400
10.950
9.600 8.100
GC1
水落管
3.900
1.200
±0.000
GC2
-0.200
南立面图 1:300
6000
2000
梁式起重机
G_n=5t
S=16.5m
±0.000
GM2
3900×3900
水龙头
水槽
吊车轨道(吊车梁)中心线
折叠门
钢筋混凝土门框
GM1
3300×3600
150
500
1350
3300
48250
18000
1050
3900
平面图 1:300

图 7-17 单层厂房建筑

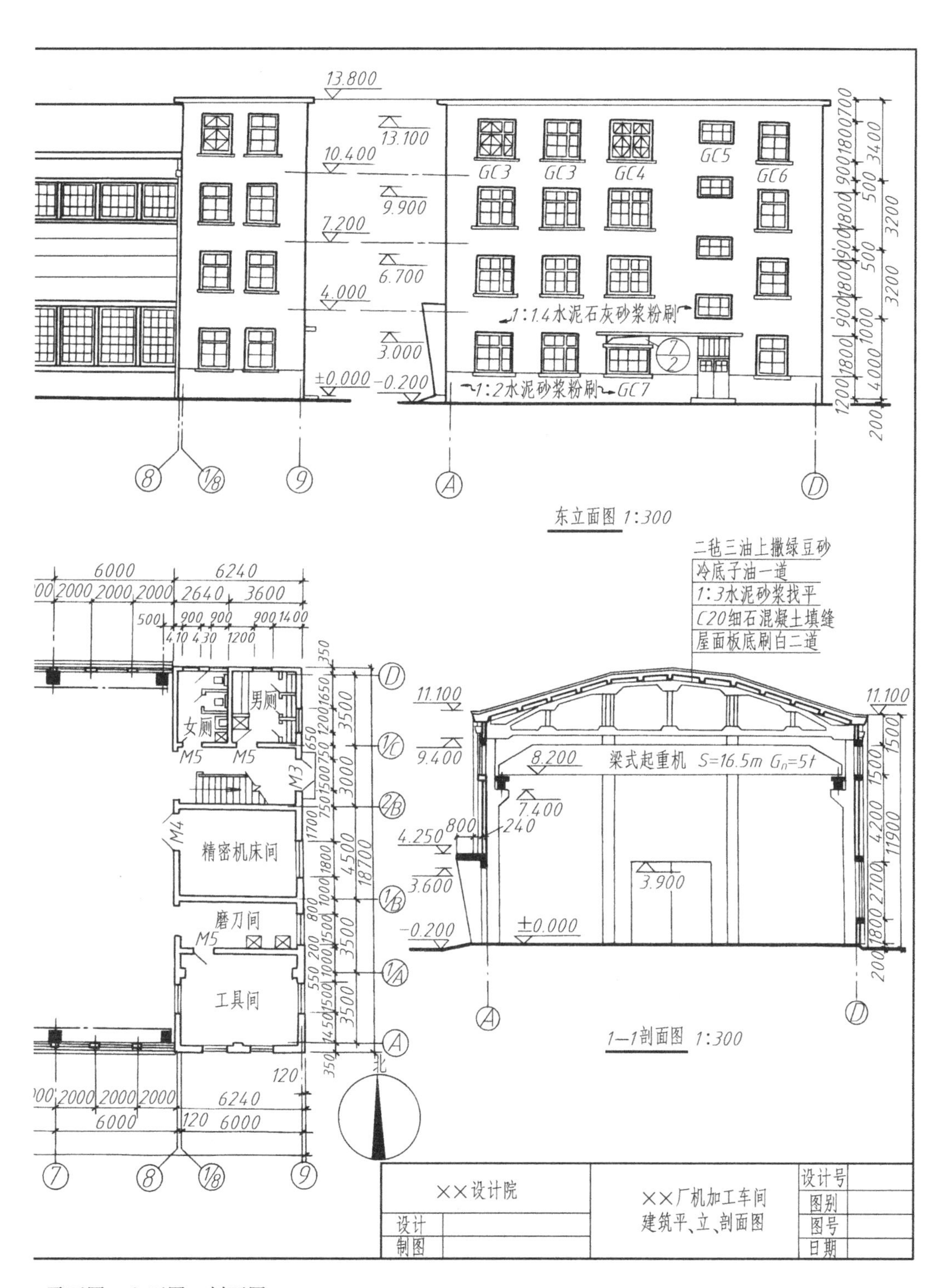

13.800
13.100
10.400
9.900
7.200
6.700
4.000
3.000
±0.000
-0.200
GC3
GC3
GC4
GC5
GC6
GC7
1:1.4水泥石灰砂浆粉刷
1:2水泥砂浆粉刷
东立面图 1:300
二毡三油上撒绿豆砂
冷底子油一道
1:3水泥砂浆找平
C20细石混凝土填缝
屋面板底刷白二道
11.100
9.400
8.200
梁式起重机 S=16.5m Gn=5t
7.400
4.250
3.600
3.900
1—1剖面图 1:300
女厕
男厕
M5
M3
M4
精密机床间
磨刀间
工具间
北
××设计院
设计
制图
××厂机加工车间
建筑平、立、剖面图
设计号
图别
图号
日期

平面图、立面图、剖面图

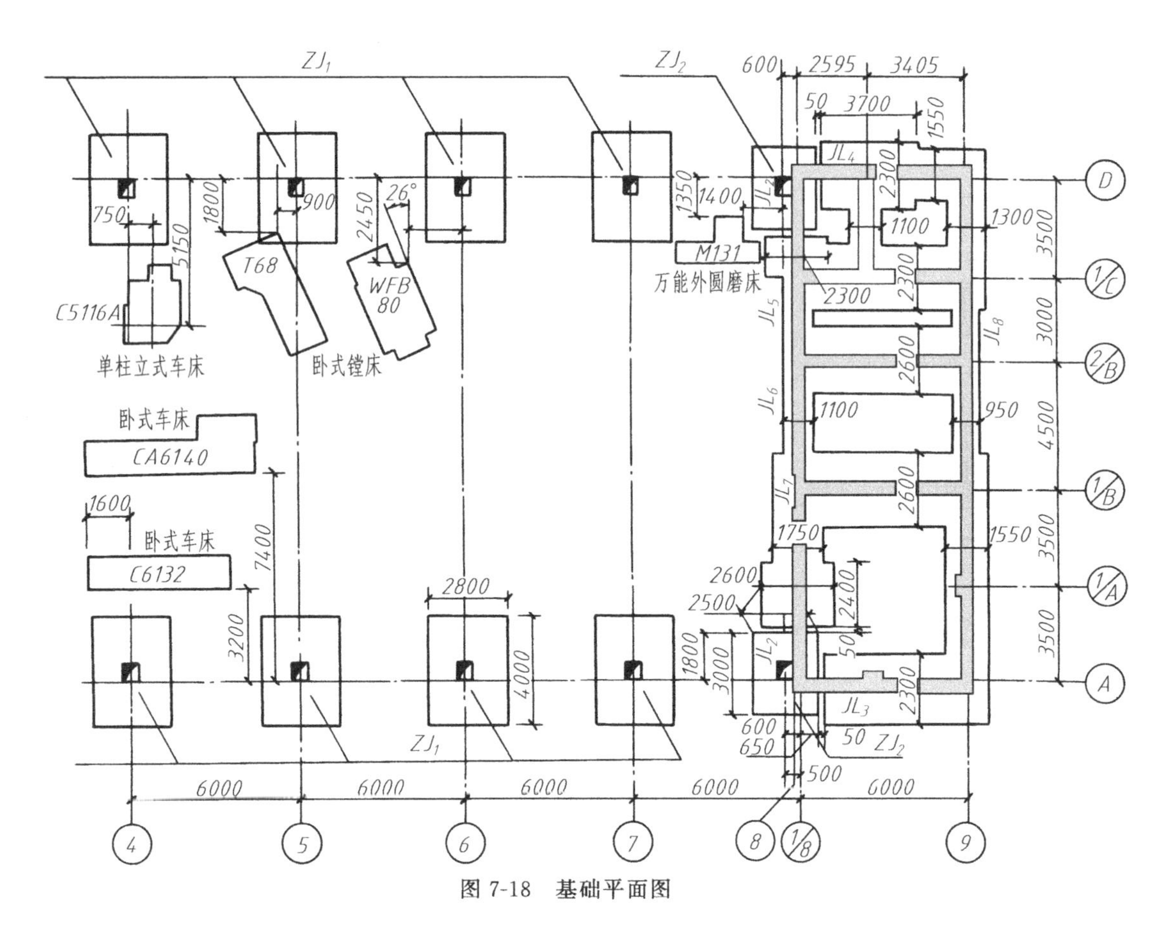

图 7-18　基础平面图

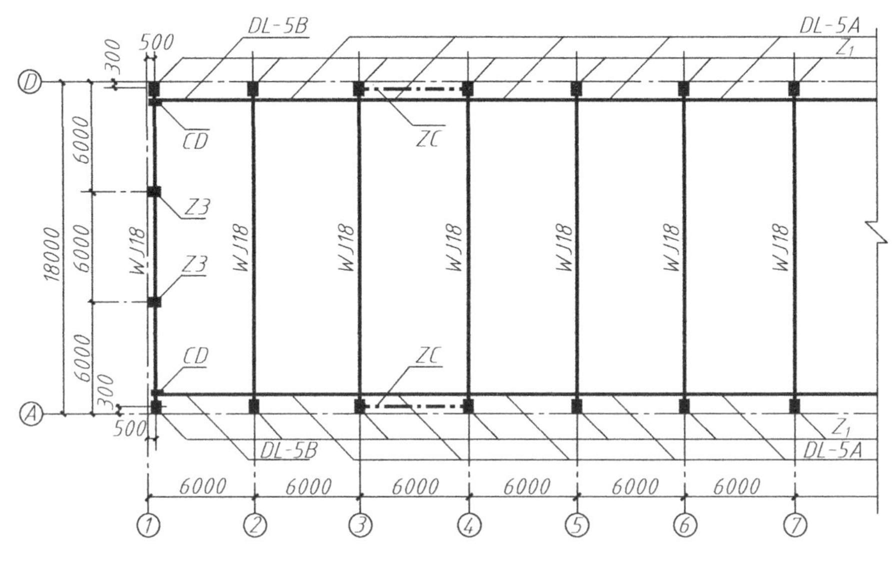

图 7-19　结构平面图

粗实线表示吊车梁 DL，③轴和④轴之间的粗点画线表示柱间支撑 ZC，车间西端的 CD 表示吊车梁的车档。此外，图中注写的定位轴线编号、柱距和跨度尺寸等应与建筑平面图完全一致。

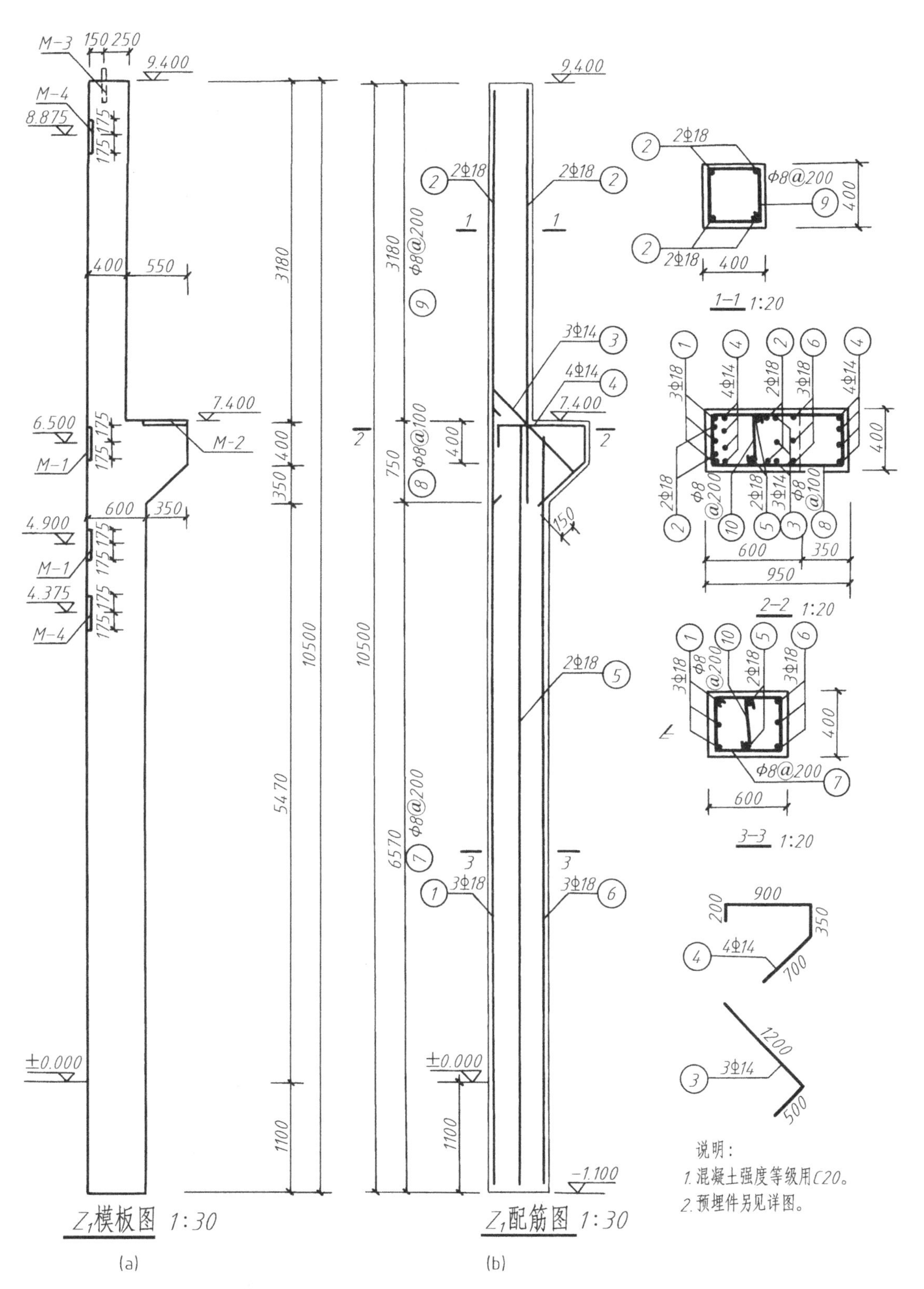
M-3
150 250
9.400
M-4
8.875
175
175
400
550
3180
6.500
7.400
M-2
M-1
400
350
600
350
4.900
M-1
4.375
M-4
10500
5470
±0.000
1100
Z1模板图 1:30
(a)
2Φ18
Φ8@200
9
3Φ14
4Φ14
Φ8@100
750
8
2Φ18
5
6570
Φ8@200
7
3Φ18
1
6
150
-1.100
Z1配筋图 1:30
(b)
1-1 1:20
2-2 1:20
3-3 1:20
Φ8@200
950
900
200
350
700
1200
500
说明：
1.混凝土强度等级用C20。
2.预埋件另见详图。

图 7-20 柱（Z_1）详图

3. 构件详图

构件详图包括柱、梁、板、屋架等。现以图 7-20 所示钢筋混凝土柱（Z_1）结构详图为例，介绍单层厂房构件详图的图示内容和表达方法。由于工业厂房钢筋混凝土柱的构造比较复杂，除了配筋图外，还要画出模板图和预埋件详图。

（1）模板图　如图 7-20(a) 中的 Z_1 模板图，表明柱的外形、尺寸、标高，以及预埋件的位置，作为制作、安装模板和预埋件的依据。该柱有上柱和下柱两部分，上柱支承屋架，上下柱之间突出的牛腿，用来支承吊车梁。对照断面图可知，上柱的断面尺寸为 400×400，下柱的断面尺寸为 400×600，凸出的牛腿部分的断面尺寸为 400×950（2—2 断面）。柱总高为 10500，柱顶标高为 9.400，牛腿面标高为 7.400。牛腿面上标注的 M-2 表示 2 号预埋件，将与吊车梁焊接。上柱顶部上的代号 M-3（虚线）表明柱顶的螺杆（与屋架连接）预埋件埋入混凝土柱内的不可见投影。预埋件的构造做法，另用详图表达。

（2）配筋图　如图 7-20(b) 所示，配筋图包括立面图和断面图。从立面图和 1—1 断面、3—3 断面可知，上柱的②筋是 4 根直径为 18 的Ⅱ级钢筋，分布在四角。下柱的①、⑥和⑤筋是八根直径为 18 的Ⅱ级钢筋，均匀分布在四周。上、下柱的钢筋都伸入牛腿内 750，使上下层连成一体。上下柱的箍筋编号分别为⑨和⑦，均为 ϕ8@200。

牛腿部分要承受吊车梁荷载，用③、④弯筋加强牛腿，同时用⑧筋 ϕ8@100 箍筋加密。

第八章

设备施工图

房屋建筑施工图除了建筑和结构两大部分外，还有给水排水、空调、电气照明、电话通信、有线电视、保安防盗等设备系统。这些设备在现代建筑中已经是不可缺少的组成部分。设备施工图就是表达这些设备系统的组成、安装等内容的图纸。本章主要介绍室内给水排水工程图和电气工程图。

第一节　室内给水排水工程图

给水排水工程包括给水工程和排水工程。给水工程指水源取水、水质净化、净水输送、配水使用等；排水工程是将经过生活或生产使用后的污水、废水以及雨水通过管道汇总，再经污水处理后排入江河。给水排水工程分为室外给水排水施工图和室内给水排水施工图。本节仅介绍室内给水排水施工图，包括给水排水管网平面布置图和给水排水系统轴测图，以及有关设计说明和详图等。

室内给水排水系统由室内给水系统和排水系统两部分组成。自室外给水管引入至室内各配水点的管道及其附件，称为室内给水系统，其流程方向为：进户管→水表→干管→支管→用水设备。自各污水、废水收集设备（如卫生洁具、洗涤池）将室内的污水、废水和雨水排出至室外窨井的管道及其附件，称为室内排水系统，其流程方向为：排水设备→支管→干管→户外排出管。通常用“*J*”作为给水系统和给水管的代号，用“*P*”作为排水系统和排水管的代号。

本节仍以三层别墅为例，叙述给水排水工程图的图示内容和方法。

一、室内给水排水管网平面布置图

图 8-1 所示为别墅底层和二、三层给水排水管网平面布置图。图示内容如下。

① 用水房的平面图。用细实线画出厨房、卫生间等用水房间的平面轮廓和门窗位置，标明定位轴线、尺寸和标高。

② 各种设备如卫生洁具、洗涤池等按《给水排水制图标准》中规定的图例画出它们的平面布置及其定位尺寸。

③ 给水排水管道的平面布置。给水管道用粗实线表示，排水管道用粗虚线表示[1]。在底层应画出进户管和排出口，并标明系统编号。如底层平面图中的$\frac{J}{D}$为进户管的系统编号，$\frac{P}{1}$、$\frac{P}{2}$为排水管的系统编号。

[1] 仍按《给水排水制图标准》GBJ 106—1987 表示。

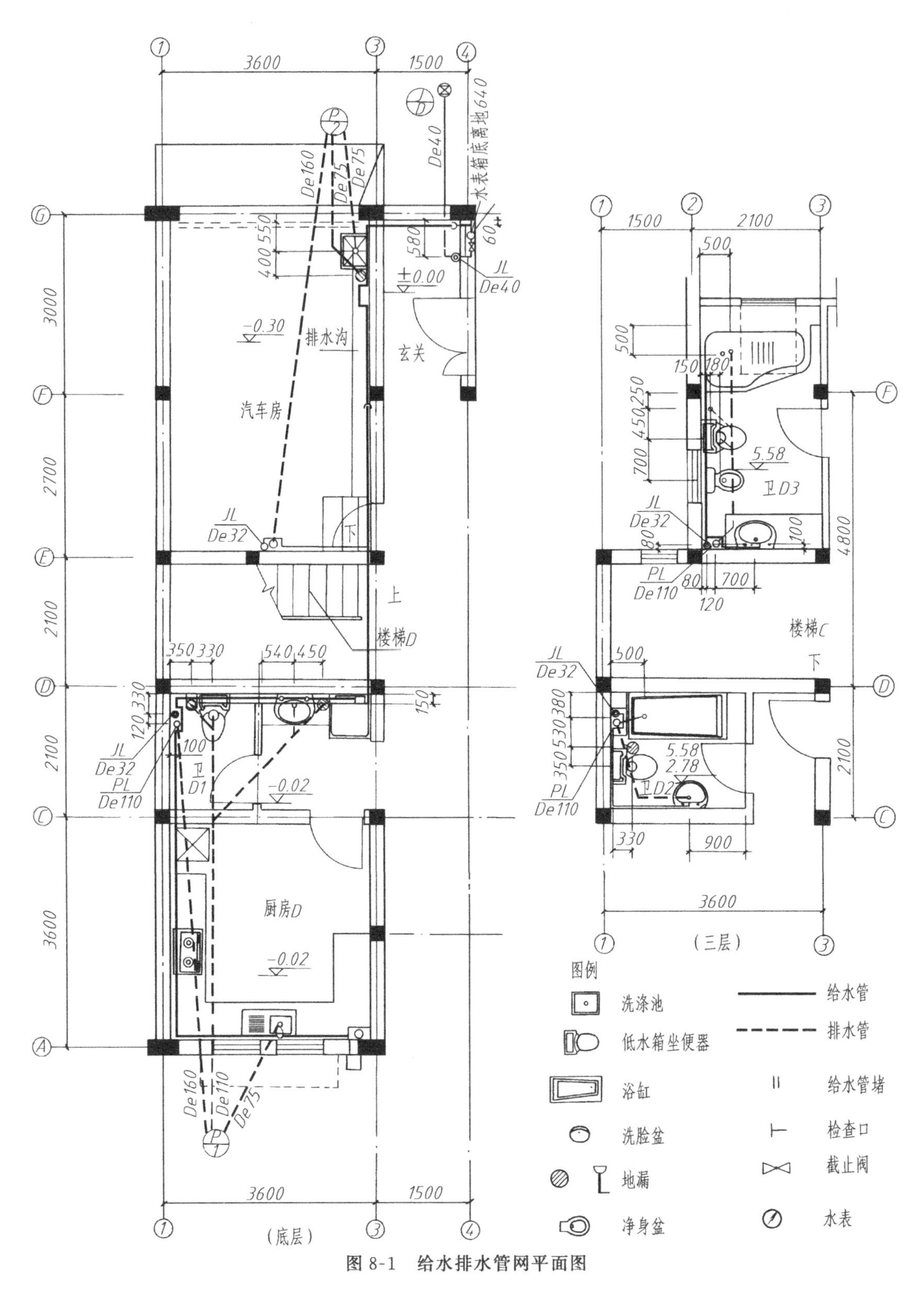

图 8-1　给水排水管网平面图

④ 用图例形式表示管道中的各种附件，如水龙头、阀门、给水管堵、地漏、检查口等。为了便于对照读图，通常在平面图的下方附图例说明。

二、室内给水排水管道系统图（图 8-2）

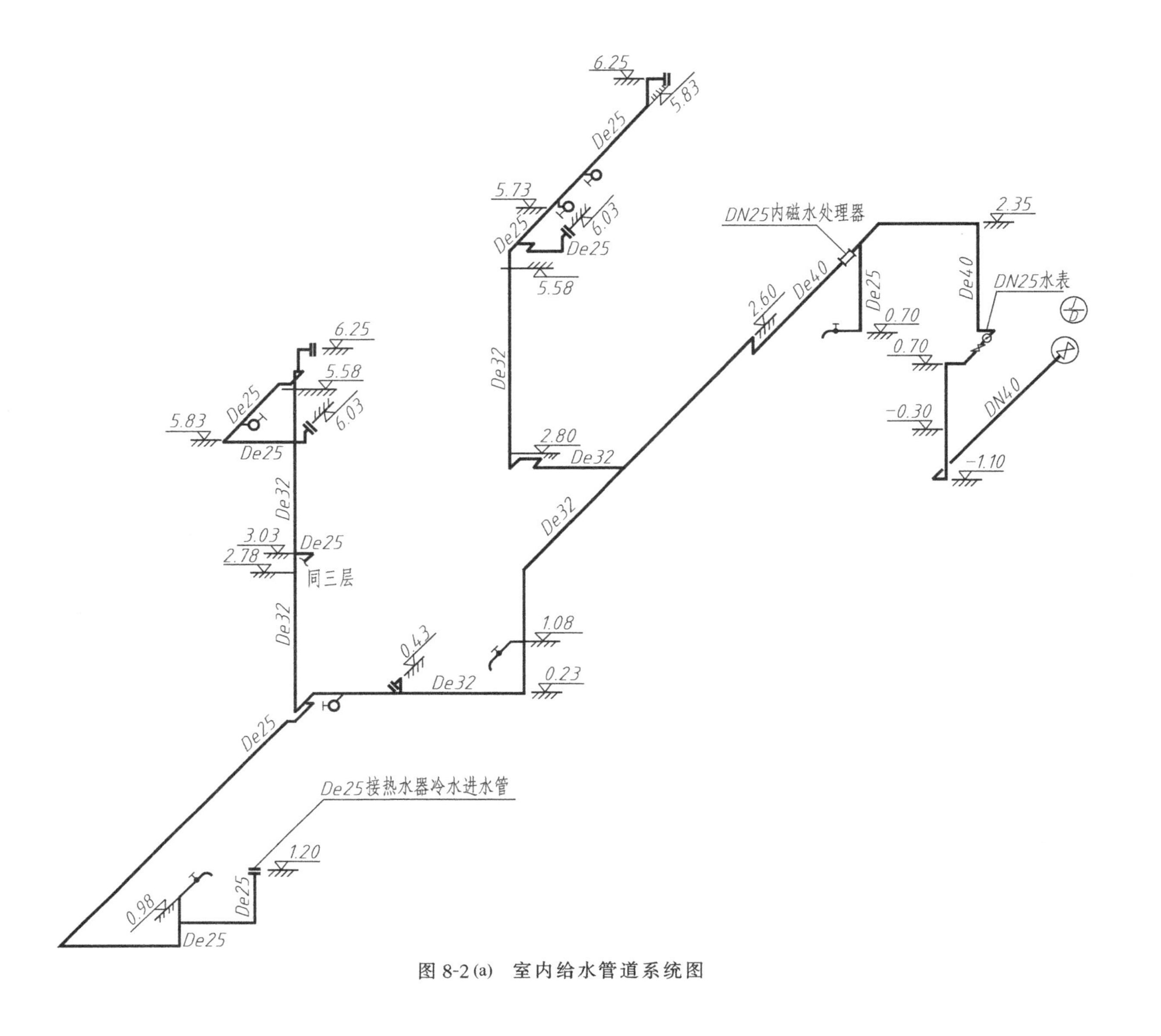

图 8-2(a) 室内给水管道系统图

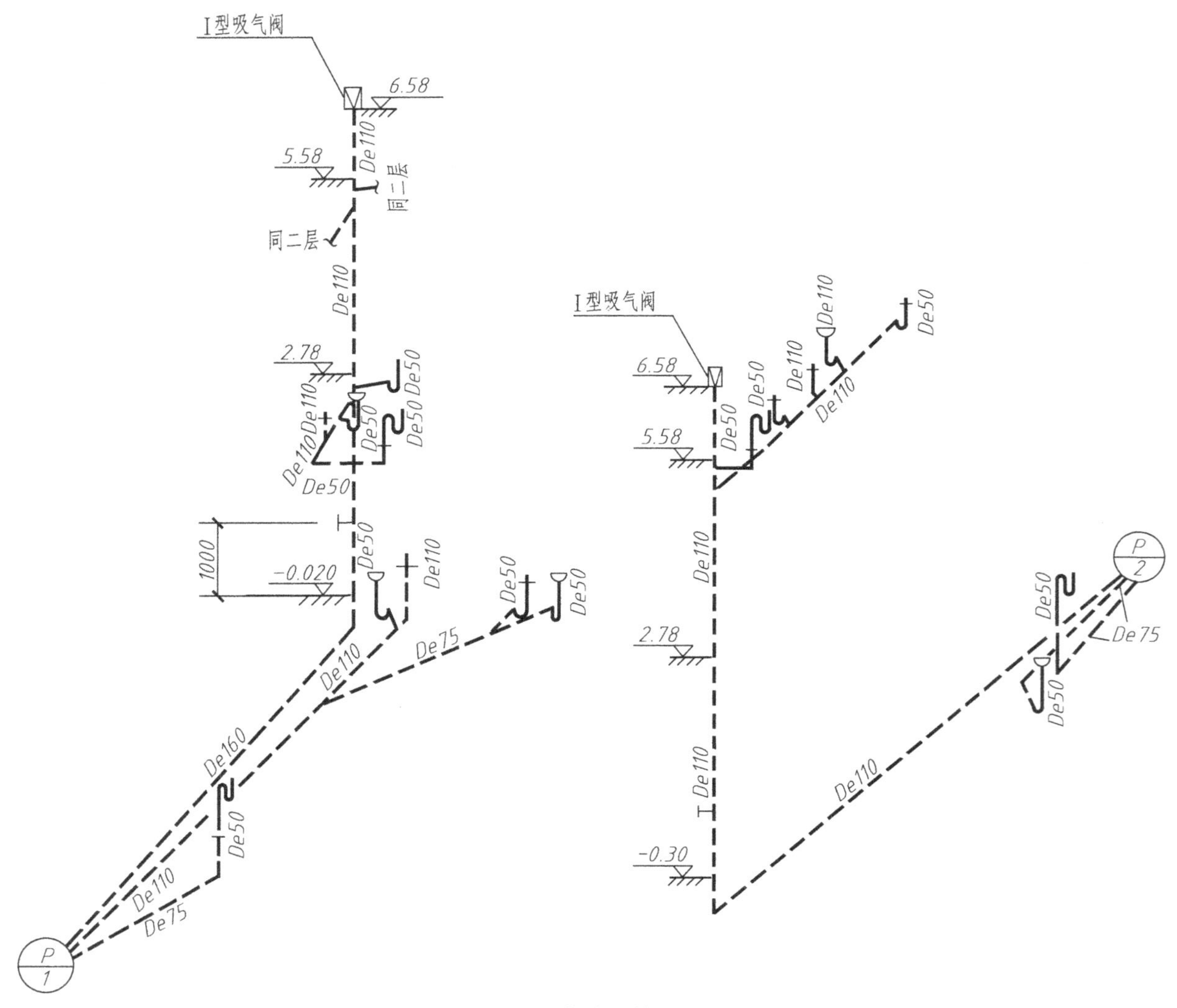

图 8-2(b) 室内排水管道系统图

给水排水的管道纵横交叉，在平面布置图中难以表明其空间走向，因此采用轴测图直观地画出给水排水的管道系统，称为系统轴测图，简称系统图。系统图的图示内容如下。

① 按给水排水平面图中进户口和排出口的系统编号分别画出给水、排水各管道系统的管道走向和附件位置。图 8-2(a) 所示为给水系统图，图 8-2(b) 所示为不同编号的两个排水系统图。

② 分别标注给水管各段的管径 *De*，以及横管、阀门、水龙头等部位的标高（管道轴线）。排水系统图中，在标注排水管管径的同时应注明排水管的坡度（*De*50，$i=0.035$；*De*75，$i=0.025$；*De*110，$i=0.020$；*De*160，$i=0.012$），此外，还要标注各层楼面的标高以及检查口距地面的高度。

③ 系统轴测图一般采用正面斜等测绘制，即 *OX* 轴处于水平位置，*OZ* 轴为铅垂位置，*OY* 轴一般与水平线成 45°角（必要时也可 30°或 60°）。三轴的伸缩系数相等。由于系统图与平面图一般采用相同的比例绘制，所以 *OX*、*OY* 轴向尺寸可从平面图上量取，*OZ* 轴向尺寸则根据房屋的高度画出。

三、室内给水排水工程图识读实例

现以图 8-1 和图 8-2 所示别墅室内给水排水平面图和系统图为例，说明识读给水排水工程图的步骤。

管网平面布置图与管道系统图是相辅相成和互相补充的，两者应对照识读才能理解清楚。系统图能反映平面图上无法表达清楚的垂直方向管道位置、走向和管径。但对于系统图上前后、左右方向管道的位置和走向则对照平面图识读更加清楚。

1. 给水管道系统

给水管道从室外进户管$\frac{J}{D}$处（标高－1.10）进入室内，由立管$\frac{JL}{De40}$登高至标高 0.70 处经截止阀连接水表，再登高至标高 2.35 处沿Ⓖ轴至③轴转弯，在汽车房墙角洗涤池接一水龙头后，经内磁水处理器继续沿③轴墙面至Ⓔ轴处分为两路，一路沿Ⓔ轴至③轴和①轴之间经立管$\frac{JL}{De32}$直登三层卫生间（标高 5.58），另一路继续沿③轴至Ⓓ轴处转弯，接底层卫生间洗脸盆和坐便器，再沿Ⓓ轴至①轴处又分为两路，一路经墙角的立管$\frac{JL}{De32}$登高至二层卫生间（标高 2.78）和三层卫生间（标高 5.58）。另一路继续沿①轴至Ⓐ轴转弯，在厨房洗涤池接一水龙头以及接热水器冷水进水管（标高 1.20）。

2. 排水管道系统

本例别墅室内排水采用污废水合流单立管排水系统，有两根排水管。

$\frac{P}{1}$：三层和二层卫生间（相同）的污水和废水通过Ⓓ轴和①轴墙角的立管$\frac{PL}{De110}$汇总排入出水管；底层的洗脸盆、坐便器和两个地漏的污废水汇合后排入出水口；洗涤池的废水直接排入出水口。

$\frac{P}{2}$：三层主卧室卫生间的污废水通过Ⓔ轴和②轴墙角的立管$\frac{PL}{De110}$汇总排入出水口；底层汽车房的洗涤池和地漏的废水分别直接排入出水口。

两根排水管道立管顶部（标高 6.58）设置Ⅰ型吸气阀。

平面图和系统图中各管段不同管径的变化，排水管的坡度，各重要部位的标高，各种设备的定位尺寸以及管道中各种附件的图例符号请读者仔细对照分析，识读清楚。

第二节　建筑电气工程图

电气工程图是属于建筑设备施工图的一个组成部分，表达建筑物内部照明和电气设备的布置，为建筑电气工程施工提供依据。

本节仍以三层别墅为例介绍室内动力及照明系统（强电）和建筑弱电系统工程施工图的图示内容。动力照明系统包括动力照明平面图和配电系统图；弱电系统包括弱电平面图和电话、有线电视、楼寓对讲呼叫系统图。

一、室内电气照明施工图

1. 动力及照明平面图（图 8-3）

表示房屋室内动力、照明设备和线路布置的图样称为动力及照明平面图。为便于管理，动力系统与照明系统是分开的，所以平面图也分开绘制。但对于小型住宅，动力和照明系统合而为一，可在一张平面图中表示。如图 8-3 所示为三层别墅的底层照明平面图。

在平面图上表明电源进户位置，线路敷设方式，导线的型号、规格和根数，以及各种用电设备的位置和要求等内容。为了突出电气线路的表达，用细实线画出简化了的建筑平面轮廓，电气部分用粗实线绘制。楼房的各层平面图应分开绘制。

平面图上的各种用电设备，如配电箱、控制开关、插座以及灯具等均按统一规定的图例表示。通常将本工程所用的图例（包括安装高度）附在平面图下方，以便对照看图。

在平面图中，多条走向相同的线路，无论根数多少，都画一根线表示，其根数用小短线或小短斜线加数字表示。

2. 电气配电系统图（图 8-4）

配电系统图是表示建筑物的供电和配电方式的图样，如图 8-4 所示。配电系统图集中反映动力和照明的安装容量（P_e=26.79kW）、计算容量（P_{js}=17.15kW）、计算电流（I_{js}=33A），以及配电方式、导线和电缆的型号和截面、开关的型号规格等。

3. 电气照明施工图识读实例

现以三层别墅底层照明施工图为例，来说明识读照明平面图和配电系统图的方法和步骤。

① 本住宅供电电压为三相四线 380/220V 低压电源，进户电缆线的型号为“JYV_{22}-4×25 *G*50 *DA*”，即铜芯电缆，共四根导线，截面积为 25mm^2，配线方式为管径 50 的普通水煤气钢管，由供电局采用电缆埋地敷设方式引入底层，接入总熔丝盒，再进入住户配电箱。每户用电量（P_{js}）以 17.15kW 计，每户设三相四线有功电度表计量。选用 *BD-J* Ⅱ型复合材料住宅电度表箱，安装在底层汽车房内。

② 由配电箱将电源分配至各房间和走廊、楼梯间的用电设备。配电系统采用放射式，住户开关箱分各层照明，各层厅卧插座，卫生间插座，厨房插座，一层三相空调器插座，二、三层单相空调器插座，共十二个配电回路。

例如配电系统图中 *N*7 为一层照明回路，标注为“*BV*-2×2.5 *VG*20”。即表示 2 根截面积为 2.5mm^2 的铜芯塑料绝缘线，采用直径为 20mm 的硬塑料管（*VG*）穿管配线，暗敷于墙内（*QA*）。对照照明平面图，从 *N*7 回路（由上至下第 9 根）引出线路，沿线设置汽车房、走廊、卫生间、厨房和前后门入口共九个瓷平装式螺口灯座，以及客厅和餐厅两个悬吊

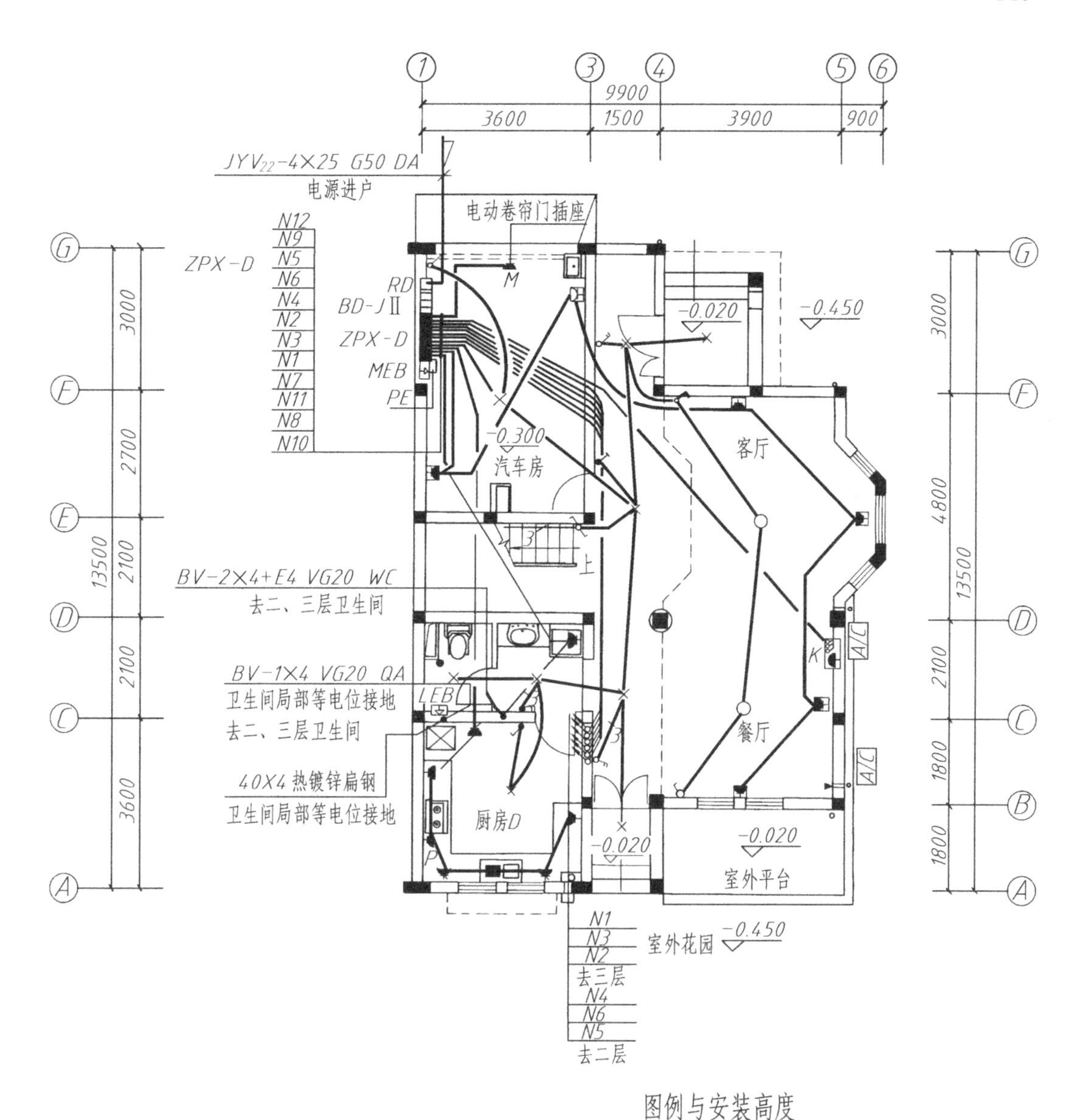

9900
3600
1500
3900
900
JYV_{22}-4×25 G50 DA
电源进户
电动卷帘门插座
ZPX-D
N12
N9
N5
N6
N4
N2
N3
N1
N7
N11
N8
N10
RD
BD-JⅡ
ZPX-D
MEB
PE
-0.300
汽车房
-0.020
-0.450
客厅
BV-2×4+E4 VG20 WC
去二、三层卫生间
BV-1×4 VG20 QA
卫生间局部等电位接地
去二、三层卫生间
LEB
40X4 热镀锌扁钢
卫生间局部等电位接地
餐厅
厨房D
-0.020
-0.020
室外平台
A/C
A/C
N1
N3
N2
去三层
N4
N6
N5
去二层
室外花园
-0.450
3000
2700
2100
2100
3600
13500
3000
4800
13500
2100
1800
1800

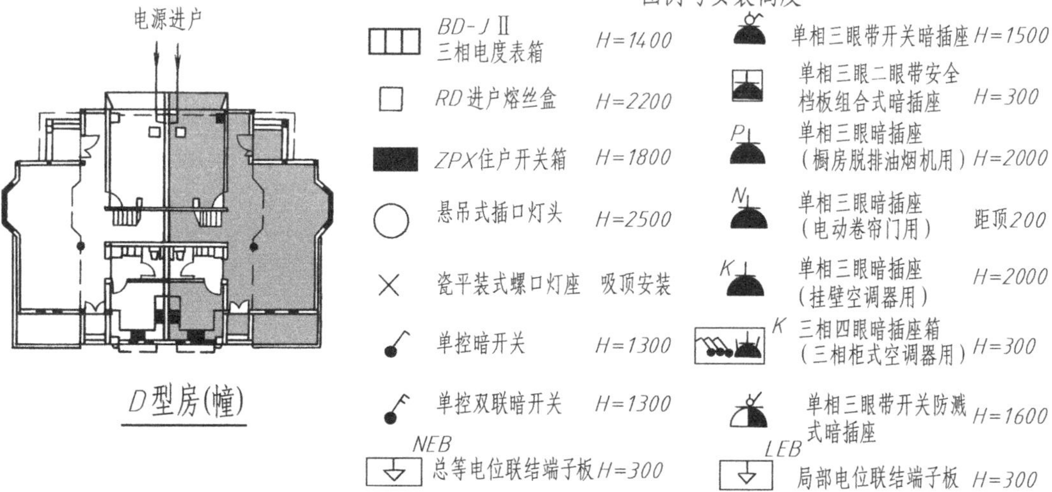

电源进户
D型房(幢)
图例与安装高度
BD-JⅡ 三相电度表箱 H=1400
RD 进户熔丝盒 H=2200
ZPX住户开关箱 H=1800
悬吊式插口灯头 H=2500
瓷平装式螺口灯座 吸顶安装
单控暗开关 H=1300
单控双联暗开关 H=1300
NEB
总等电位联结端子板 H=300
单相三眼带开关暗插座 H=1500
单相三眼二眼带安全档板组合式暗插座 H=300
单相三眼暗插座（橱房脱排油烟机用） H=2000
单相三眼暗插座（电动卷帘门用） 距顶200
单相三眼暗插座（挂壁空调器用） H=2000
三相四眼暗插座箱（三相柜式空调器用） H=300
单相三眼带开关防溅式暗插座 H=1600
LEB
局部电位联结端子板 H=300

图 8-3 照明平面图

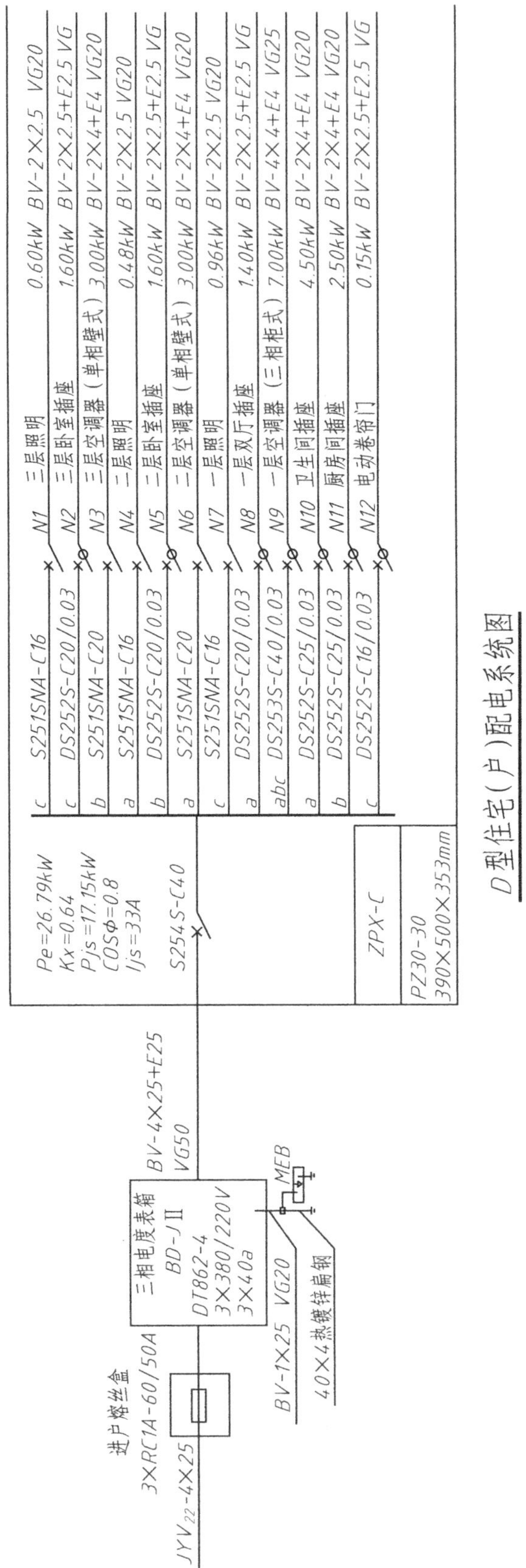

进户熔丝盒
3×RC1A-60/50A
JYV_{22}-4×25

三相电度表箱
BD-JⅡ
DT862-4
3×380/220V
3×40a

BV-4×25+E25
VG50

BV-1×25 VG20
40×4热镀锌扁钢
MEB

Pe=26.79kW
Kx=0.64
Pjs=17.15kW
COSΦ=0.8
Ijs=33A
S254S-C40

ZPX-C
PZ30-30
390×500×353mm

相	断路器	回路	用途	功率	导线
c	S251SNA-C16	N1	三层照明	0.60kW	BV-2×2.5 VG20
c	DS252S-C20/0.03	N2	三层卧室插座	1.60kW	BV-2×2.5+E2.5 VG
b	S251SNA-C20	N3	三层空调器（单相壁式）	3.00kW	BV-2×4+E4 VG20
a	S251SNA-C16	N4	二层照明	0.48kW	BV-2×2.5 VG20
b	DS252S-C20/0.03	N5	二层卧室插座	1.60kW	BV-2×2.5+E2.5 VG
a	S251SNA-C20	N6	二层空调器（单相壁式）	3.00kW	BV-2×4+E4 VG20
c	S251SNA-C16	N7	一层照明	0.96kW	BV-2×2.5 VG20
a	DS252S-C20/0.03	N8	一层双厅插座	1.40kW	BV-2×2.5+E2.5 VG
abc	DS253S-C40/0.03	N9	一层空调器（三相柜式）	7.00kW	BV-4×4+E4 VG25
a	DS252S-C25/0.03	N10	卫生间插座	4.50kW	BV-2×4+E4 VG20
b	DS252S-C25/0.03	N11	厨房间插座	2.50kW	BV-2×4+E4 VG20
c	DS252S-C16/0.03	N12	电动卷帘门	0.15kW	BV-2×2.5+E2.5 VG

D型住宅(户)配电系统图

图 8-4 配电系统图

式插口灯头。又如 *N*9 为一层空调器（三相柜式）回路，其标注为“*BV*-4×4＋*E*4 *VG*25”，表示 4 根截面积为 4mm² 铜芯塑料绝缘线，1 根中性线截面积为 4mm²，采用直径为 25mm 的硬塑料管穿管配线。其余的内容如一层双厅插座、卫生间插座、厨房插座以及电动卷帘门等请读者自行对照识读。

③ 在十二个配电回路中，有六个回路从③轴线处向上引入二层和三层平面的照明、插座等用电设备。楼层照明施工图与底层表达形式基本相同，这里不再赘述。

二、建筑弱电系统工程施工图

随着科学技术的发展，人们生活水平的提高，在一些中高档住宅中，都设置了较完善的弱电设施，如通信电话，有线电视，对讲呼叫等。弱电系统工程图的表达形式与电气照明工程图基本相同，也是采用图例或图形符号和线路布置来表述其内容的，包括弱电平面图和系统图。弱电平面图与电气照明平面图类似，主要表示装置、设备、元件和线路平面布置的图样。弱电系统图是用来表示弱电系统中设备和元件的组成、元件之间的相互连接关系的图样。

现仍以三层别墅为例，说明识读弱电平面图和系统图（参阅图 8-9 符号图例）的方法与步骤。首先在图 8-5 所示一层弱电平面图上查到电话进户管、电视进户管和对讲呼叫区域联网预埋管，由三根线分别引入住户。

1. 通信电话

如图 8-6 所示，本住宅采用电话 *ADSL* 宽带接入网形式，每户设Ⅱ型家庭宽带配线盒，从配线盒引出五条线（对照图 8-5(a)），其中一条“1×*UTP VG*20 *DA*”（即 1 根非屏蔽八芯五类线采用直径为 20mm 的硬塑料管穿管配线沿板暗敷）接客厅语音插座（*TP*）。另外四条“4×*UTP VG*40 *QA*”（即 4 根非屏蔽八芯五类线采用直径为 40mm 的硬塑料管穿管配线沿墙暗敷）引入二层，接两个插座（其中一个 *TP*、一个 *TD*）。再由二层引入三层，接两个插座（*TP*）。

2. 有线电视

如图 8-7 所示每户设置一个有线电视系统分配网络，进户信号放大器分支器机箱设在一层汽车房，采用宽带同轴电缆布线，穿半硬阻燃型无增塑钢型塑料管（UPVC）沿墙沿板暗敷。在一层弱电平面图上由电视放大器分支器机盒（TV）引出五条线路，一条“1×SYWV-75-5 VG20 DA”接客厅（用粗双点长画线表示）86 系列电视双孔终端插座Ⓣⓥ。其余四条“4×SYWV-75-5 VG40 QA”引入二层接两个终端插座，再由二层引入三层接两个终端插座。

3. 楼寓对讲呼叫

如图 8-8 所示，在每户底层门口设有楼寓对讲呼叫主机（见图 8-9 图例符号），每层在楼梯口设用户分机。用户分机具有开启一层主入口电控门锁及紧急呼叫的功能，并与小区管理中心联网。对照平面图和系统图可看出，从呼叫主机引出五条线路，其中两条“BV-2×2.5＋E2.5 VG20 QA”，一条接对讲话筒，另一条接电控门锁。其余三条“RVV-5×1.0”分别接一层、二层、三层分机。

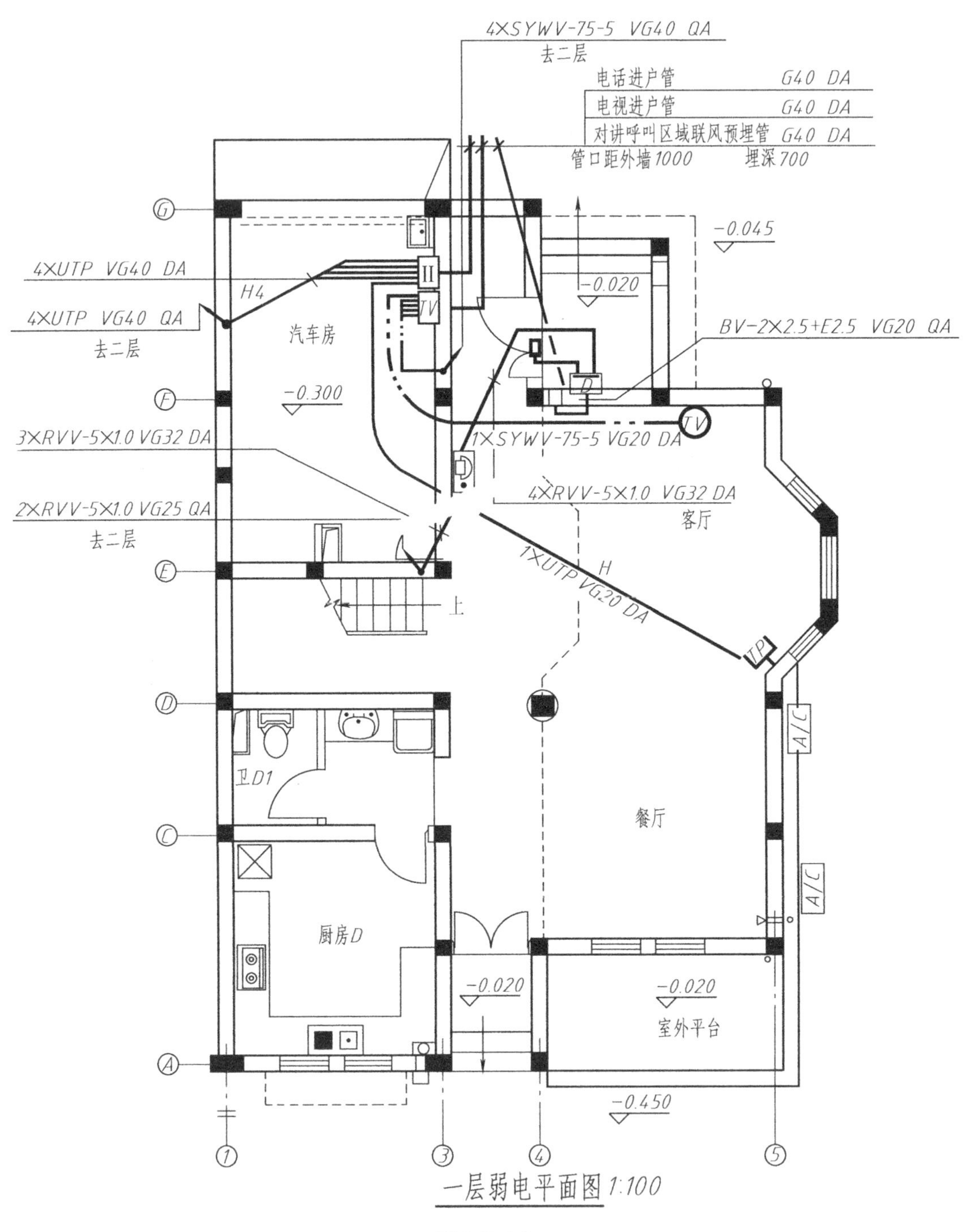
4×SYWV-75-5 VG40 QA
去二层
电话进户管 G40 DA
电视进户管 G40 DA
对讲呼叫区域联风预埋管 G40 DA
管口距外墙1000 埋深700
4×UTP VG40 DA
H4
4×UTP VG40 QA
去二层
汽车房
-0.045
-0.020
BV-2×2.5+E2.5 VG20 QA
-0.300
1×SYWV-75-5 VG20 DA
3×RVV-5×1.0 VG32 DA
4×RVV-5×1.0 VG32 DA
客厅
2×RVV-5×1.0 VG25 QA
去二层
1×UTP VG20 DA
H
上
TP
A/C
卫D1
餐厅
A/C
厨房D
-0.020
-0.020
室外平台
-0.450
G
F
E
D
C
A
1
3
4
5
一层弱电平面图 1:100

图 8-5（a）

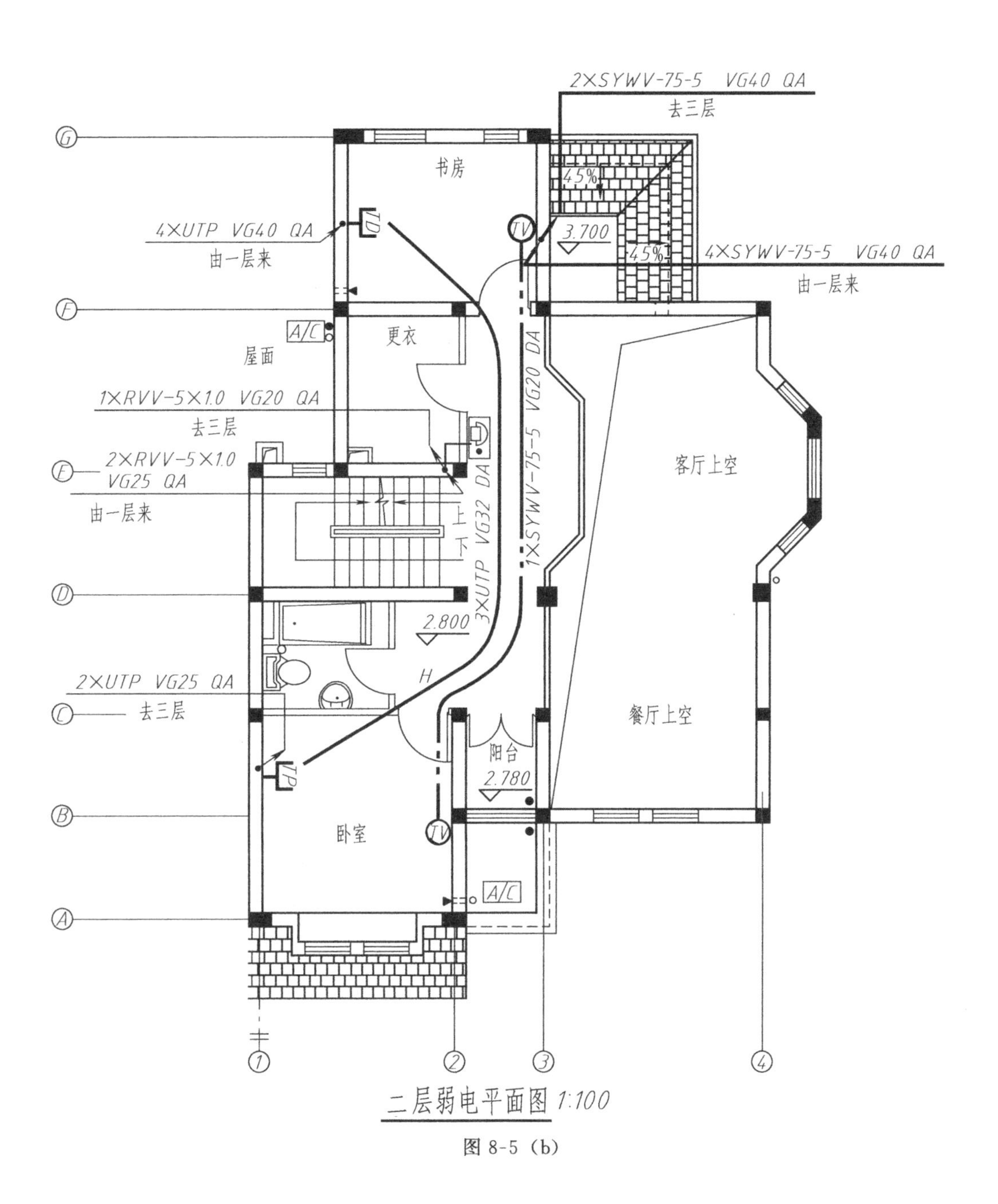
2×SYWV-75-5 VG40 QA
去三层
书房
45%
4×UTP VG40 QA
由一层来
TD
TV
3.700
4×SYWV-75-5 VG40 QA
由一层来
A/C
更衣
屋面
1×RVV-5×1.0 VG20 QA
去三层
2×RVV-5×1.0
VG25 QA
由一层来
1×SYWV-75-5 VG20 DA
3×UTP VG32 DA
客厅上空
上
下
2.800
H
2×UTP VG25 QA
去三层
餐厅上空
阳台
2.780
TP
卧室
TV
A/C
二层弱电平面图 1:100

图 8-5（b）

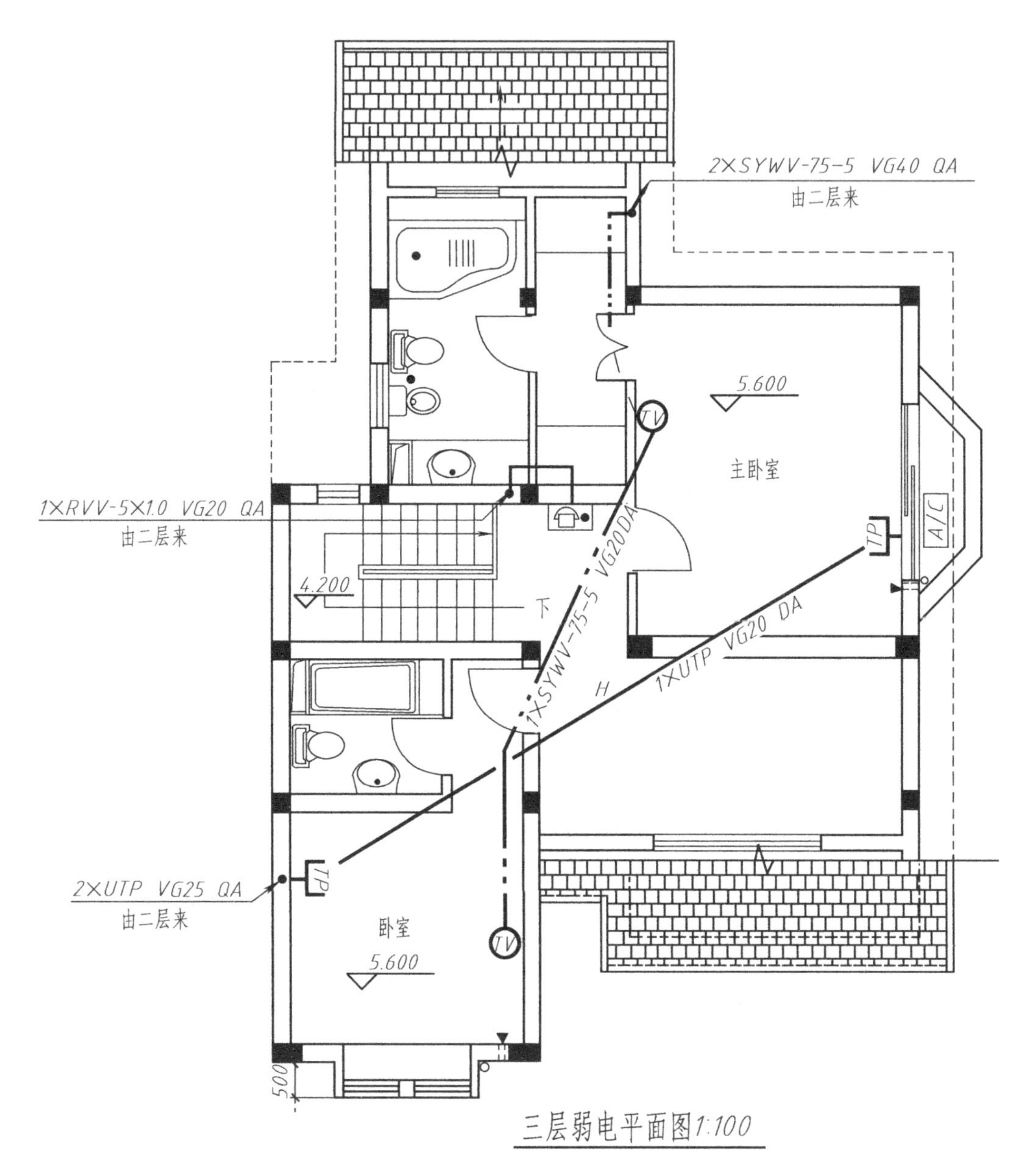

三层弱电平面图1:100

图 8-5 (c)

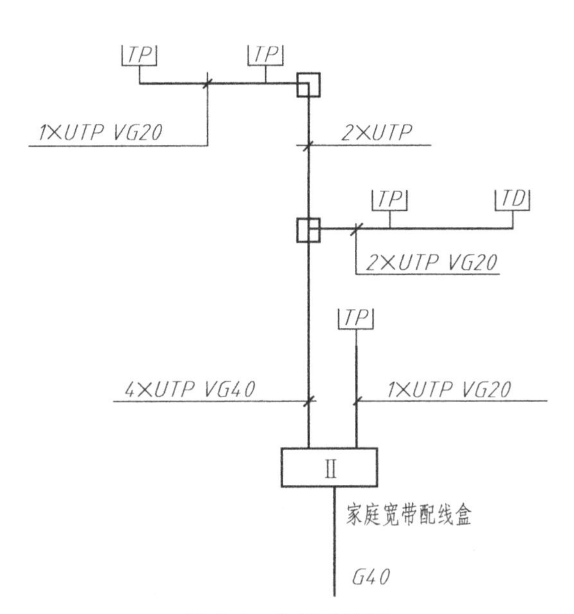

图 8-6 电话系统图

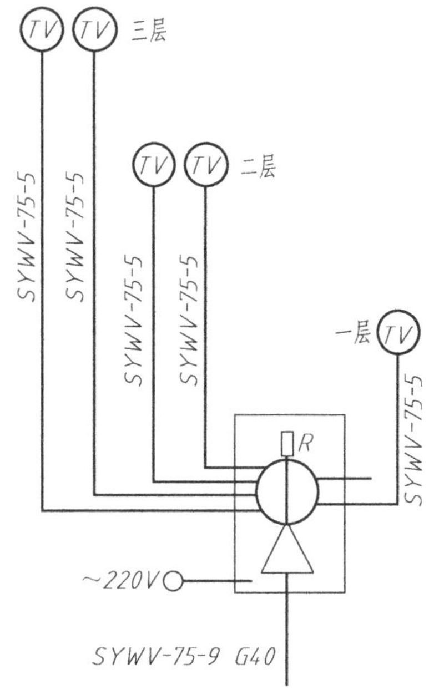

图 8-7 有线电视系统图

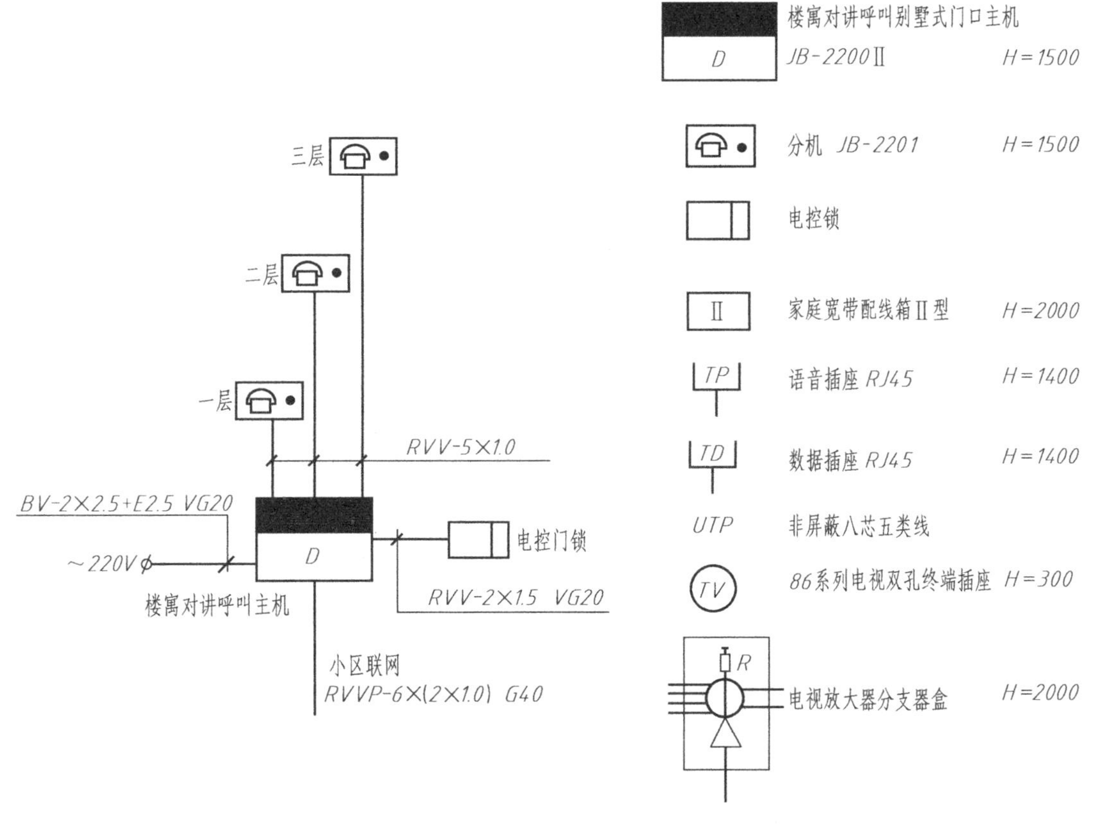

图 8-8 楼寓对讲呼叫系统图

图 8-9 图例符号

第九章

机械图样的识读

在建筑工程的设计、施工与管理工作中，经常会遇到机械设备，如施工机械、楼宇自动化机电设施、一些构造设备和金属配件等，这些机械设备需要进行选型、设计、安装及维修，因此建筑工程技术人员必须要有绘制和阅读机械图样的能力。机械图与土建图都是按正投影法原理绘制的，但是由于机器的形状、结构以及材料等与土建图有着很大差别，所以在表达方法上也有所不同。在学习本章时，必须弄清楚机械图与土建图表达形式的区别。同时，还要了解并遵守机械图样国家标准的各项规定。机械制图内容多且广泛，本章仅介绍一些绘制和阅读机械图样的基本知识。

第一节　机械图样基本表示法

一、视图

在机械图样中，用正投影法画出物体的图形称为视图。

视图主要用于表达机件的外部结构形状，包括基本视图、向视图、局部视图和斜视图等。

1. 基本视图

国家标准《技术制图》(GB/T 17451—1998) 规定用正六面体的六个面作为基本投影面，将机件放在正六面体内，分别向各基本投影面投射所得的视图，称为基本视图。它们是主视图（相当于土建图中的正立面图）、俯视图（相当于土建图中的平面图）、左视图（相当于土建图中的左侧立面图）、右视图（相当于土建图中的右侧立面图）、仰视图（类似于镜像投影图）与后视图（相当于土建图中的背立面图），如图 9-1(a) 所示。

六个基本视图若按图 9-1(b) 所示配置时，一律不标注视图名称，并仍保持“长对正、高平齐、宽相等”的投影关系。

2. 向视图

向视图是可自由配置的视图。为了便于读图，在向视图上方用大写拉丁字母标注出该向视图的名称（如“*A*”、“*B*”等），并在相应视图的附近用箭头指明投射方向，标注相同的字母，如图 9-2 所示。

3. 局部视图和斜视图

图 9-3(a) 所示为机件（压紧杆）的三视图，由于机件的左耳板是倾斜结构，所以俯视图和左视图都不反映实形，画图比较困难，表达不清楚。为了表示倾斜结构，可如图 9-3

(b) 所示，在平行于耳板的新投影面（正垂面）上作出耳板的斜视图，就得到反映耳板实形的视图。因为斜视图只是表达倾斜结构的局部形状，所以画出耳板实形后，用波浪线断开（其余部分的轮廓线不必画出)，这种视图称为局部视图。

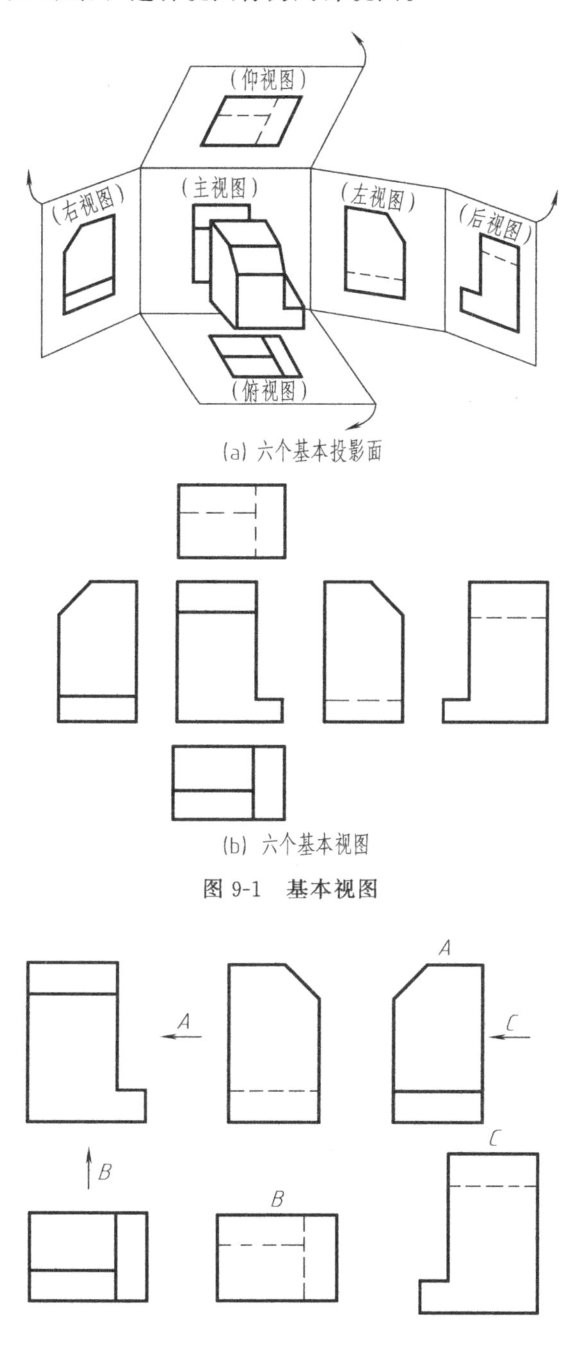

(a) 六个基本投影面

(b) 六个基本视图

图 9-1　基本视图

图 9-2　向视图

图 9-4(a) 所示为机件的一种表达方案，采用一个基本视图（主视图)、B 向局部视图（代替俯视图)、A 向斜视图和 C 向局部视图。为了使图面布置更加紧凑，又便于画图，可将 C 向局部视图按投影关系画在主视图的右边，将 A 向斜视图的轴线画成水平位置，并加

注旋转符号，如图 9-4(b) 所示。

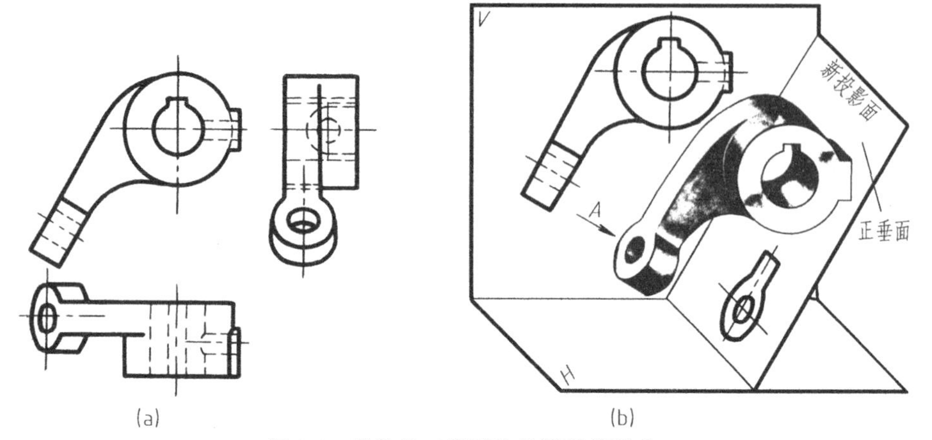

图 9-3　机件的三视图及斜视图的形成

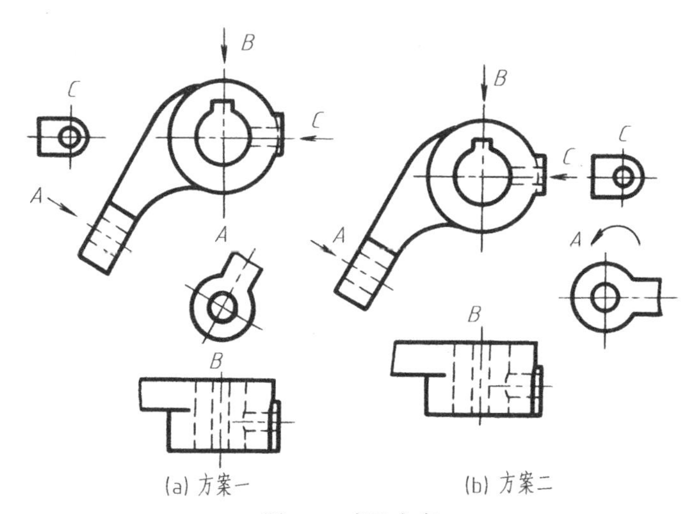

图 9-4　表达方案

二、剖视图和断面图

剖视图与断面图主要用于表达机件的内部结构形状，它与土建图中的剖面图、断面图的概念一致，除了标注形式略有区别外，其表达形式与方法完全相同。值得注意的是：机械图样中的剖面符号相当于建筑图样中的建筑图例，表 9-1 列出了两者之间容易混淆之处。

表 9-1　容易混淆的剖面符号与建筑材料图例

易混淆点	图　　形	机械制图的剖面符号	土建制图的建筑材料图例
相同图形表示的材料互相对调		表示金属材料	表示砖
		表示砖	表示金属材料

续表

易混淆点	图　　形	机械制图的剖面符号	土建制图的建筑材料图例
相同图形表示不同材料		表示非金属材料	表示多孔材料
		以较密的点表示型砂、填砂、粉末冶金、砂轮、陶瓷刀片、硬质合金刀片等	以靠近轮廓线较密的点表示砂、灰土，以较稀的点表示粉刷
		表示格网（筛网、过滤网等）	表示构造层次多或比例较大时的防水材料

1. 剖视图

表 9-2 举例说明了剖视图的种类及其画法。

表 9-2　剖视图的种类及其画法示例

全剖视图	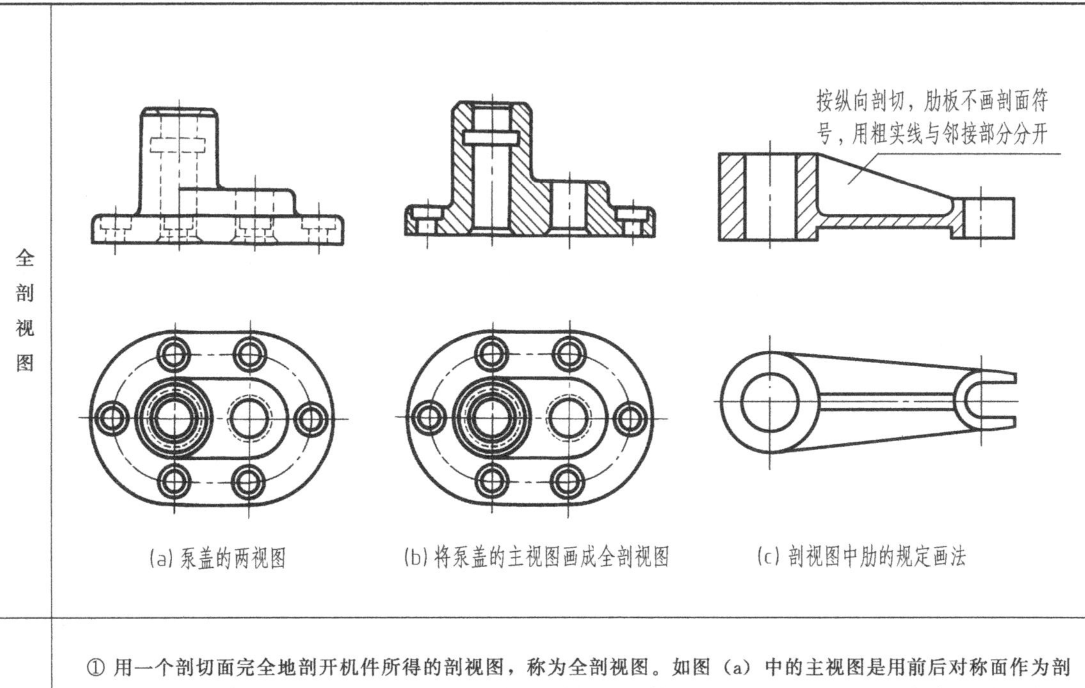 (a) 泵盖的两视图　(b) 将泵盖的主视图画成全剖视图　(c) 剖视图中肋的规定画法
说明	① 用一个剖切面完全地剖开机件所得的剖视图，称为全剖视图。如图（a）中的主视图是用前后对称面作为剖切平面完全剖开机件后所得的全剖视图。由于全剖视图剖去了机件的外形，所以适用于外形简单而内部结构需要剖视表达的机件，如图（b）所示 ② 当单一剖切平面通过机件的对称平面或基本对称平面，且视图按投影关系配置，中间没有其他图形隔开时，可省略剖切符号和图名标注 ③ 对于肋、轮辐等结构，如按纵向剖切，则这些结构不画剖面符号，而用粗实线将其与邻接部分分开，如图(c) 所示

续表

半剖视图	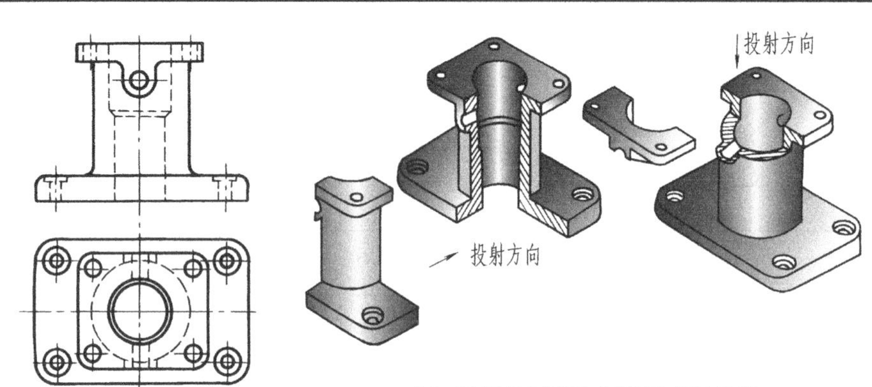 (a) 支架的两视图 (b) 剖切后将主视图和俯视图画成半剖视图 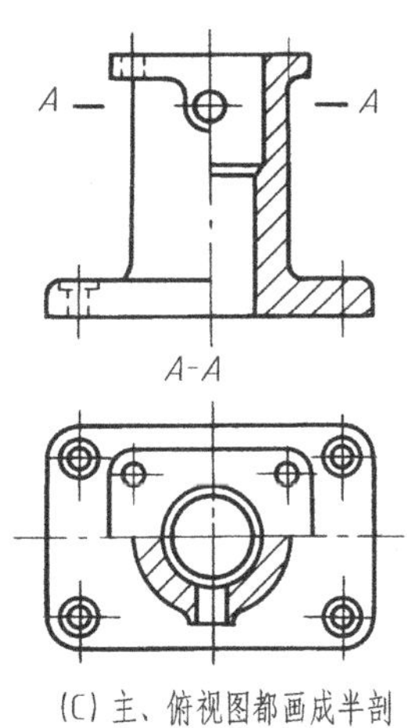 (C) 主、俯视图都画成半剖视图后的支架图
说明	① 当机件具有对称平面时，在垂直于对称平面的投影面上投射所得的图形，可以对称中心线为界，一半画成剖视以表达内形，另一半画成视图以表达外形，这种组合图形称为半剖视图。半剖视图适用于内外结构都需要表达，又具有对称平面的机件。必须注意：半个视图和半个剖视图的分界线应画细点画线，并且在半个视图中的虚线可省略不画，如图（c）所示 ② 当剖视图按投影关系配置，中间没有图形隔开时，可省略表示投射方向的箭头，如图(c)主视图上的 *A-A*
局部剖视图	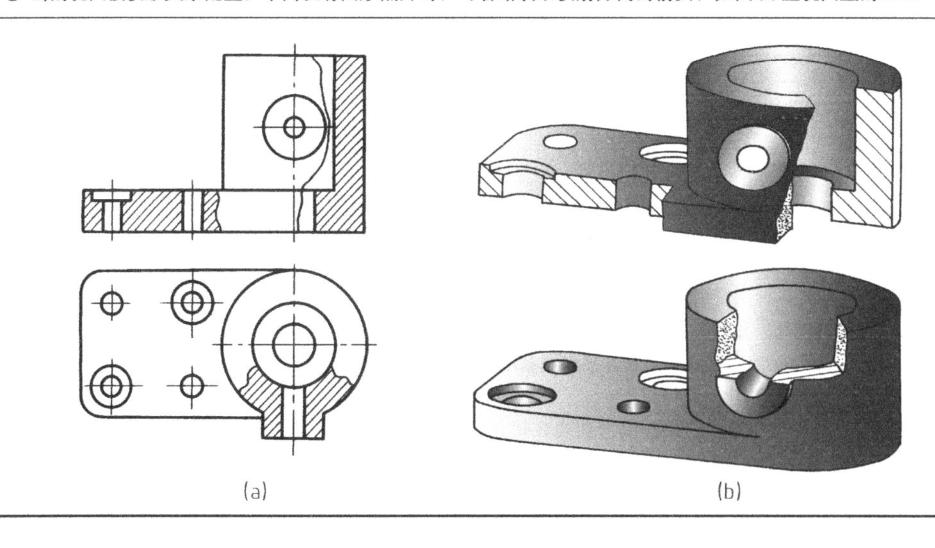 (a)　　　　(b)

续表

说明	① 用剖切面将机件的局部剖开，并用波浪线（或双折线）表示剖切范围，所得的剖视图称为局部剖视图。局部剖视图的剖切位置和剖切范围根据需要而定，是一种比较灵活的方法。 ② 当单一剖切平面的剖切位置明显时，局部剖视图的剖切符号和图名，可全部省略。必须注意：波浪线不应与图样上其他图线相重合，也不能超出图形轮廓

机件不仅可以用上述平行于基本投影面的单一剖切面剖开后绘制剖视图，还可以用不平行于基本投影面的剖切面、几个平行的剖切平面、两相交的剖切面剖开后，按 GB/T 17452—1998 的有关规定绘制剖视图。这些方法在第五章中已经述及，不再赘述。

2. 断面图

根据断面图配置位置的不同，可分为移出断面和重合断面两种。

表 9-3 举例说明了两种断面图的画法和标注。

表 9-3　断面图的画法和标注示例

移出断面	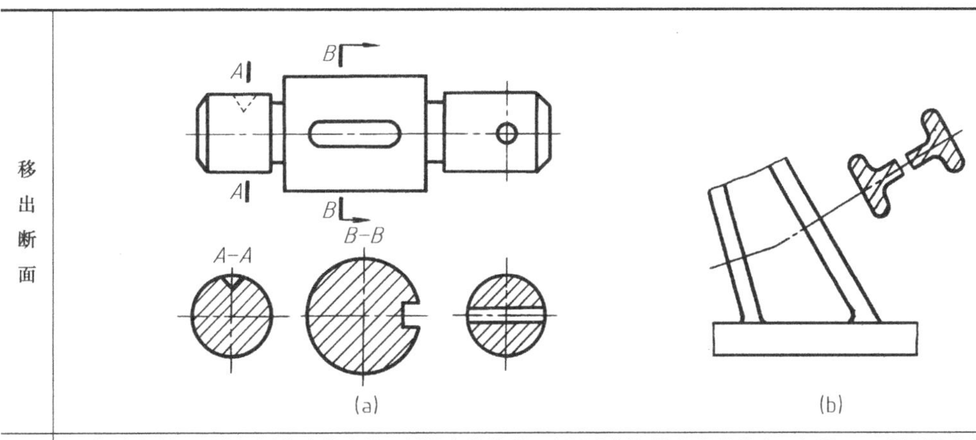
说明	① 移出断面画在视图轮廓线之外，用粗实线绘制，配置在剖切线的延长线上，如图（a）所示轴右端圆孔的断面图。或其他适当位置，如图（a）中的 *A*—*A* 和 *B*—*B* 断面图 ② 当剖切平面通过回转面形成的孔或凹坑的轴线时，这些结构按剖视绘制，如图（a）中右端的小圆孔和左端的凹坑，轮廓圆应完整画出。 ③ 断面图的标注如图（a）所示，画在剖切线延长线上的断面，如果图形对称，不加任何标注；未画在剖切线延长线上的断面，当图形不对称时，要用字母、粗短线标明剖切位置，用箭头指明投射方向，如 *B*—*B*；如果图形对称，可省略箭头，如 *A*—*A* ④ 剖切平面一般应垂直于被剖切部分的主要轮廓线。当遇到如图（b）所示的肋板结构时，可用两相交的剖切平面，分别垂直于左、右肋板进行剖切，这样画出的断面图，中间用波浪线断开
重合断面	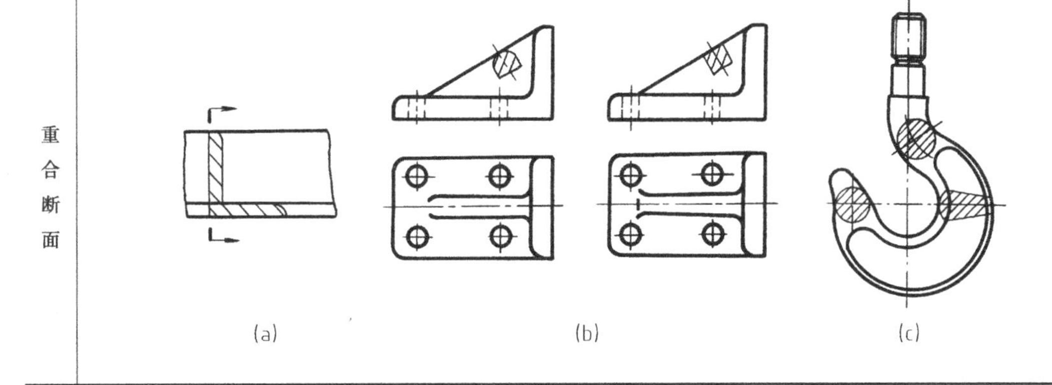

续表

说明	① 重合断面画在视图轮廓线之内，用细实线绘制（土建图中的重合断面用粗实线绘制）。当视图中的轮廓线与重合断面的图形重叠时，视图中的轮廓线仍连续画出，不可间断，如图（a）所示 ② 对称的重合断面不必标注，如图（b）、（c）所示。配置在剖切线上的不对称重合断面，要在剖切符号上画出箭头，不必标注字母，如图（a）所示

第二节　几种常用零件的规定画法

常用零件是指在组装成机器的各种零件中用量大、应用范围广的零件，它们的结构、尺寸和技术要求均已标准化的常用标准件（如螺栓、螺钉、螺母等）、标准部件（如滚动轴承），以及虽不属标准件，但应用十分广泛的常用零件（如齿轮）。为了减少设计和绘图工作量，常用零件上多次重复出现的结构要素（如螺纹紧固件上的螺纹、齿轮上的轮齿等）的几何参数均已标准化，在制图标准中给出了简化规定画法以及标记和标注方法。本节主要介绍螺纹和螺纹紧固件、齿轮和滚动轴承等常用零件的画法和标注方法。

一、螺纹和螺纹紧固件

（一）螺纹的各部分名称

螺纹是在圆柱（或圆锥）表面上沿螺旋线形成的具有规定牙型的连续凸起和沟槽。在圆柱（或圆锥）外表面上形成的螺纹称外螺纹，内表面上形成的螺纹称内螺纹。如图 9-5（a）、（b）所示，外螺纹牙顶或内螺纹牙底所在圆柱面的直径称为大径，外螺纹牙底或内螺纹牙顶所在圆柱面的直径称为小径。螺纹相邻两牙间的轴向距离，称为螺距[1]。

螺纹有单线和多线之分，沿一条螺旋线形成的螺纹为单线螺纹，如图 9-5（d）所示；沿两条以上螺旋线形成的螺纹为多线螺纹，图 9-5（c）所示为双线螺纹。同一条螺旋线上相邻两牙间的轴向距离称为导程。单线螺纹的导程等于螺距，双线螺纹的导程等于两倍螺距。

螺纹还有右旋和左旋之分，如图 9-5（c）、（d）所示。工程上常用右旋螺纹。

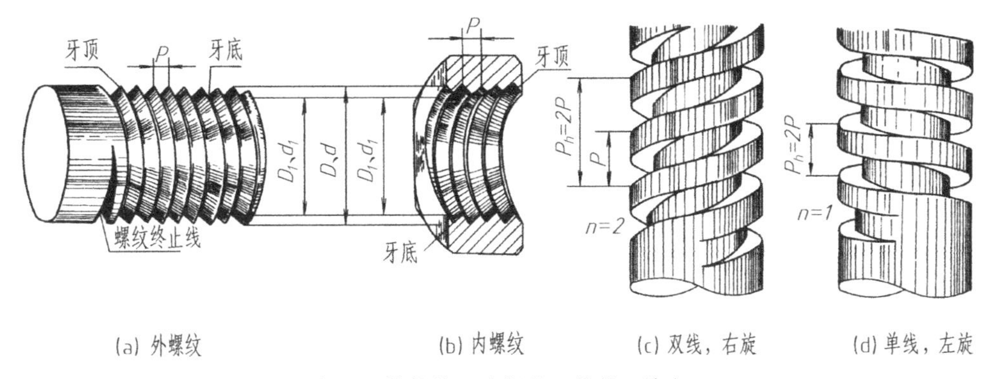

图 9-5　外螺纹、内螺纹、线数、旋向

D、d—大径，螺纹的最大直径；D_1、d_1—小径，螺纹的最小直径；P—螺距，相邻两牙对应点的轴向距离；n—线数，同一圆柱面上螺纹的条数；P_h—导程，每旋转一周，轴向前进的距离，单线时 $P_h=P$，双线时 $P_h=2P$；旋向—右旋［图（c）］是最常用的一种，特点是如图放置时，可见部分向右方升高，左旋［图（d）］与右旋相反

[1] 严格地讲，螺距应该是相邻两牙在中径线上对应点间的轴向距离。中径是通过牙型上沟槽和凸起宽度相等处的一个假想圆柱面的直径。

常用的螺纹有连接螺纹（如普通螺纹、管螺纹）和传动螺纹（如梯形螺纹、锯齿形螺纹等）两类。连接螺纹或传动螺纹都是由内、外螺纹成对使用，并且它们的牙型、直径、螺距、线数和旋向都必须完全一致。

（二）螺纹的规定画法

1. 外螺纹画法

牙顶画成粗实线，牙底画成细实线（注意细实线应画入倒角内），螺纹终止线画成粗实线。在垂直于螺纹轴线的投影面的视图中不画倒角圆，牙底画约 3/4 圈的细实线，如图 9-6 中的左视图所示。

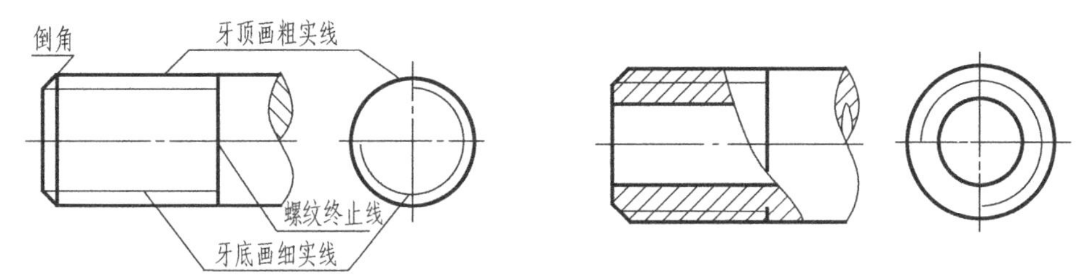

图 9-6　外螺纹画法

2. 内螺纹画法

牙顶画成粗实线，牙底画成细实线，在垂直于螺纹轴线的投影面的视图中不画倒角圆，牙底画约 3/4 圈的细实线圆，如图 9-7(a) 所示。对于不穿通的螺孔（盲孔），由于钻头顶角约等于 120°，所以钻孔底部的圆锥凹坑的锥角应画成 120°，如图 9-7(b) 所示。

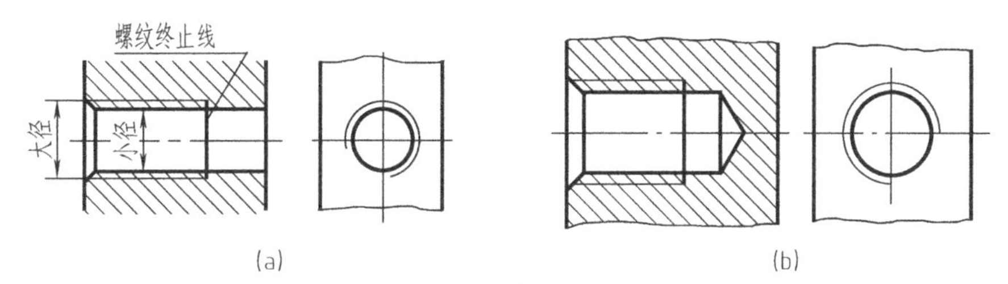

图 9-7　内螺纹画法

3. 螺纹连接画法

外螺纹与内螺纹旋合部分只画外螺纹，未旋合部分仍按各自的画法表示。画实心的外螺纹件时，规定按不剖画，如图 9-8 所示。必须注意：表示大、小径的粗实线和细线应分别对齐。

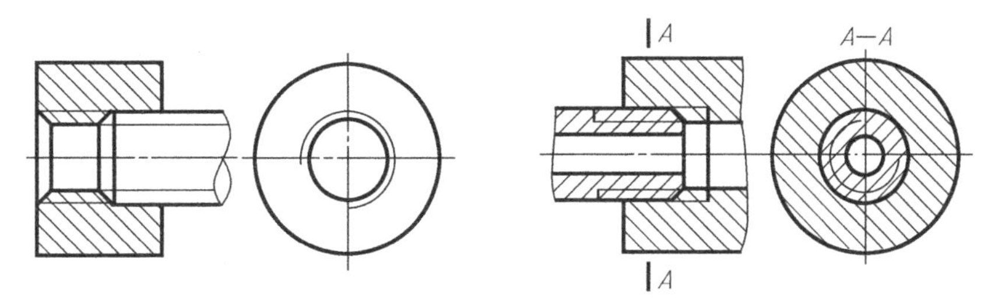

图 9-8　内、外螺纹连接画法

（三）螺纹的标注方法

螺纹采用规定画法后，在图上看不出它的牙型、螺距、线数和旋向等结构要素，需要用标记加以说明。国家标准对各种常用螺纹的标记及其标注方法规定如表 9-4 所示。

表 9-4 常用螺纹标注示例

螺纹类别	特征代号	标注示例	标注的含义
普通螺纹（粗牙）	M	M20-5g6g-40	普通螺纹，大径 20，粗牙，螺距 2.5，右旋；螺纹中径公差带代号 5g，顶径公差带代号 6g；旋合长度为 40
普通螺纹（细牙）	M	M36×2-6g	普通螺纹，大径 36，细牙，螺距 2，右旋；螺纹中径和顶径公差带代号同为 6g；中等旋合长度
梯形螺纹	Tr	Tr40×14(P7)-7H	梯形螺纹，公称直径为 40，双线，导程 14，螺距 7，中径公差带代号为 7H
锯齿形螺纹	B	B32×6LH-7e	锯齿形螺纹，大径 32，单线，螺距 6，左旋，中径公差带代号 7e
非螺纹密封的管螺纹	G	G1A　G1	非螺纹密封的管螺纹，尺寸代号 1，外螺纹公差等级为 A 级
用螺纹密封的管螺纹	R R_C R_P	R_c3/4　R3/4	用螺纹密封的管螺纹，尺寸代号 3/4 R 表示圆锥外螺纹 R_C 表示圆锥内螺纹 R_P 表示圆柱内螺纹

（四）螺纹紧固件的装配画法

1. 常用的螺纹紧固件

常用的螺纹紧固件有螺栓、螺母、垫圈以及螺柱、螺钉等。因为都是标准件，只要按规定标记选购，不需画出零件图，其尺寸可查阅有关国家标准。紧固件的种类和规格很多，这里仅各选一例，并摘录它们在国家标准中的部分主要尺寸。

(1) 六角头螺栓（GB/T 5780—2000）部分主要尺寸如表 9-5 所示。

表 9-5　六角头螺栓（GB/T 5780—2000）的主要尺寸

标　记　示　例

螺纹规格 d=M12、公称长度 l=60mm 的 A 级六角头螺栓：

螺栓　GB/T 5782—2000-M12×60

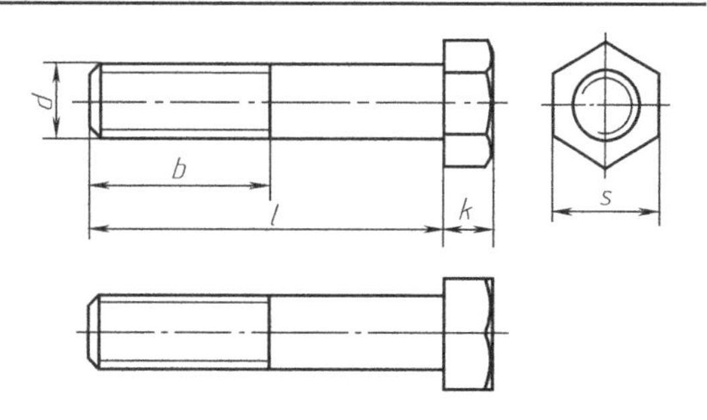

mm

螺纹规格 d		M3	M4	M5	M6	M8	M10	M12	M16	M20	M24	M30	M36	M42	M48	M56	M64
b 参考	$l \leq 125$	12	14	16	18	22	26	30	38	46	54	66	78	—	—	—	—
	$125 < l \leq 200$	—	—	—	—	28	32	36	44	52	60	72	84	96	108	124	140
	$l > 200$	—	—	—	—	—	—	—	57	65	73	85	97	109	121	137	153
s		5.5	7	8	10	13	16	18	24	30	36	46	55	65	75	85	95
k		2	2.8	3.5	4	5.3	6.4	7.5	10	12.5	15	18.7	22.5	26	30	35	40
l（商品规格）		20～30	25～40	25～50	30～60	35～80	40～100	45～120	55～160	65～200	80～240	90～300	110～360	130～400	140～400	160～400	200～400
l 系列		20，25，30，35，40，45，50，(55)，60，(65)，70，80，90，100，110，120，130，140，150，160，180，200，220，240，260，280，300，320，340，360，380，400															

注：A 和 B 为产品等级，A 级用于 $d \leq 24$ 和 $l \leq 10d$ 或 ≤ 150mm（按较小值）的螺栓，B 级用于 $d > 24$ 或 $l > 10d$ 或 > 150mm（按较小值）的螺栓。尽可能不采用括号内的规格。

（2）平垫圈（GB/T 97.1—1985）部分主要尺寸如表 9-6 所示。

表 9-6　平垫圈（GB/T 97.1—1985）的尺寸

标　记　示　例

公称尺寸 d=8mm 的平垫圈：

垫圈 GB/T 97.1—1985-8

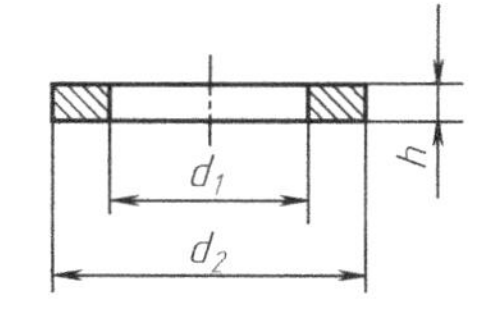

mm

公称尺寸 d	1.6	2	2.5	3	4	5	6	8	10	12	14	16	20	24	30	36
内径 d_1	1.7	2.2	2.7	3.2	4.3	5.3	6.4	8.4	10.5	13	15	17	21	25	31	37
外径 d_2	4	5	6	7	9	10	12	16	20	24	28	30	37	44	56	66
厚度 h	0.3	0.3	0.5	0.5	0.8	1	1.6	1.6	2	2.5	2.5	3	3	4	4	5

（3）六角螺母（GB/T 6170—2000）部分主要尺寸如表 9-7。

表 9-7　1 型六角螺母（GB/T 6170—2000）的主要尺寸

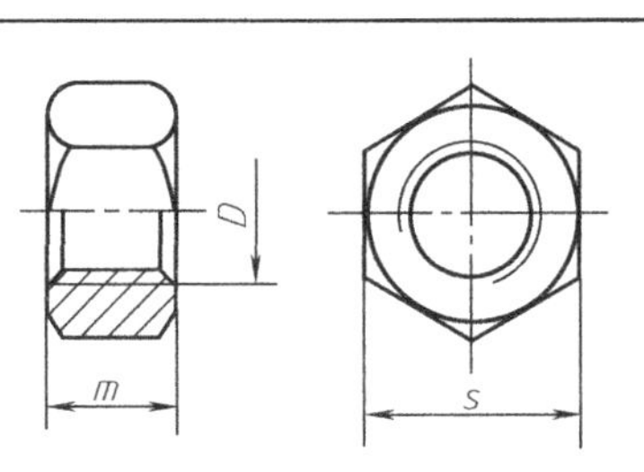

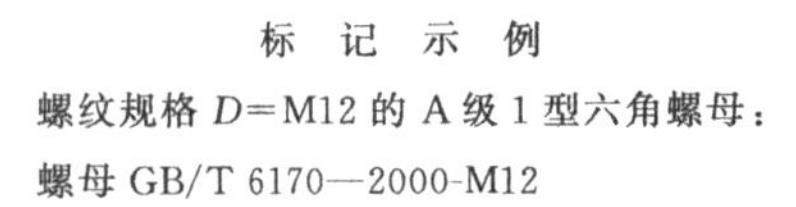

标　记　示　例

螺纹规格 D=M12 的 A 级 1 型六角螺母：

螺母 GB/T 6170—2000-M12

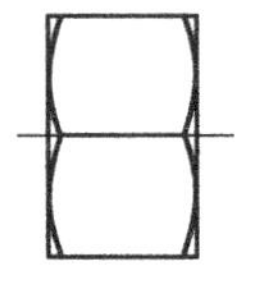

mm

螺纹规格 D	M1.6	M2	M2.5	M3	M4	M5	M6	M8	M10	M12	M16	M20	M24	M30	M36	M42	M48	M56	M64
厚度 m	1.2	1.5	1.9	2.3	3	4.6	5.1	6.6	8.2	10.6	14.5	17.5	20.9	25	30.2	33.2	37.2	44.2	50.1
s	3.2	4	5	5.5	7	8	10	13	16	18	24	30	36	46	55	65	75	85	95

注：A 级用于 $D \leqslant 16$ 的螺母。B 级用于 $D>16$ 的螺母。本表仅按商品规格和通用规格列出。表中的厚度 m 采用国标中的极大值与极小值的平均值；s 取国标中的极大值。螺纹规格为 M8～M64、细牙、A 级和 B 级的 1 型六角螺母，请查阅 GB/T 6171—2000。

2. 螺栓连接装配画法

已知被连接的两块钢板的厚度为 $\delta_1=\delta_2=12$mm，选用 d=M8 的六角头螺栓（GB/T 5780—2000）和六角螺母（GB/T 6170—2000）、垫圈（GB/T 97.1—1985），查表 9-6、表 9-7 可知，垫圈厚度 $h=1.6$mm，螺母厚度 $m=6.6$mm，估计螺栓端部伸出螺母的长度 $a=0.3d=0.3\times8=2.4$mm，粗略计算螺栓长度 $l=\delta_1+\delta_2+h+m+a=12+12+1.6+6.6+2.4=34.6$mm。查表 9-5 可知，$d$ = M8 的螺栓公称长度 l 的商品规格是 35～80mm，于是可在 l 系列中选取 l 等于或略大于 34.6mm 的螺栓，从而确定选用螺栓 GB/T 5780—2000-M8×35。根据选定的螺栓、螺母、垫圈在相应的表格中查出的尺寸画出螺栓连接图，如图 9-9 所示。

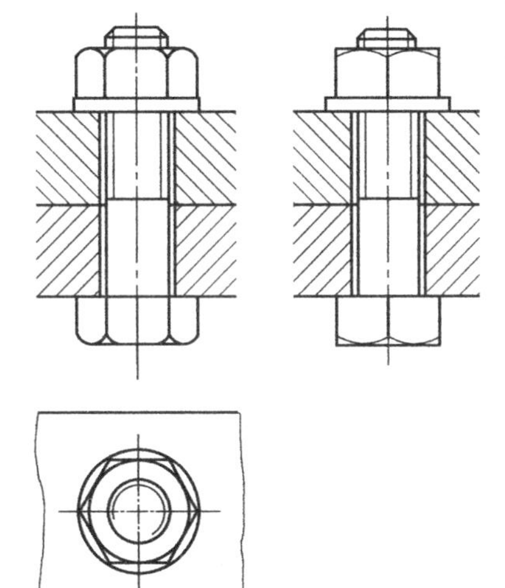

图 9-9　螺栓连接画法

画螺栓连接装配图时应注意以下二点。

① 被连接零件的孔径必须略大于螺栓大径（≈1.1d），否则组装时螺栓装不进通孔。

② 螺栓连接图通常将主、左视图画成剖视图，当剖切平面通过螺杆的轴线时，对于螺栓、螺钉、螺母、垫圈等均按未剖切绘制，接触面只画一条线，相邻两零件剖面线方向相反。

图 9-9 为螺栓连接近似画法，国家标准规定允许采用简化画法，如图 9-10 所示为螺栓连接和螺钉连接的简化画法。画螺钉连接时应注意，圆柱头开槽螺钉头部的槽（在投影为圆的视图上）不按投影关系绘制，而画成与水平线成 45°的加粗实线。

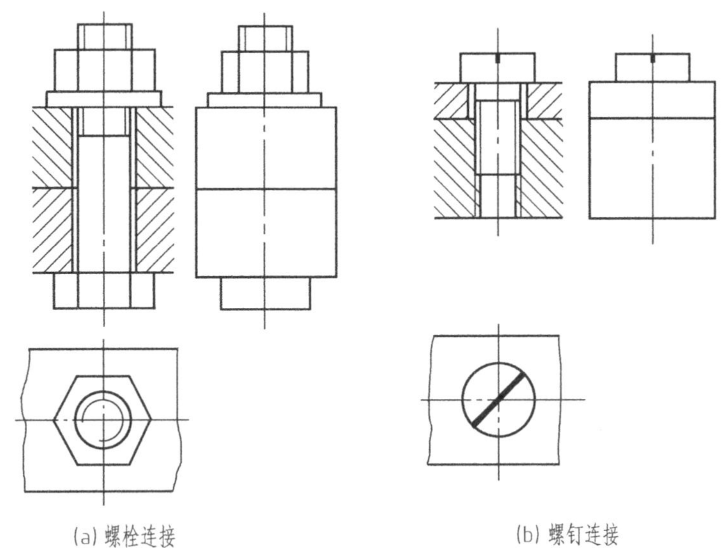

(a) 螺栓连接　　(b) 螺钉连接

图 9-10　螺栓和螺钉连接简化画法

二、齿轮

齿轮是用来传递动力以及改变机件的回转方向和转动速度的零件，种类很多，最常用的是直齿圆柱齿轮。如图 9-11(a) 所示，两个互相啮合的直齿圆柱齿轮通常用于传递两平行轴之间的运动。

1. 基本知识

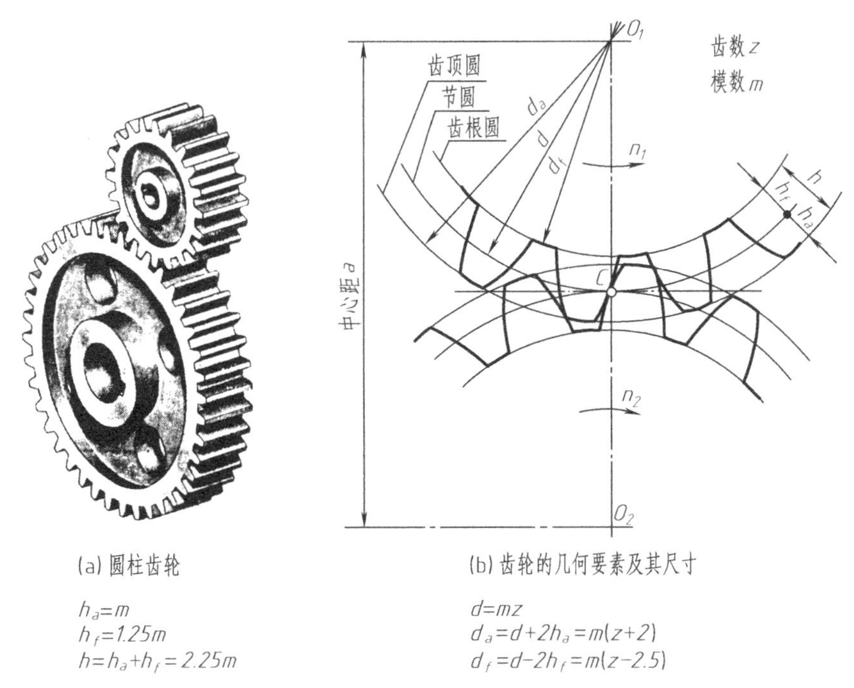

(a) 圆柱齿轮　　(b) 齿轮的几何要素及其尺寸

$h_a = m$

$h_f = 1.25m$

$h = h_a + h_f = 2.25m$

$d = mz$

$d_a = d + 2h_a = m(z+2)$

$d_f = d - 2h_f = m(z-2.5)$

图 9-11　齿轮各部分名称及计算公式

如图 9-11(b) 所示，通过啮合点 C（在齿顶圆和齿根圆之间，齿厚与齿槽宽的弧长相等）的圆，称为节圆或分度圆（标准齿轮的节圆和分度圆是一致的，对啮合齿轮称为节圆，对单个齿轮称为分度圆），其直径用 d 表示。通过齿顶和齿根的圆称为齿顶圆和齿根圆，它们的直径分别用 d_a、d_f 表示。齿顶圆与齿根圆、齿顶圆与分度圆、分度圆与齿根圆之间的径向距离分别称为齿高（h）、齿顶高（h_a）、齿根高（h_f）。为了便于设计和制造，又引进一个参数——模数 m。

模数 m 是齿轮上最重要的一个参数，当两个齿轮啮合时，模数必须相等。一个标准齿轮的模数 m 和齿数 z 确定之后，就可确定齿轮的各部分尺寸，计算公式见图 9-11。

2. 直齿圆柱齿轮的画法

（1）单个齿轮的画法　国家标准规定，齿顶圆和齿顶线用粗实线绘制；分度圆和分度线用细点画线绘制；齿根圆和齿根线用细实线绘制，或省略不画。剖视图中，剖切平面通过齿轮的轴线时，轮齿一律按不剖处理，齿根线用粗实线绘制，如图 9-12 所示。

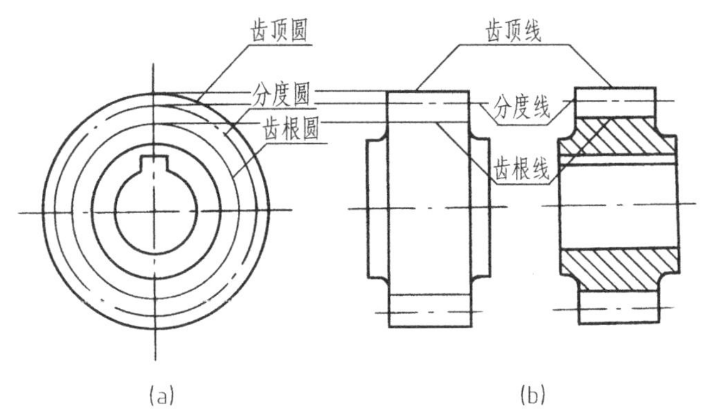

图 9-12　单个齿轮规定画法

（2）啮合的圆柱齿轮画法　在垂直于齿轮轴线的投影面上的视图中，两节圆相切，啮合区的齿顶圆用粗实线绘制，如图 9-13(a) 的左视图所示，或省略不画，如图 9-13(b) 所示。在剖视图中，当剖切平面通过两啮合齿轮的轴线时，在啮合区内，将一个齿轮的轮齿用粗实线绘制，另一个齿轮被遮挡的部分用虚线绘制，如图 9-13(a) 所示的主视图，被遮挡部分也可以省略不画。在平行于齿轮轴线的投影面上的视图中，啮合区内的齿顶线、齿根线都不需画出，节线用粗实线绘制，如图 9-13(b) 所示。

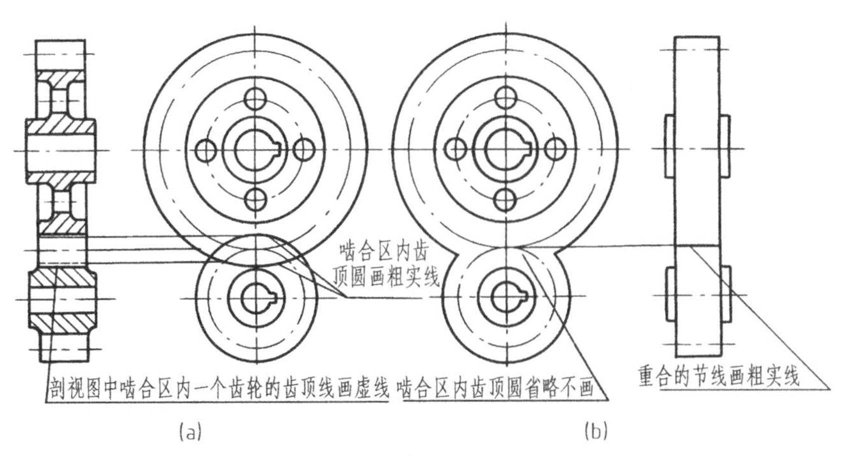

图 9-13　啮合齿轮规定画法

三、滚动轴承

滚动轴承是支承轴的一种部件，随滚动体的形状和受力情况等的不同而有各种类型的滚动轴承。滚动轴承是标准件，需要时可根据使用要求查阅有关标准选用。

滚动轴承一般都是由外圈、内圈、滚动体和隔离架组成。在画装配图时，可按国家标准规定的画法绘制。滚动轴承表示法包括三种画法：通用画法、特征画法和规定画法，如表9-8所示。在同一图样中，一般只采用其中一种画法。

表 9-8　常用滚动轴承表示法

轴承类型	结构型式	通用画法	特征画法	规定画法	承载特征
		（均指滚动轴承在所属装配图的剖视图中的画法）			
深沟球轴承 (GB/T 276—1994) 6000 型			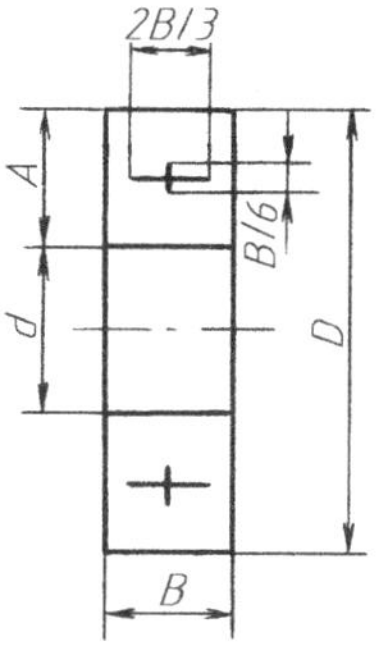	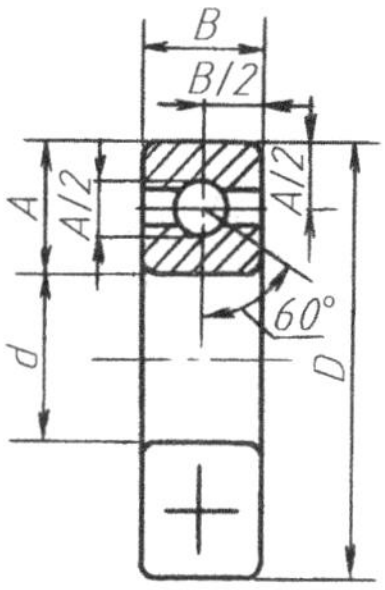	主要承受径向载荷
圆锥滚子轴承 (GB/T 297—1994) 30000 型		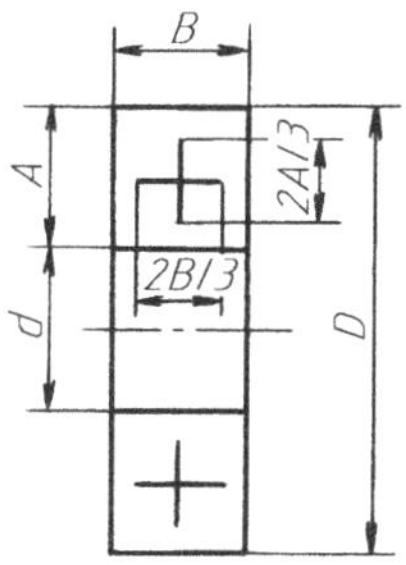	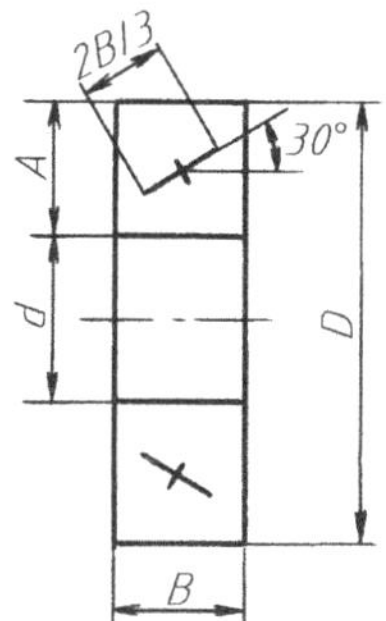	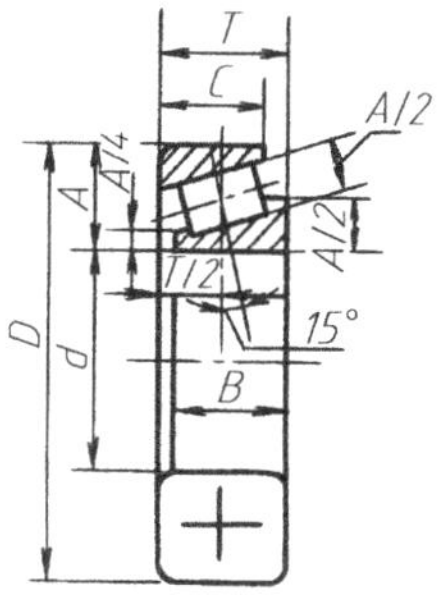	可同时承受径向和轴向载荷
推力球轴承 (GB/T 301—1995) 51000 型			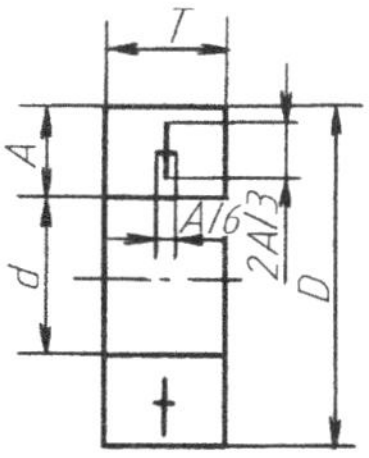	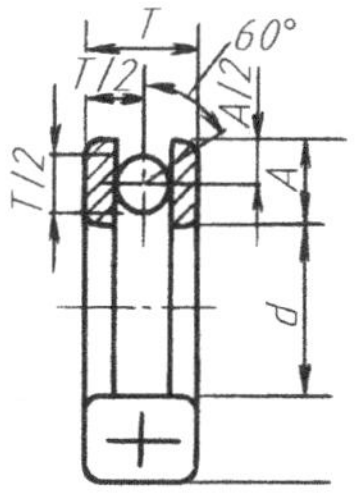	承受单方向的轴向载荷
三种画法的选用		当不需要确切地表示滚动轴承的外形轮廓、承载特性和结构特征时采用	当需要较形象地表示滚动轴承的结构特征时采用	滚动轴承的产品图样、产品样本、产品标准和产品使用说明书中采用	

第三节　机械图样的识读与绘制

一、零件图与装配图的基本知识

任何一台机器或部件都是由若干零件和标准件按一定的装配关系装配起来，以满足设计和使用要求。如图 9-14(a) 所示的千斤顶，是由 8 种零件（其中标准件 3 种）装配而成。机械图中表示机器或部件中零件间的相对位置、连接方式、装配关系的图样称为装配图，如图 9-14(b) 所示。表示单个零件结构、大小及技术要求的图样称为零件图，如图 9-15(a)、图 9-15(b)、图 9-15(c) 所示。

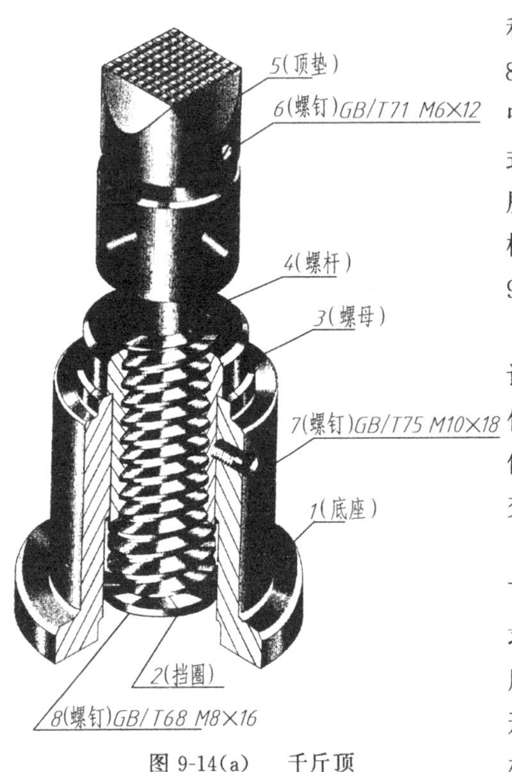

图 9-14(a)　千斤顶

在机器或部件的设计过程中，一般先根据设计装配图画出零件图，然后由零件图再画装配工作图。所以零件图和装配图的关系十分密切，它们是机器或部件在制造、使用过程中及进行技术交流的重要技术文件。

一张完整的零件图如图 9-15(b) 所示，包括下列内容：一组视图，全部尺寸，零件的技术要求和标题栏。一张完整的装配图，如图 9-14(b) 所示，包括下列内容：一组表达机器或部件的图形；必要的尺寸；技术要求；零件的序号、明细栏和标题栏。

二、零件结构形状的表达和零件的尺寸标注

1. 零件的结构形状表达

零件的结构形状大体可分为回转体和非回转体两类。图 9-15 所示为千斤顶的三个主要零件的零件图，都是回转体类零件，这类零件形状比较简单，通常只需画一个主视图和适当的辅助视图，将轴线水平放置（符合加工位置），标注尺寸后即可表达清楚。也可以如图 9-15(a)、(c) 所示画出另一个视图的一半，加注对称符号。图 9-15(b) 所示螺杆的主视图采用局部剖视，表明螺杆右端的锯齿形牙型，以及螺孔的位置和深度。螺杆左端的局部剖视和断面图表明两个互相垂直、等径的圆孔。

非回转体类零件一般指叉架或箱体零件，这类零件的结构形状比较复杂，且加工时要多道工序和多次变换加工位置，通常以自然位置安放，将能反映形体特征或工作位置的一面作为主视图的投射方向，一般需要两个以上的视图。

2. 零件的尺寸标注

机械图与土建图在标注尺寸方面的要求不尽相同，除了正确、清晰和齐全（机械图上的尺寸既不能遗漏，又不能重复和多余）之外，还要考虑标注尺寸合理。所谓合理，即标注尺寸不仅要满足设计要求，还要便于零件的加工和测量。如图 9-15(b) 所示的螺杆，$\phi65$ 圆柱的长度尺寸没有标注，称为尺寸开口环，因为在零件制造加工过程中，要考虑到可能存在的误

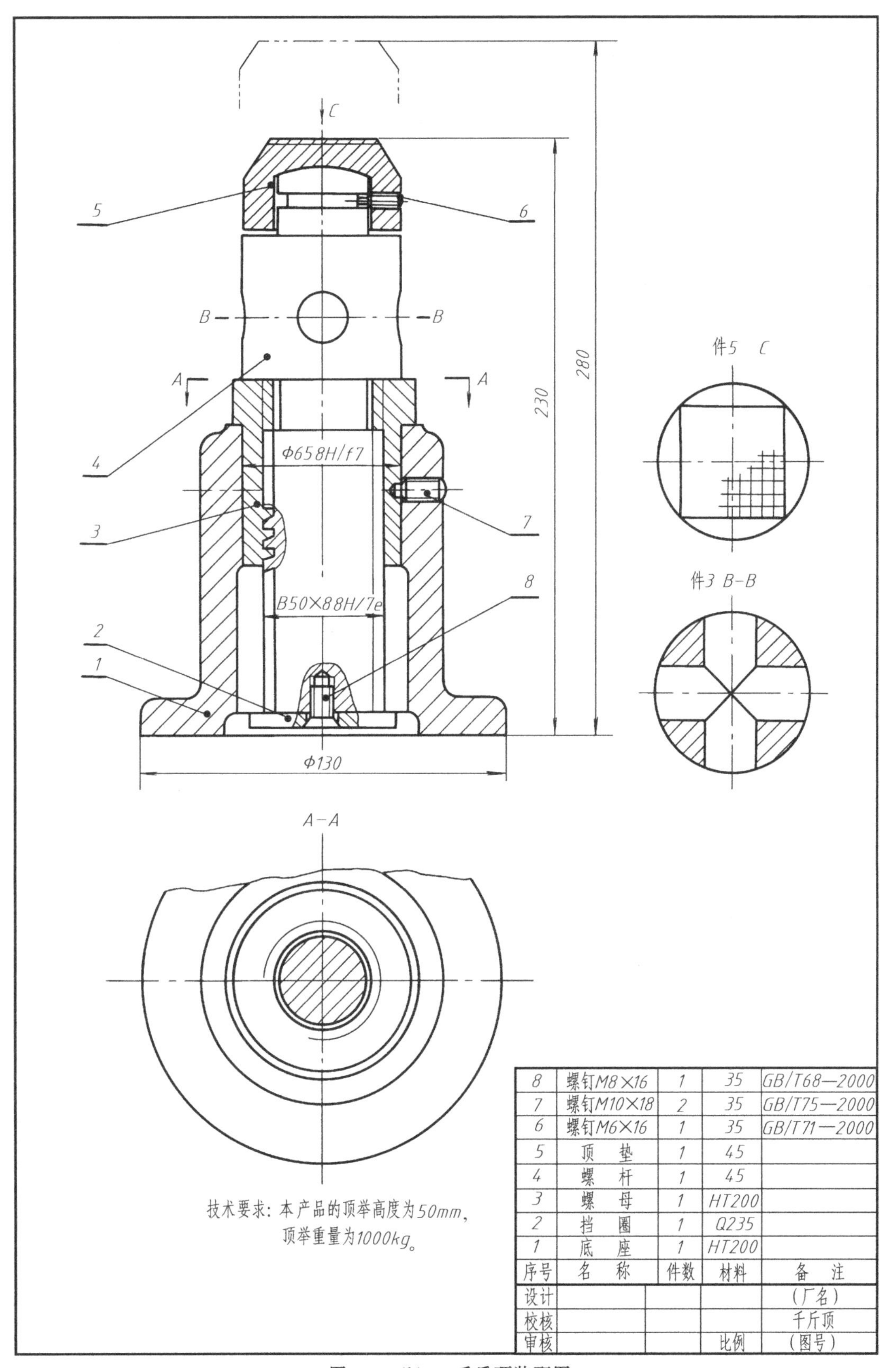

8	螺钉M8×16	1	35	GB/T68—2000
7	螺钉M10×18	2	35	GB/T75—2000
6	螺钉M6×16	1	35	GB/T71—2000
5	顶　垫	1	45	
4	螺　杆	1	45	
3	螺　母	1	HT200	
2	挡　圈	1	Q235	
1	底　座	1	HT200	
序号	名　称	件数	材料	备　注
设计				（厂名）
校核				千斤顶
审核			比例	（图号）

图 9-14（b）　千斤顶装配图

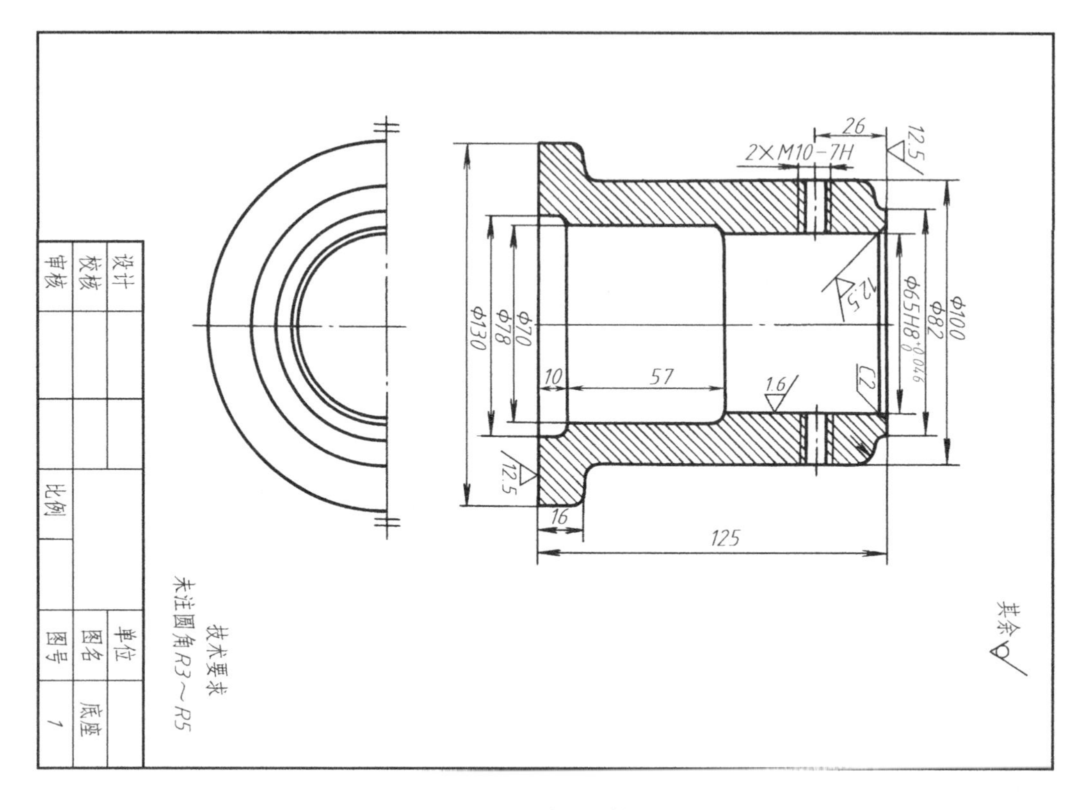

图 9-15（a） 千斤顶零件图（一）

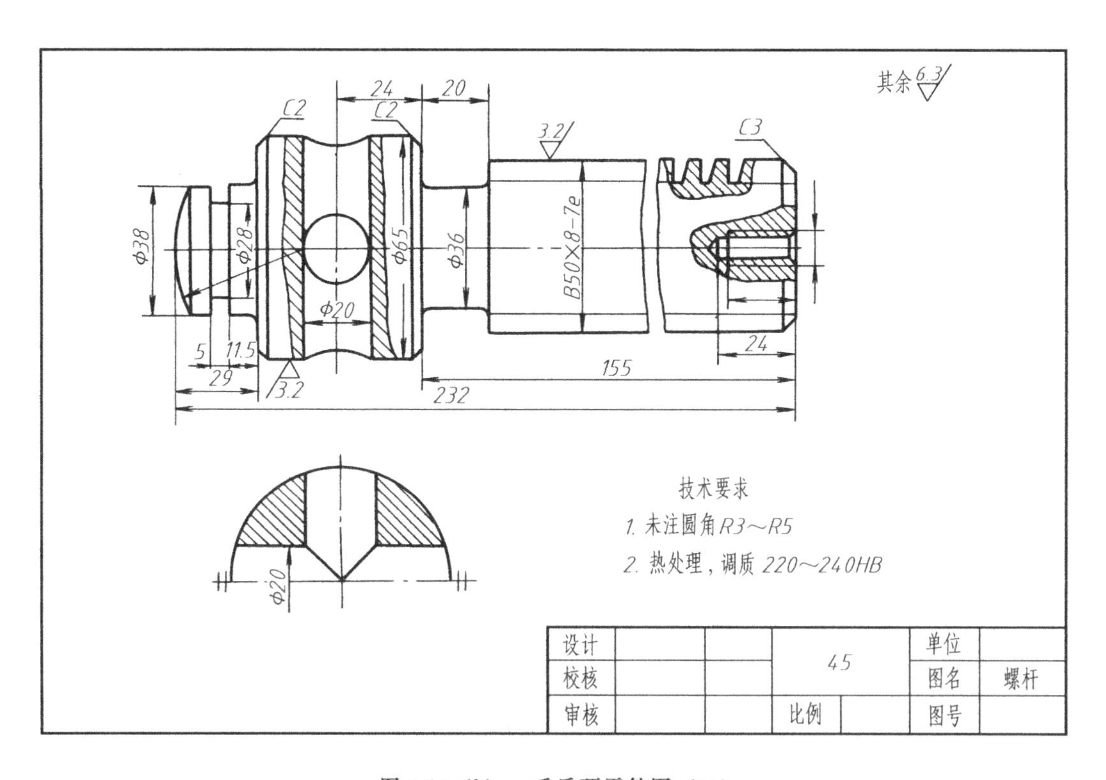

图 9-15（b） 千斤顶零件图（二）

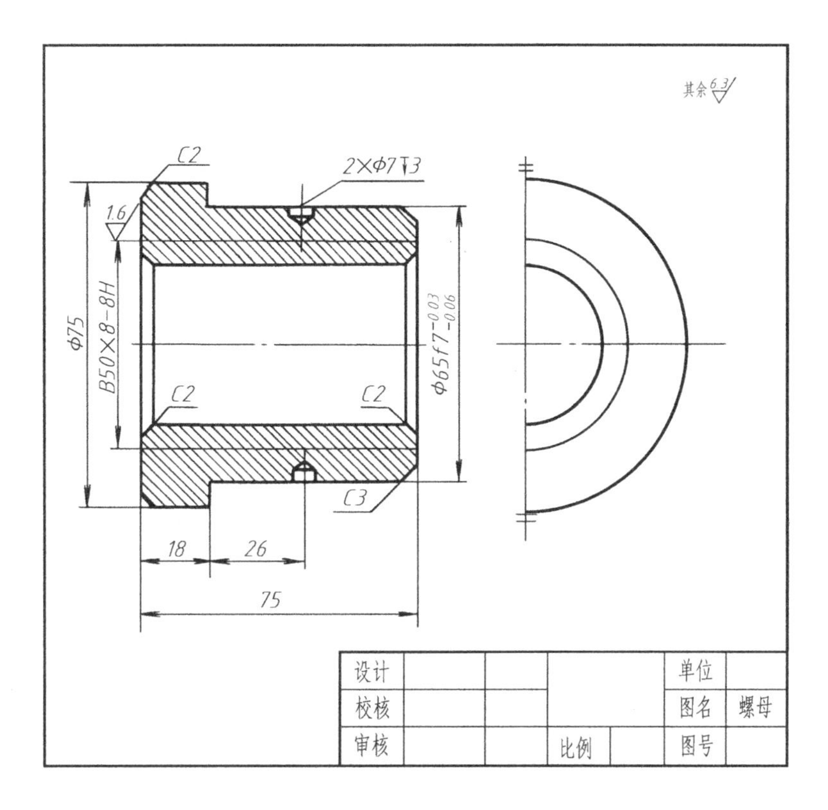

图 9-15（c）　千斤顶零件图（三）

差，应选择相对不重要的尺寸作为尺寸开口环，这部分即便存在误差也不影响使用。开口环的尺寸虽然不注出，但也能通过已注尺寸计算出来。此外，在标注尺寸时，需预先合理选定尺寸基准，如图 9-15(a) 所示底座的下底面为高度方向的主要尺寸基准，以对称中心线作为底座宽度方向（径向）的主要尺寸基准。

三、装配图的画法规定和特殊表达方法

① 装配图的画法规定已如螺栓连接装配图中所述。两相邻零件的接触面或配合面只画一条线，如图 9-14(b)装配图中的螺母 3 与底座 1 的配合面（基本尺寸为 $\phi65$）；而对于未接触的两表面或非配合面（基本尺寸不同），应画两条线，如螺杆 4 的中间部分与螺母 3 的上部为不接触的两表面。对于实心零件，如螺杆、螺钉等，若剖切平面通过对称平面或轴线时，这些零件按不剖绘制，如果需要表明这些零件上的局部结构，如螺杆的螺纹牙型或螺钉位置，可用局部剖视表示。两零件邻接时，不同零件的剖面线方向相反，或方向一致间隔不等，同一零件在不同视图中的剖面线方向和间隔必须一致。

② 装配图的特殊表达方法主要有：沿结合面剖切和拆卸画法，如图 9-14(b)中的 *A-A* 剖视图是沿螺杆 4 与螺母 3 的结合面剖切，拆去件 5、件 6 画出的；假想画法，如图 9-14(b)主视图中螺杆和顶垫上升的极限位置用双点画线表示；简化画法，如主视图中件 7 左右对称的螺钉，在左面仅画点画线表示其位置。

四、机械图样中的技术要求

机械图样中的技术要求主要是指零件几何精度方面的要求，如表面粗糙度、极限与配合、形状和位置公差以及表面处理等。本节将结合千斤顶的零件图和装配图中出现的表面粗糙度符号和尺寸公差、配合代号作简单介绍。

1. 表面粗糙度

是指零件表面由于不同的加工方法、所用的刀具及工件材料等因素所引起的微观不平整度。其中分不去除材料（用符号表示）和去除材料（用符号表示）两种表示形式。标注表面粗糙度的规定，如图 9-16 所示。若图中表示所有表面的表面粗糙度相同时，应在符号上加一小圆圈即为 0.8 。

表面粗糙度参数中的轮廓算术平均偏差用 *Ra* 表示。一般来说，凡是零件上有相对运动或有配合关系的表面，*Ra* 值要小。*Ra* 值越小，表面越光滑，精度越高。

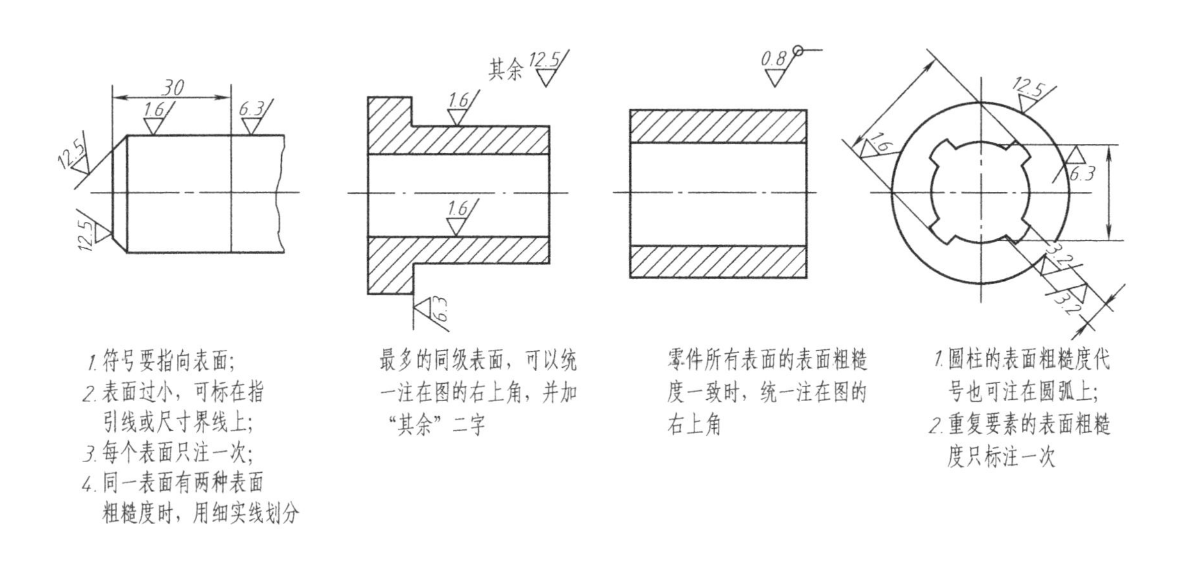

图 9-16　表面粗糙度的标注和规定

请读者根据上述标注方法仔细对照图 9-15 所示零件图中的表面粗糙度符号，加深理解。

2. 极限与配合

零件在制造过程中，由于加工或测量等因素的影响，完工后一批零件的实际尺寸总存在一定的误差。为保证零件的互换性，必须将零件的实际尺寸控制在允许的变动范围内，这个允许的变动量称为尺寸公差。GB/T 1800.3—1998 规定了零件图中线性尺寸的公差注法。现以图 9-15(a) 所示千斤顶底座中的尺寸 $\phi65^{+0.046}_{0}$ 为例，作简单说明。$\phi65$ 为基本尺寸，即设计时决定的尺寸；$^{+0.046}_{0}$ 为该尺寸的极限偏差，上方的“+0.046”为上偏差、下方的“0”为下偏差；$\phi65^{+0.046}_{0}$ 规定了底座该部分直径的最大极限尺寸为 $\phi65+0.046=\phi65.046$，最小极限尺寸为 $\phi65+0=\phi65$。加工后的实际尺寸在 $\phi65.046$ 与 $\phi65$ 之间为合格。最大极限尺寸与最小极限尺寸之差 $\phi65.046-\phi65=0.046$mm 即为公差。

基本尺寸相同的相互结合的孔和轴（或包容件和被包容件）有配合关系的尺寸，如图 9-14千斤顶装配图中的尺寸 $\phi65$H8/f7。这种尺寸是表示孔和轴之间配合的松紧程度，各偏差值应根据设计要求，从有关零件手册中查得（本书略）。如 $\phi65$H8 的极限偏差是 $\left(^{+0.046}_{0}\right)$，

ϕ65f7 的极限偏差是（$^{-0.03}_{-0.06}$）。由上述偏差数值可看出，底座上孔的尺寸只允许大于或等于ϕ65，而螺母的直径尺寸（相当于轴）则只允许小于ϕ65，因此，这两个零件之间的配合关系属于间隙配合。

五、机械图样中的零件序号、明细栏和标题栏

序号是对装配体上的每一种零件按顺序所编的号；明细栏用来说明对应各零件的序号、代号、名称、数量、材料等；装配图的标题栏与零件图的标题栏基本相同，如图 9-14(b) 所示。

1. 序号

在装配图中序号应沿水平或垂直方向按顺时针（或逆时针）方向顺次编排，相同零件只编号一次。序号下的短横线和指引线都是细实线，尽端处是一个小黑圆点。

2. 明细栏

明细栏中应包括零件序号、名称、数量、材料、备注等内容。凡已标准化的零件，要填上规格和标记代号，不再另画零件图。

3. 标题栏

在图样右下角的标题栏内，按要求填写名称、材料、比例、图号及设计单位、设计制图和审核人员的签名等内容。

六、画装配图的方法与步骤

画装配图前，要对所绘制的机器或部件的工作原理、零件与零件之间的相对位置和装配关系等作仔细分析。现以图 9-14(a) 所示千斤顶轴侧图来分析工作原理和装配关系。

千斤顶利用螺旋传动来顶举重物，是机械安装或汽车修理常用的一种起重或顶压工具，工作时，铰杠（图中未示）穿在螺杆 4 上部的孔中，转动铰杠，螺杆通过螺母 3 中的螺纹上升而顶起重物。螺母镶在底座里，用螺钉 7 固定。在螺杆的球面形顶部套一个顶垫 5，为防止顶垫随螺杆一起转动且不脱落，在螺杆顶部加工一个环形槽，将一紧定螺钉 6 的端部伸进环形槽锁定。

千斤顶装配图的画图步骤如下。

1. 确定表达方案

如图 9-14(b) 所示，千斤顶的主视图按工作位置选取，采用全剖视，表达各零件的主要结构及零件间的装配关系；俯视图采用沿螺杆和螺母结合面剖切的表达方法，补充表达螺杆、螺母和底座之间的连接和形状；*B-B* 断面图补充表达了螺杆的四通结构；*C* 向视图补充表明了顶垫的形状。

2. 选择比例和图幅

根据部件的实际大小和结构的复杂程度，选择合适的比例和图幅，合理布图。并注意留出标题栏、明细栏以及零件序号、标注尺寸、注写技术要求的位置。

3. 画图步骤

如图 9-17，画装配图时，一般先画出各视图的作图基准线（对称中心线、主要轴线和底座的底面基线），以装配干线为准，从主要零件的主视图开始，由里向外（或由外向里）逐一画出各个零件，先画主要零件，再画其他零件及细节部分。图 9-17(a)～(d)所示为千斤顶装配图的画图步骤。

底稿图完成后，需经校核整理，再加深图线，标注尺寸，注写零件序号和技术要求，填写标题栏和明细栏，完成全图，如图 9-14(b)。

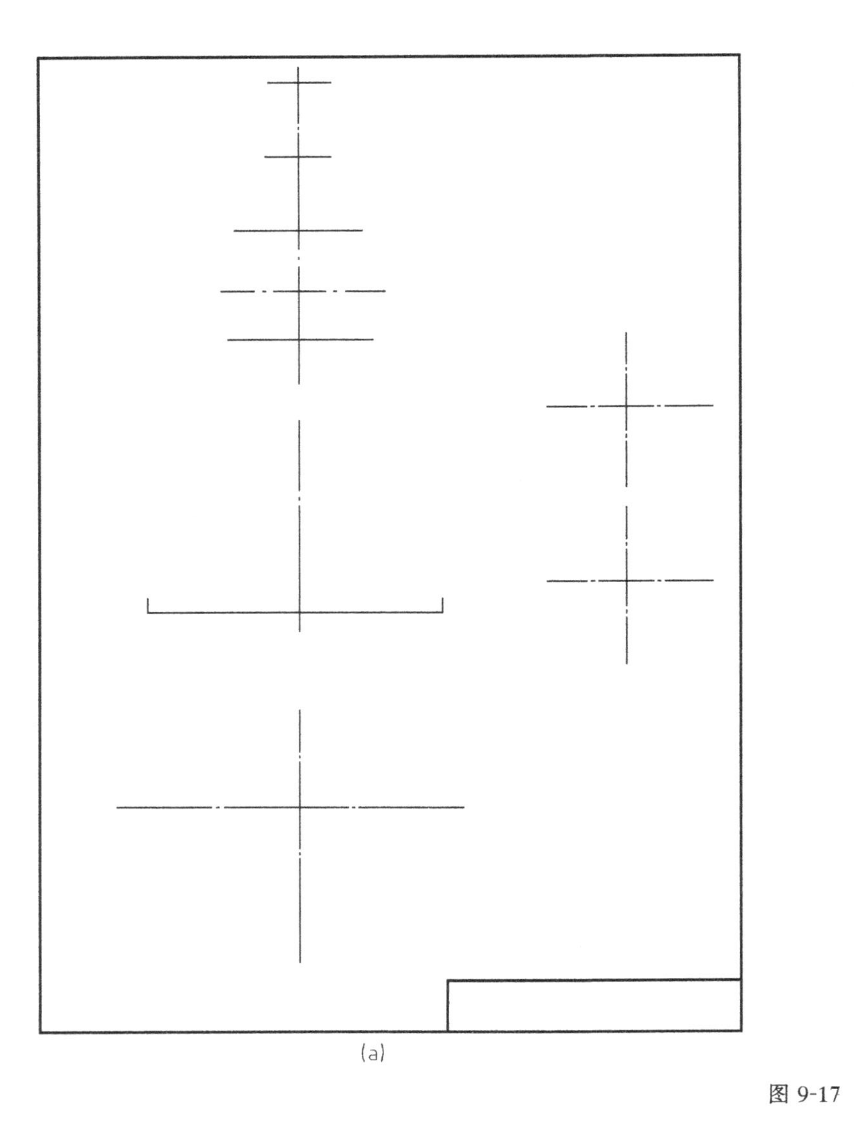

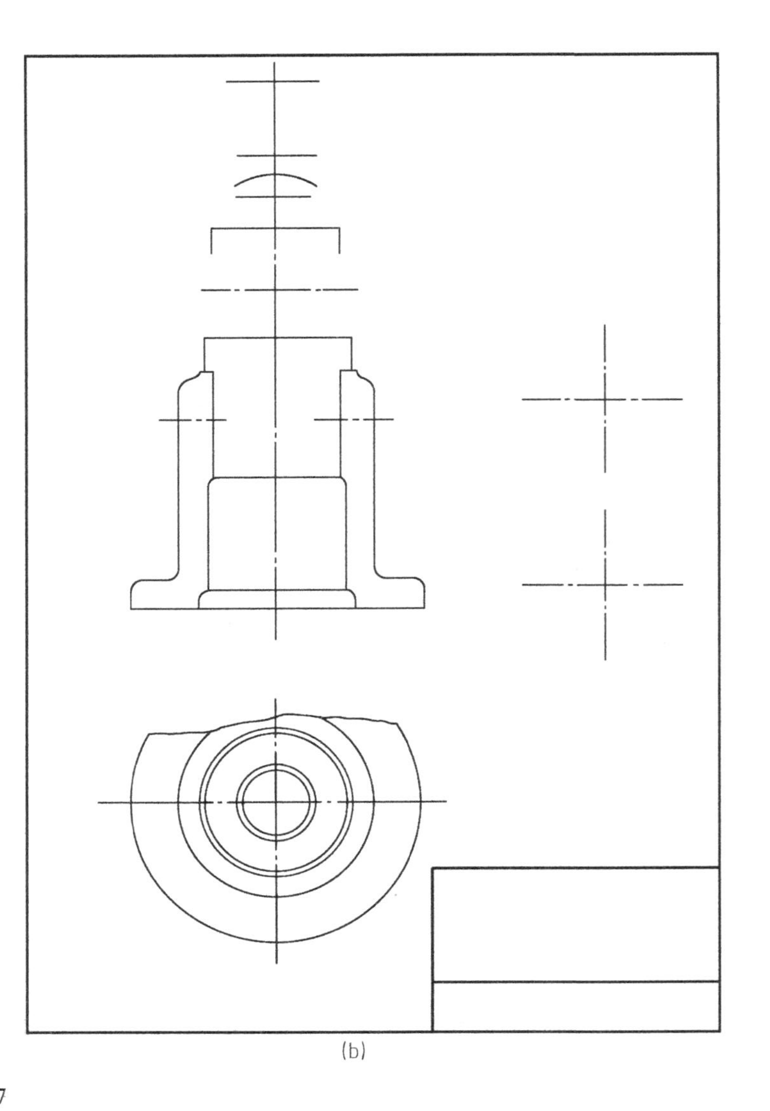

图 9-17

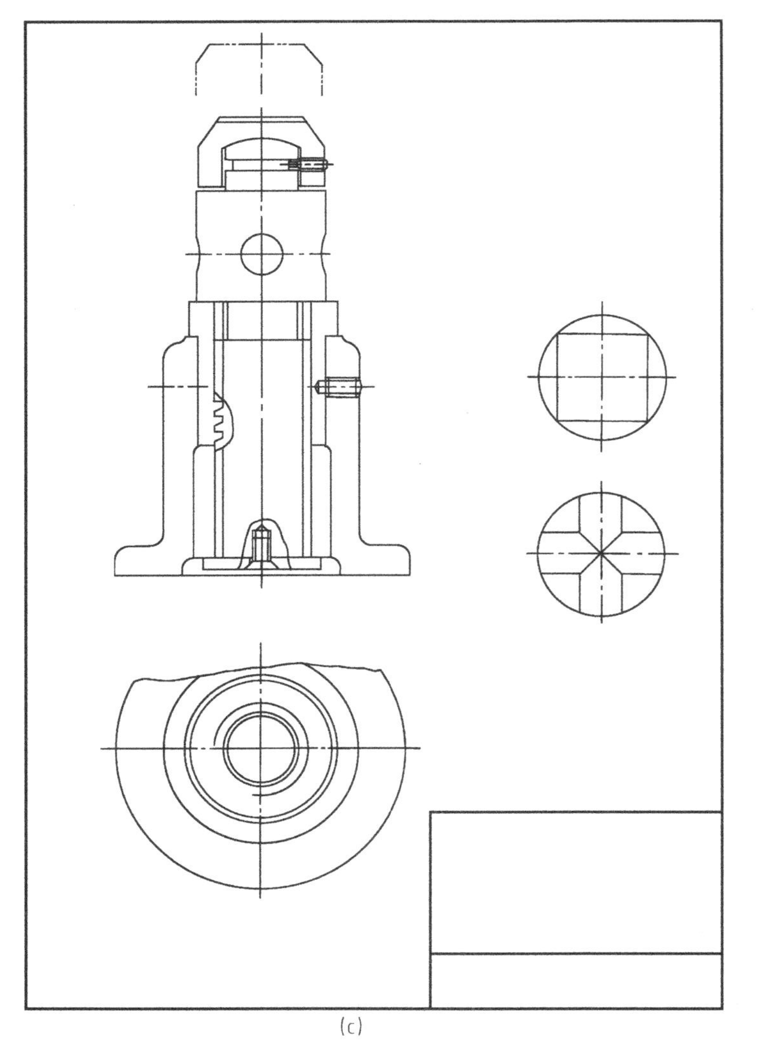

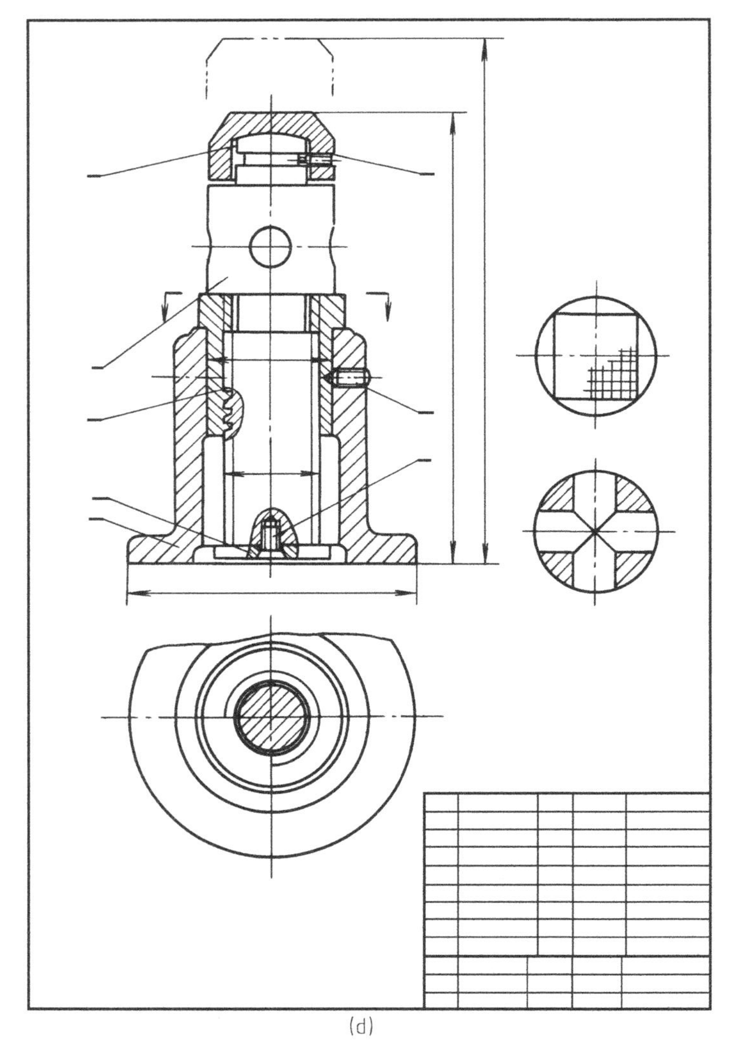

图 9-17　千斤顶装配图画图步骤

第十章

计算机绘图简介

第一节　概　　述

20 世纪 50 年代人们就开始研究怎样利用计算机绘图。计算机绘图就是将有关图形问题用数据来描述，使它变为计算机可以接受的信息并存储在计算机里，经数字处理后在显示设备上显示图形最后用绘图机画出图形。将数据转换成图形的过程是由软件系统来完成，而图形的显示和打印过程是由硬件系统来承担。软件系统一般指操作系统、高级语言和绘图软件。硬件系统一般指计算机主机、显示设备、输入设备和输出设备。本章主要介绍绘图软件的基本操作。

一、绘图软件 AutoCAD

AutoCAD 是美国 AutoDesk 公司研制的一种在微型计算机和工作站上使用的交互式图形软件系统。从 20 世纪 80 年代首次推出 R1.0 版本后至今已升级十几次了。AutoCAD 具有强大的绘制图形和编辑图形功能，还具有开放的体系结构，提供了多种二次开发的支持工具或环境。用户可结合自己的应用需求利用这些工具或环境进行二次开发。

二、AutoCAD2000 的软硬件环境

目前 AutoCAD 已升级至 2002 版了。由于多数绘图和编辑功能无太大的实质区别，所以本书仍使用 2000 版。下面介绍 AutoCAD2000 的运行要求。

1. 硬件部分

① Pentium133 以上兼容微处理器。

② 具有 32MB 以上内存，150MB 以上可用硬盘空间。

③ 支持 800×600 分辨率显示器，Windows 支持的显示适配器。

④ 鼠标、输入设备。

⑤ 图形输出设备。

2. 软件部分

操作系统软件：Windows95/98/2000/NT/Me。

第二节　Auto CAD2000 绘图界面和绘图环境

一、绘图界面

充分了解 AutoCAD2000 界面的各部位功能，将有助于熟悉 AutoCAD2000 的窗口操作方式。绘图界面如图 10-1 所示。中间的白色区域属绘图区，四周摆放各种功能的工具栏。图 10-1 只调出了最常用的工具栏，熟悉操作后可根据自己的需求摆放或调用工具栏。

二、绘图环境

初学者在进入 AutoCAD2000 时，需先将一些与绘图环境有关的主要参数设置好，以免在后面的绘图中出现不易自行解决的问题。一般来说，系统按常规作图习惯已设置好了缺省值，可以采用默认。如图 10-2，点击 new 新建图标，系统自动为你设置好了绘图环境。若需要改动某个参数可按图 10-3～图 10-8 步骤操作。环境设置好后，可将状态栏上的 GRID 开启（左键单击），屏幕的绘图区中会出现点状矩形，此矩形范围就是作图范围。

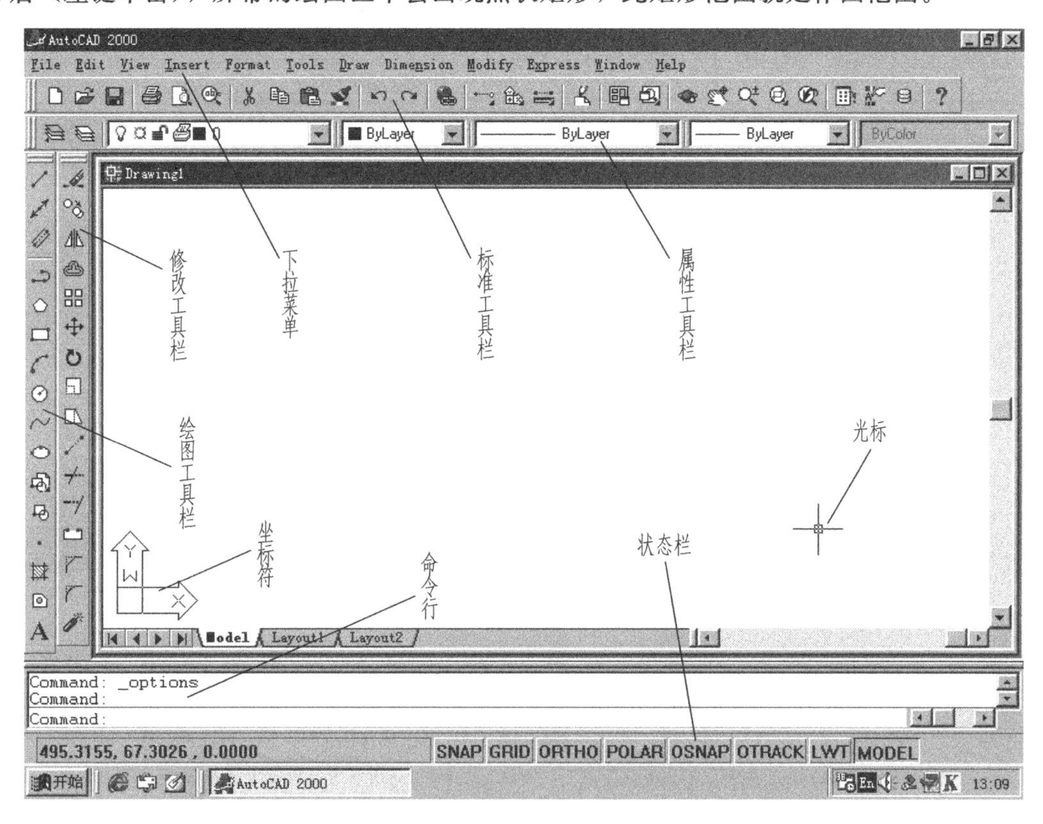

图 10-1　AutoCAD2000 界面及说明

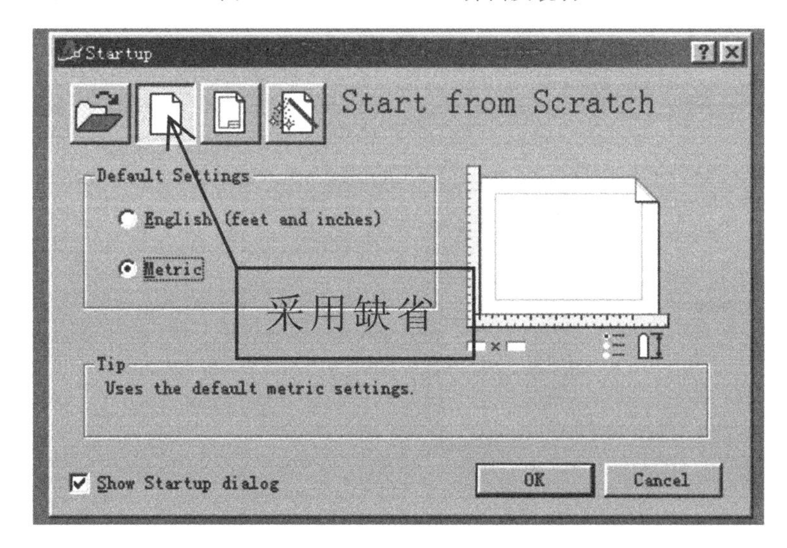

图 10-2　确定绘图环境（采用默认）

图 10-3　自定义设置

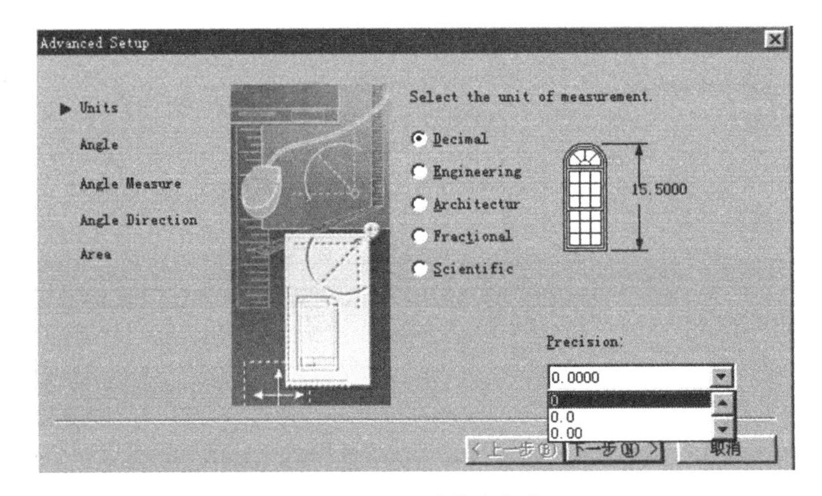

图 10-4　设置小数点位数

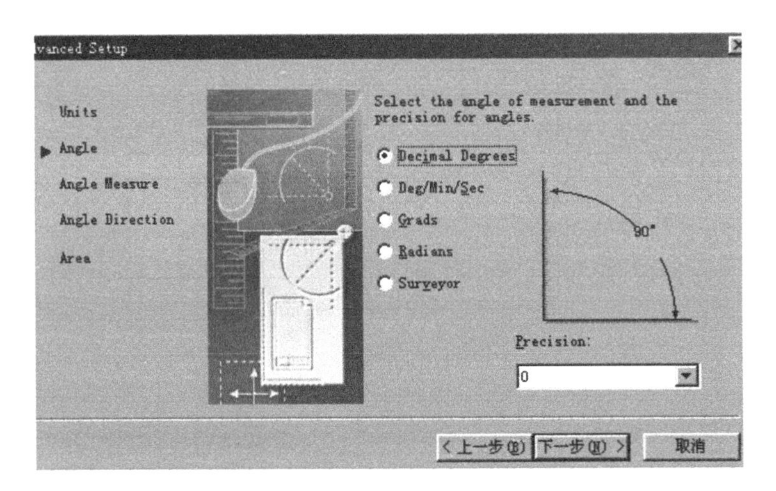

图 10-5　设置角度测量单位（默认）

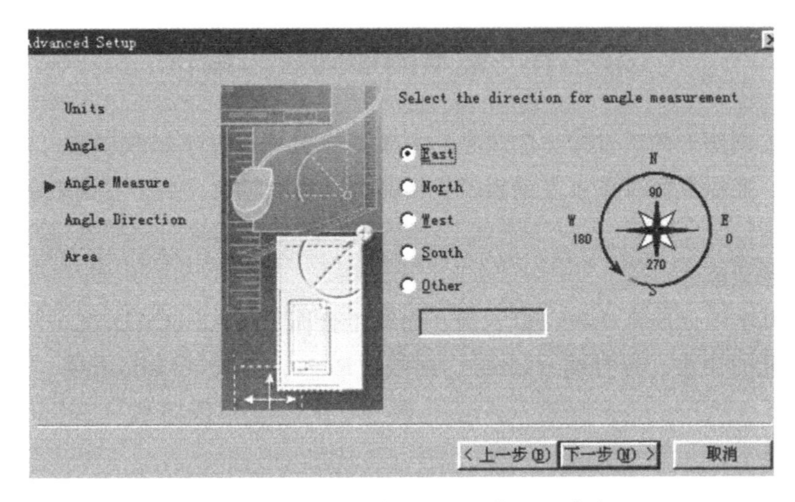

图 10-6　设置测量角度的零点位置（默认）

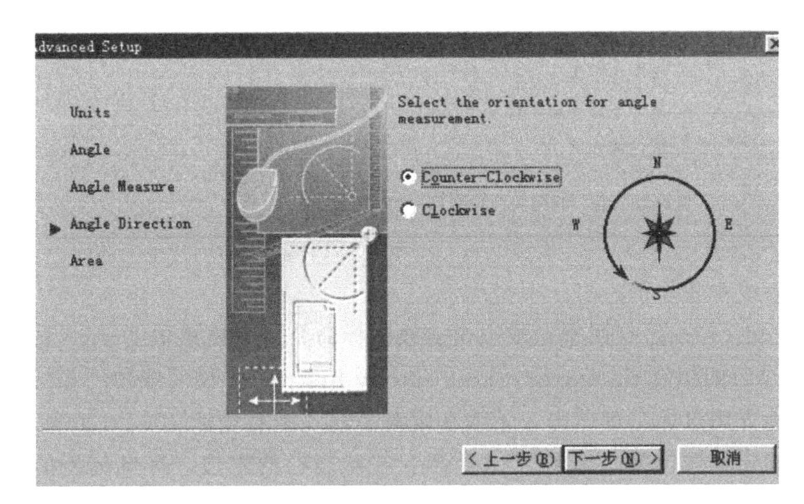

图 10-7　设置测量角度的方向（默认）

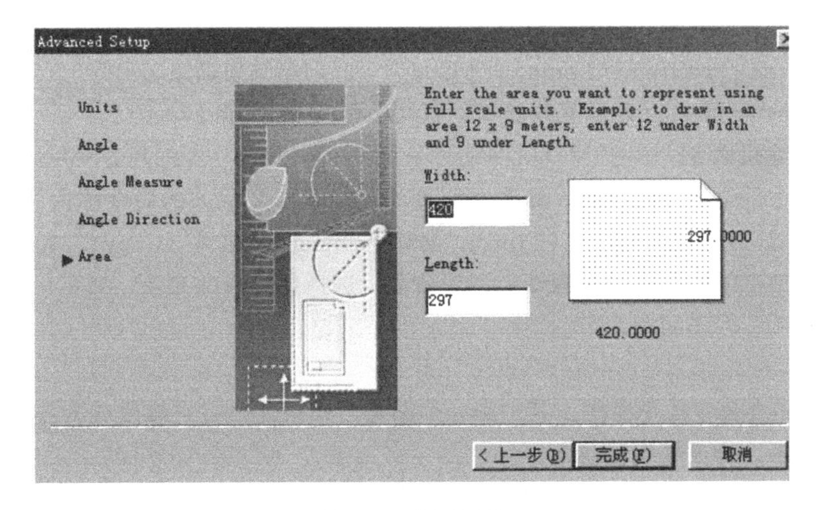

图 10-8　设置图幅

第三节 基本图形画法与编辑

用计算机绘制图形的正常操作应该是：右手操纵鼠标；左手操纵键盘；两眼平视屏幕；随时关注提示。操纵鼠标时点击左键表示发出命令、拾取对象。点击右键表示结束阶段命令或退出命令。

一、基本图元画法

图形是由基本图元即直线段、弧、圆、曲线组合而成。AutoCAD2000 为绘制图形提供了许多绘制图元的命令。有直线（Line）、射线（Ray）、多线（Multiline）、矩形（Rectangle）、正多边形（Polygon）、圆弧（Arc）、圆（Circle）、样条曲线（Spline）、椭圆（Ellipse）等。画基本图元时可按以下步骤，即

画基本图元步骤	发出画图元命令　命令行询问画在何处？　回答系统　命令行询问图元画多大？　回答系统后回车结束命令
命令发出形式	1. 鼠标左键单击绘图工具栏 2. 鼠标左键单击下拉菜单 3. 键盘输入
关键点	发出命令后，时刻关注命令行中提示的内容

例如，画直线步骤如下。

1. Command：Line↙（回车）或点击直线图标命令或下拉菜单 Draw \ Line。

2. 注意命令行的提示 Command：Line specify first point 说明线段的起始点位置。可在绘图区的适当地方用鼠标左键单击一下或在键盘上输入绝对坐标 100，120 即在 X 坐标 200，Y 坐标 180 处确定具体位置。如图 10-9 所示：在状态栏的左边，有坐标值的显示区，它随光标移动而显示出当前光标所在位置。

3. Command：specify next point or [Undo]　输入相对坐标@200＜30 确定直线的下一点（即直线长度）或终点。

4. Command：specify next point or [Undo]　↙回车结束命令。

第三步中的@200＜30 表示直线长 200 且与水平线成 30°角。

二、基本编辑命令

绘图过程中经常要进行删除、修改和调整等工作。与之相关的命令称为图形编辑命令。常用的有：删除（Erase）、剪断（Trim）、偏移（Offset）、拷贝（Copy）、夹点等。使用这些命令时，有四个基本相同的步骤即：调用命令；选择要编辑的对象、回车；表示对象选毕回答命令行提示；回车结束命令。

操作示例：

图 10-10 是办公室的平面图，其中第一个图是已知条件，将它修改成为右边的图，需要用到偏移、剪断、拷贝等编辑命令。

1. Command：Offset↙或点击偏移图标命令或下拉菜单 Modify \ Offset。

Command：Specify offset distance or[Through]＜Through＞　240　↙ 键盘输入偏

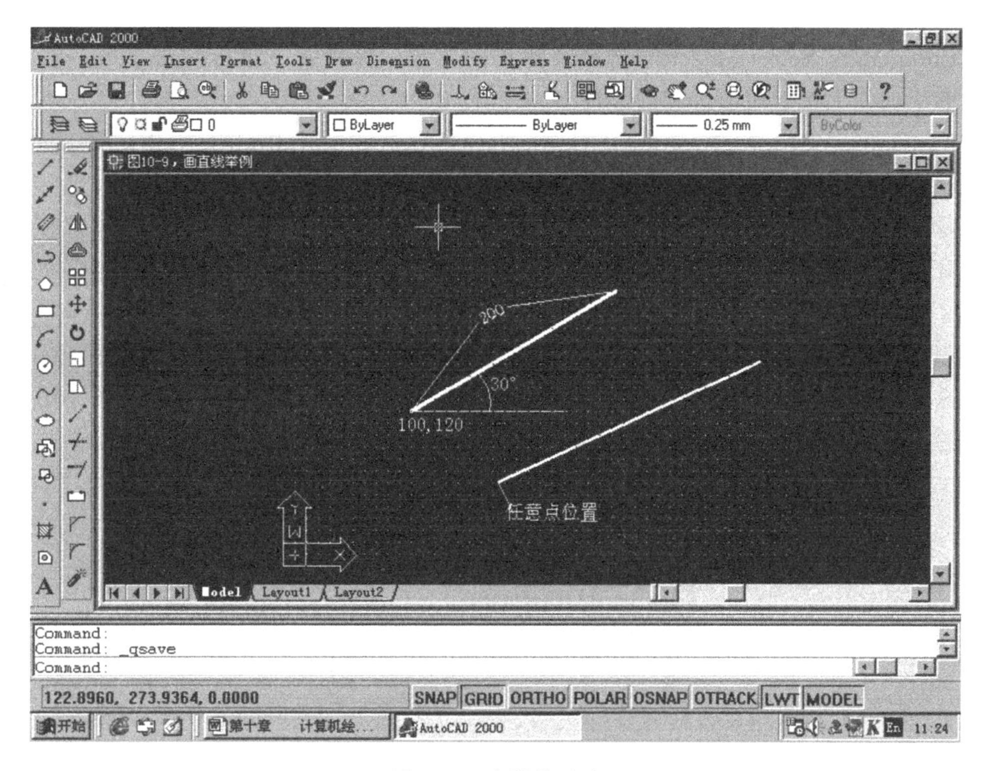

图 10-9　直线的画法

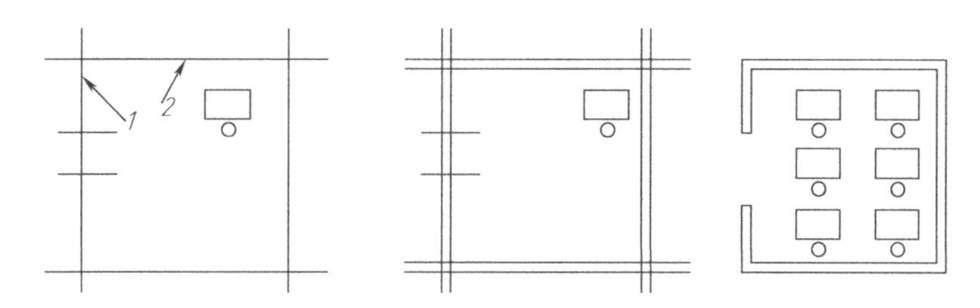

图 10-10　基本编辑命令操作示例

移距离（即墙线宽 240）。回车后光标变为小方块。

Command：Select object to offset or<exit>　选择要偏移的对象或退出，即用鼠标左键点击图线 1 或 2。点击后光标变为十字线。

Command：Specify point on side to offset　说明向哪边偏移。将十字光标在图线 1 的右边用左键点击一下。偏移完成。此时光标又变为小方块，命令行提示还将偏移哪条线？可继续将其他线段按上述方法偏移成中间一样的图形。

2. Command：Trim↙或点击偏移图标命令或下拉菜单 Modify \ Trim。

Command：Select objects　选取剪切对象。鼠标左键单击选取图线 1。

Command：Select objects　继续选取剪切对象或回车结束选择。此时光标成方块。

Command：Select objects to trim or[Project/Edge/Undo]　选取被剪对象。选择图线 2 伸出图线 1 以外的小线段。

按照相同的方法将所有出头的线段都剪断。

3. Command：Copy↙

Command：Select objects　选择要拷贝的对象。保持按下鼠标左键不放，在桌面上滑动由右下向左上框起矩形桌和圆形椅。

Command：Specify base point or displacement，or [Multiple]　指定基点或位移，或重复执行拷贝。将十字光标在矩形桌中间点击一下。

Command：displacement or<use first point as displacement>　指定拷贝位移量。此时既可在合适位置即桌椅的正下方用鼠标左键点击一下，也可输入位移量（@…<…）。

三、基本辅助命令

画图时，为使尺寸精确或显示清晰，常用到捕捉（Snap）、平移（Pan）、缩放（Zoom）等命令。这些命令既没有绘图功能也没有改图功能，但起到了方便绘图和方便改图的作用。

通过下拉菜单 View \ Toolbars，调出对象捕捉工具栏和缩放工具栏。如图 10-11 所示。

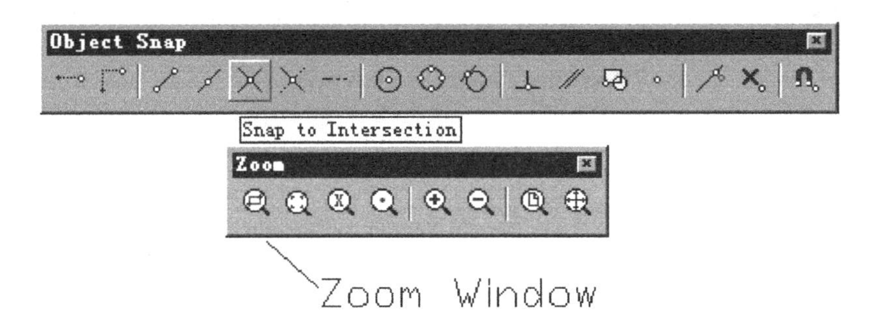

图 10-11　捕捉、缩放工具栏

Object Snap 工具栏中几个常用的捕捉命令是：“Snap to Endpoint 端点捕捉”、“Snap to Intersection 交点捕捉”、“Snap to Midpoint 中点捕捉”、“Snap to Center 圆心捕捉”等，捕捉的含义就是：系统帮你准确地找到（或称捕捉到）你所需要的定点位置。Zoom 工具栏中常用到的四个缩放命令是：“Zoom In 图形放大”、“Zoom Out 图形缩小”、“Zoom Window 图形局部放大”、“Zoom All 全屏显示”。值得注意的是：图形的放大缩小并不是图形尺寸被放大缩小，它类似于用放大镜看实物的道理一样。

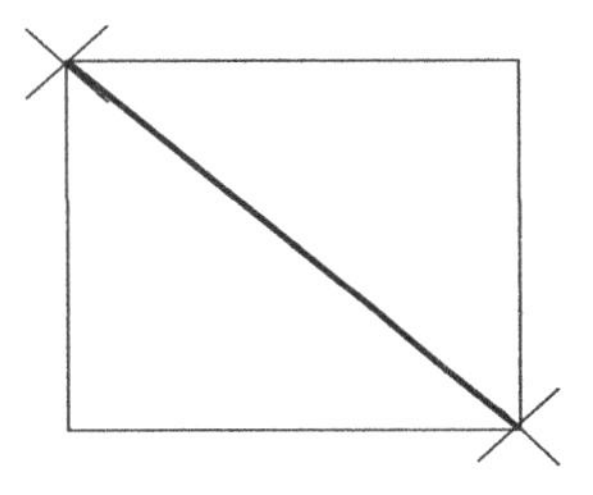

图 10-12　利用捕捉命令画图

操作示例：

图 10-12 中的斜线两端必须与矩形的对角相交，在画斜线的起始点时，需要用到“交点”捕捉。步骤如下。

Command：Line↙

Command：line specify first point　此时用鼠标在捕捉工具栏里左键点击“交点捕捉”图标。当十字光标放在矩形的左上角并即将点击时，屏幕上会出现一黄色斜交线，它表明斜线的起始点就在此处，当鼠标左键单击后，意味着斜线的上端点已于矩形的左上角相交。

Command：specify next point or [Undo]　斜线的下一点应于矩形的右下角相交，捕捉方式同上。

图 10-13 中的左图可用“Zoom In”命令放大成右图。步骤如下。

1. 左键单击“Zoom In”图标命令，光标变成十字形。

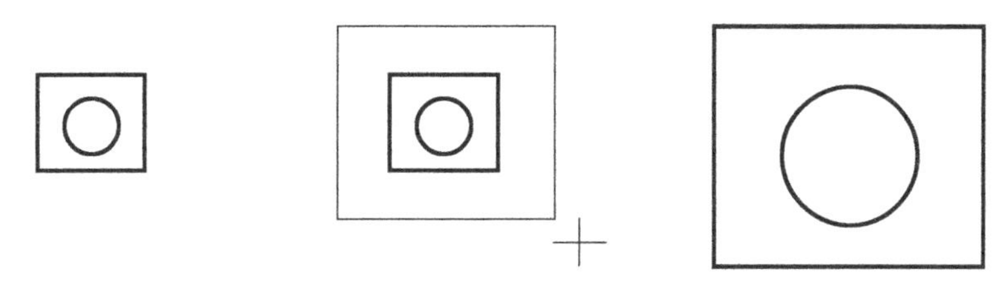

图 10-13 Zoom In 命令的使用

2. 单击鼠标左键不放并同时在桌面滑动，从右下角向左上角框起图形后再松开左键。

3. 单击鼠标左键，完成放大。

第四节 实例操作

前面讲到用 AutoCAD2000 绘制一张精确完美的图，要用到很多命令，下面通过实例，基本了解一下一张工程图的完成过程。

［**例 10-1**］ 画出如图 10-14 所示图形。

操作步骤：

1. 启动 AutoCAD2000→Start up→Use a wizard→Advanced Setup，除精确度选择“0”即整数、图幅选择 297×210 外，其余选项都默认缺省值。

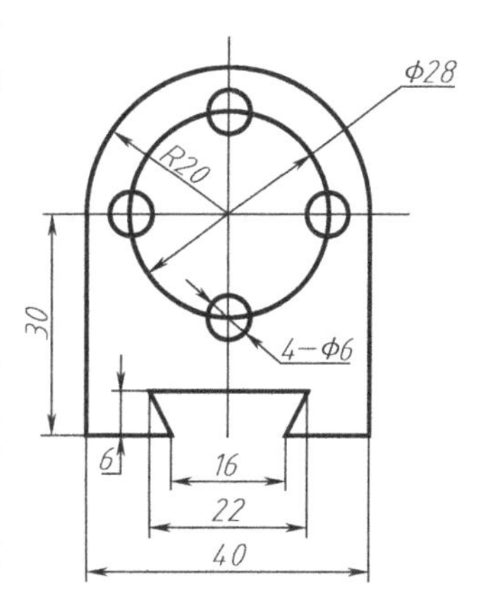

图 10-14 实例操作例 1

2. 绘制圆心线；

Command：Line ↙（水平线和垂直线）。

3. 绘制 ϕ28 圆和四个 ϕ6 的圆及 R20；

Command：Circle Specify Center Point For Circle Or［3P/3P/TTR(tan tan radius)］ 指定圆心。点击“交点捕捉”，在两直线相交处捕捉交点同时左键点击。圆心定毕。

Command：Specify radius of circle or［Diameter］ 输入半径或［直径］。14↙。ϕ28 圆完成。用同样方法画 ϕ6 和 ϕ40。

4. 剪切 ϕ40；

Command：Trim↙

Command：Select Object：选择剪切对象：中心水平线。

Command：Select Object：↙

Command：Select Object to trim or［project/edge/undo］ 左键选择被剪对象 ϕ40 圆的下半部分。

Command：Select Object to trim or［project/edge/undo］ ↙剪切完成。

5. 偏移直线：以两条圆心线为偏移对象。

Command：Offset↙

Command：Specify offset distance or［Through］ 输入偏移距离：30↙。

Command：Select object to offset or 〈Exit〉 选择偏移对象：中心水平线↙。

Command：Specify point on side to offset 指明偏移方向：鼠标左键单击水平线下方。

Command：Select object to offset or 〈Exit〉 继续选择偏移对象，用同样方法将垂直线进

行左右偏移。再用剪切命令剪去多余的线。

6. 画燕尾槽：同样用偏移、剪切完成。

7. 调整图形。

图形画好后，还需要修整。比如圆心线较长，就用夹点调整。夹点的用法是：将光标对准水平线，左键点击，此时水平线变为虚线并有三个蓝方块，光标对准左边蓝块左键再点击，蓝块变成红块，拖住红块向右水平移动，即缩短直线。按两次 Esc 键，退出夹点命令。

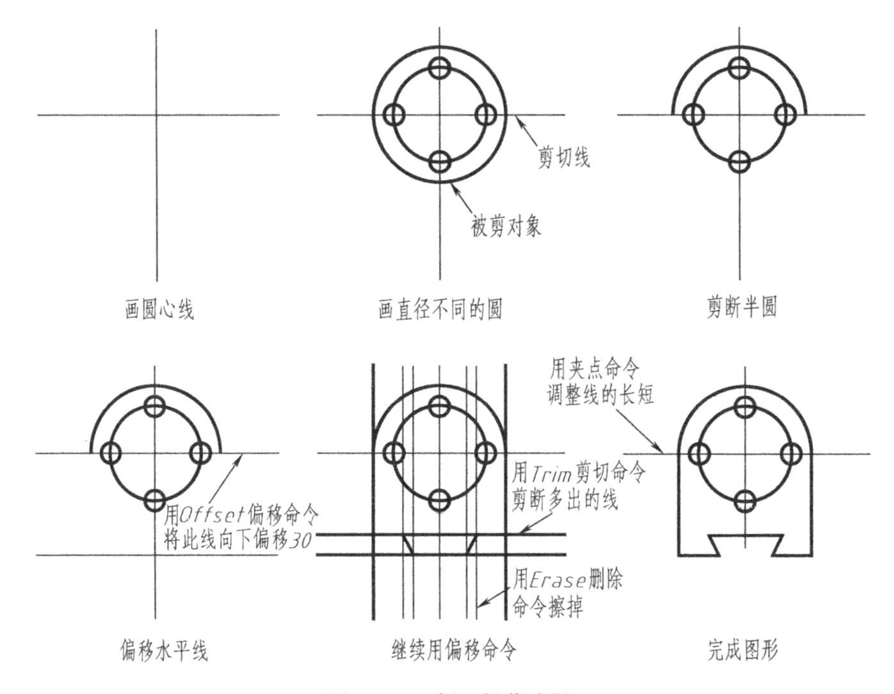

图 10-15 例 1 操作步骤

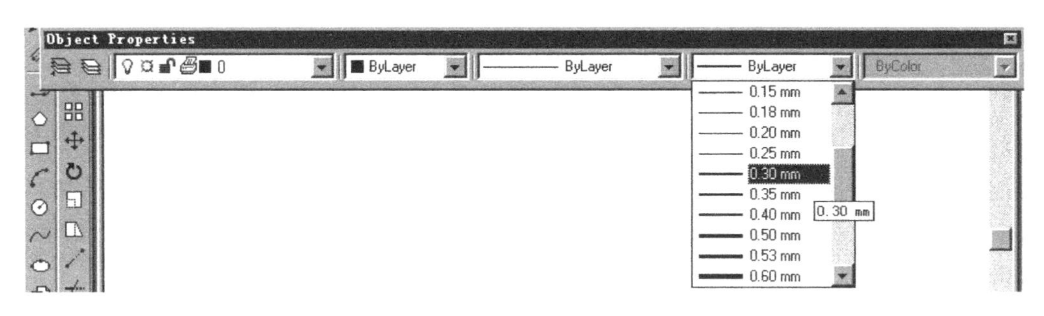

图 10-16 线宽的选择

从图 10-14 和图 10-15 中可看出有不同的线型和线宽。这都是通过属性工具栏中的属性命令调整的。首先看图 10-16 中线宽的选择，一般地实线用 0.30～0.40mm，点划线和尺寸线宽度可以用默认值。

再看线型，图 10-17 显示了线型的选择步骤：在属性工具栏里点击线型滚动条，选择“Other 其他”，系统调出“Linetype Manager 线型管理”对话框，点击框中“Load 装载”，系统将列出许多线型供你选择。

［**例 10-2**］ 画出房屋平面图，如图 10-18 所示。

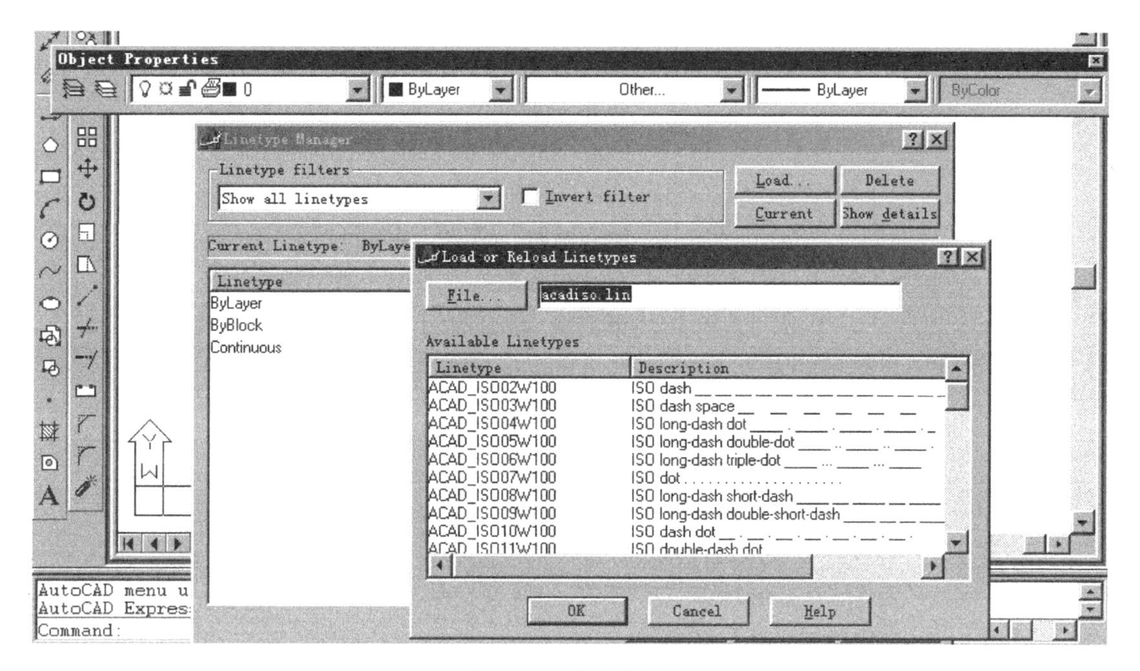

图 10-17　线型的选择

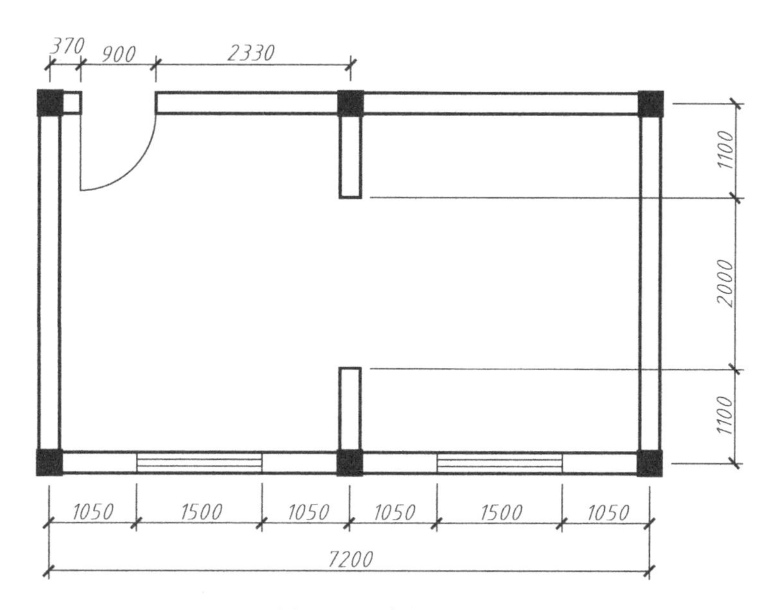

图 10-18　房屋平面图

作图步骤：参考图 10-19～图 10-22。

1. 画轴网线，定柱子位置。

2. 画墙线，墙宽 240mm。可用轴网线向左右偏移 120mm。

3. 剪切墙线，画门画窗。

图 10-19 中实心柱子画法：

Command：鼠标点击“Polygon 多边形”图标。

Polygon Enter Number of Sides<4>　输入多边形边数：4↙

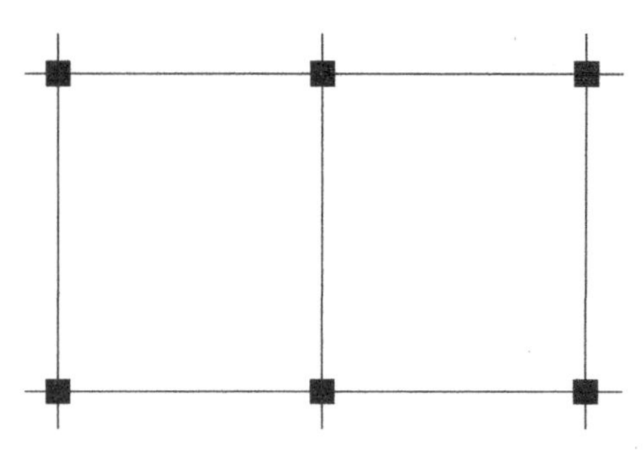

图 10-19　画轴网线和柱子

Specify center of polygon or [Edge]　指定多边形的中心点：启动交点捕捉功能，在轴网线相交处用鼠标左键点击一下。

Enter an option [Inscribed in circle/Circum scribed about circle] 〈I〉　多边形画在圆内还是圆外：C↙。I 表示画在圆内。(圆并不出现)

Specify radius of circle　指定圆的半径：150↙。四方形完成（圆的大小与多边形大小相关）。

Command：鼠标点击“Hatch 填充”图标。

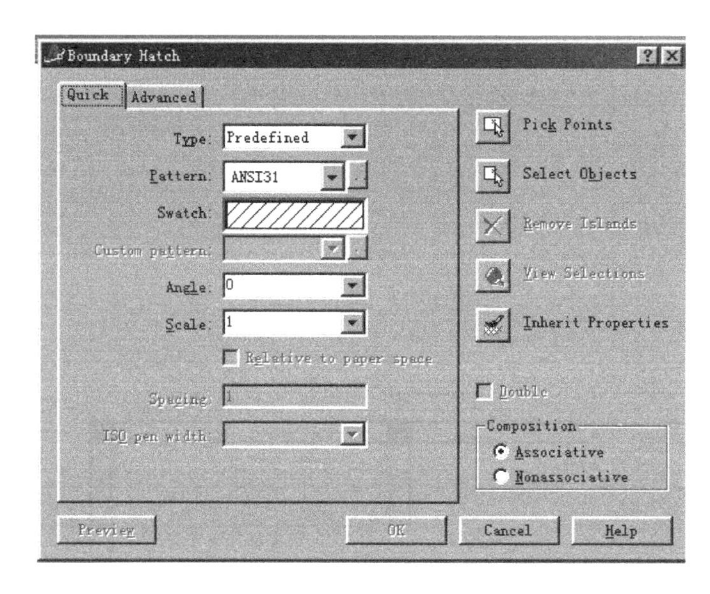

图 10-20　边界填充对话框

屏幕出现“Boundary Hatch 边界填充”对话框→点击“swatch 样品”旁的图案框→出现“Hatch pattern palette”对话框→点击 other predefined→solid→pick points→将十字光标在四方形中心点击一下→回车→Preview 预演→回车→OK。实心柱完成。

画墙线和剪切墙线，画门窗：

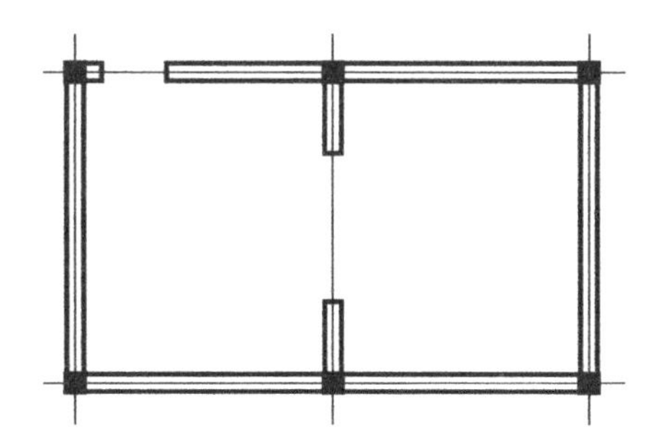

图 10-21　画墙线和剪切墙线

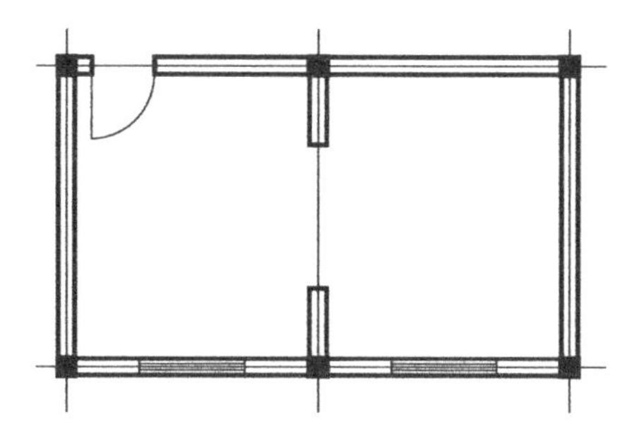

图 10-22　画门窗

第五节　输入文字

工程图样离不开文字注释，文字包括汉字、字母、数字。输入文字之前应首先确定文字字体的式样，也可以调用系统或自己设置好的文字式样。文字式样是指文字的字体、字高、字宽、字的倾斜角度等文字特征。系统的文字缺省式样名称为："Standard"，对应的字体名称为"txt. shx"。

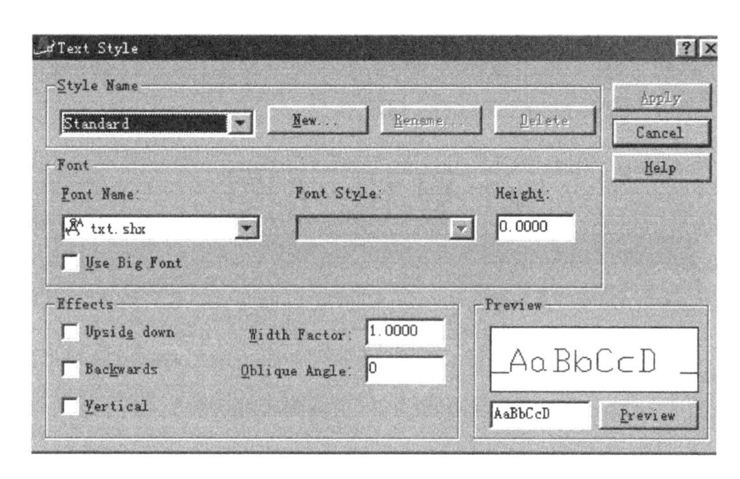

图 10-23　Text Style 文字定义对话框

一、设置新的文字式样

下拉菜单：Format→Text Style，屏幕出现 Text Style 对话框，如图 10-23。→单击 New…→打开 New Text Style 对话框→输入式样名称比如：T1→单击 OK→返回 Text Style 对话框→打开 Font Name 下拉列表→选择"宋体"→Height 框里输入字高（文字高度为零时，每次调入 text 文本命令都可临时确定文字高度，为灵活起见，一般使 Height 在此保持为 0）→Width Factor 采用默认值 1→Oblique Angle 采用默认值 0→单击 Apple→单击 Close。

二、输入单行文字

AutoCAD2000 具有单行写字和多行写字功能，本节只讨论单行写字功能。

Command：DText↙

Current text style："Standard" Text height　2.5 当前文字式样为 Standard。

Specify Start Point of text or [Justify/Style] 指明文字的开始点或 [对齐方式/文字式样]，若使用当前文字式样，就在将要书写的位置用十字光标左键点击一下并默认字高和角度。当十字光标变为"I"形时，便可开始书写。若要选择刚才定义的式样"T1"，则需输入S↙。

Enter style name or [?] 〈Standard〉　输入式样名称：T1↙

Specify Start Point of text or [Justify/Style]　指明开始点。

Specify height 〈2.5〉　说明字高：10↙

Specify rotation angle of text 〈0〉　↙说明文本旋转角度，使用缺省值 0。

Enter text　输入文字。比如：计算机绘图↙。书写汉字时，要将"En"输入法改换成"五笔"或"全拼"或"智能"输入法。

键盘上两次回车退出 Dtext 命令。

三、特殊字符的输入

AutoCAD2000 中“ϕ”、“°”是通过键盘上输入相应控制码来实现输入特殊字符。常用的控制码是：“%%c”对应“ϕ”；“%%d”对应“°”；“%%p”对应“±”如：

%%c50=ϕ50；100%%d=100；%%p0.007=±0.007

需要注意的是中文字体不接受例如“ϕ”特殊字符控制码。

四、文字编辑

当需要编辑文字时，如“计算机回图”中的“回”要改成“绘”，按下列步骤操作：

光标对准“计算机回图”并用鼠标左键点击一下→Modify \ Text→Edit Text 对话框如图 10-24→选中“回”→键入“绘”→点击 OK。

计算机回图

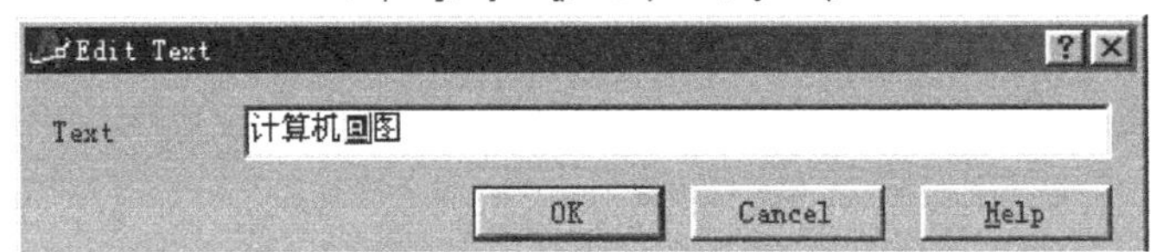

图 10-24　Edit Text 文本编辑对话框

第六节　尺 寸 标 注

一、常用尺寸标注命令

AutoCAD2000 提供了比较完整的尺寸标注命令。现来了解一下尺寸标注中最常见的几种命令功能，如长度、角度、半径、直径等。首先调出尺寸标注工具栏：View \ Toolbars \ Dimension 如图 10-25 所示。以图 10-26 标注为例，来看主要命令的使用。

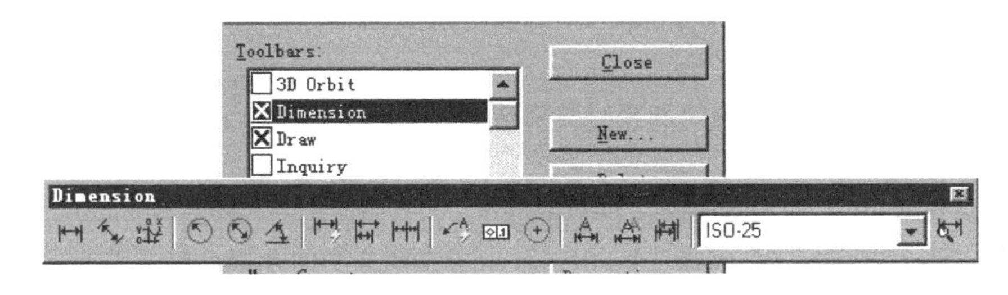

图 10-25　尺寸标注工具栏

1. 点击标注工具栏中 Linear

Specify first extension line origin or 〈Select object〉　拾取 A 点。

Specify Second extension line origin　拾取 B 点。

Specify dimension line location or[Mtext/Text/Angle/Horizonta/Vertical/Rotated] 说明尺寸线位置：在图形轮廓线附近用鼠标左键点击。方括弧里有六项选择，其中前两项是常用选择，以选择第二项为例了解其操作步骤：

点击标注工具栏中 Linear；

Specify first extension line origin or 〈Select object〉　拾取 M 点；

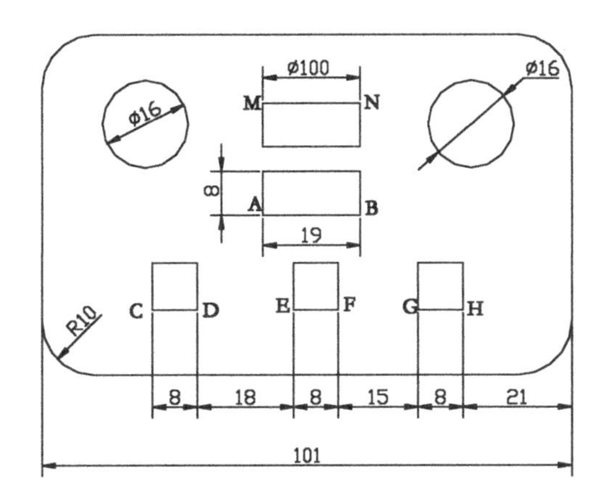

图 10-26　尺寸标注示例

Specify Second extension line origin　拾取 N 点；

Specify dimension line location or ［Mtext/Text/Angle/Horizonta/Vertical/Rotated］选择 T↙；

Enter dimension text〈100〉　%%c100↙；

［Mtext/Text/Angle/Horizonta/Vertical/Rotated］　在合适位置用鼠标左键点击。

2. 点击标注工具栏中 Diameter

Select are or circle　选择图中左边圆。

Specify dimension line location or ［Mtext/Text/Angle］　说明尺寸线位置，在圆外或圆内用鼠标左键点击。

3. 点击标注工具栏中 Radius

Select are or circle　选择图中四分之一圆弧。

Specify dimension line location or ［Mtext/Text/Angle］　说明尺寸线位置，在四分之一圆外或圆内用鼠标左键点击。

4. 连续尺寸标注步骤

第一步，点击标注工具栏中 Linear。

Specify first extension line origin or〈Select object〉　拾取 C 点。

Specify Second extension line origin　拾取 D 点。

Specify dimension line location or ［Mtext/Text/Angle/Horizontal/Vertical/Rotated］说明尺寸线位置：在图形轮廓线附近左键点击。

第二步，点击标注工具栏中 Continue。

Specify a second extension origin or ［undo/select］　捕捉 E 点。

Specify a second extension origin or ［undo/select］　捕捉 F 点。

Specify a second extension origin or ［undo/select］　捕捉 G 点。

Specify a second extension origin or ［undo/select］　捕捉 H 点。

二、尺寸标注样式

图 10-26 中两个圆的标注样式不一样，通过"Dimension Style Manager"尺寸设置管理器可以设置本人需要的标注样式。点击尺寸标注工具栏中 Style，屏幕出现"Dimension Style Manager"对话框，如图 10-27 所示。进入对话框后题头标有"Current Dimstyle：ISO-25"，即

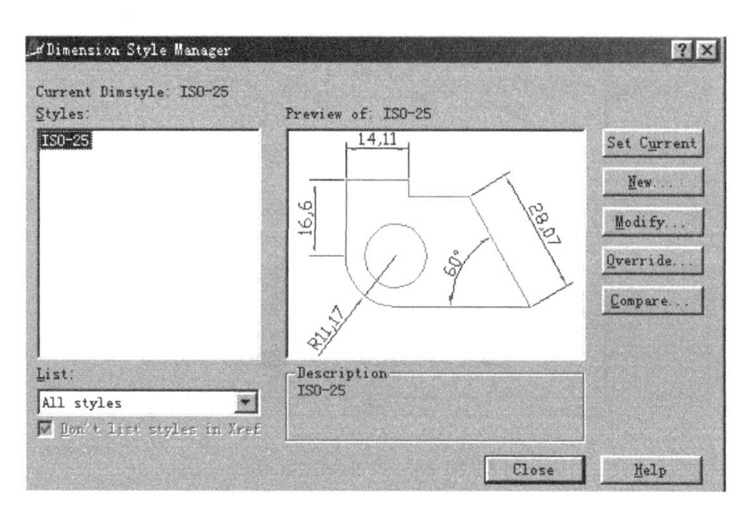

图 10-27 Dimension Style Manager 对话框

意味当前标注的样式名称为 ISO-25，这是缺省标注。需要设置自己的标注样式时点击 New…屏幕出现“Create New Dimension”对话框，在“New Style Name”中输入新的样式名称 My

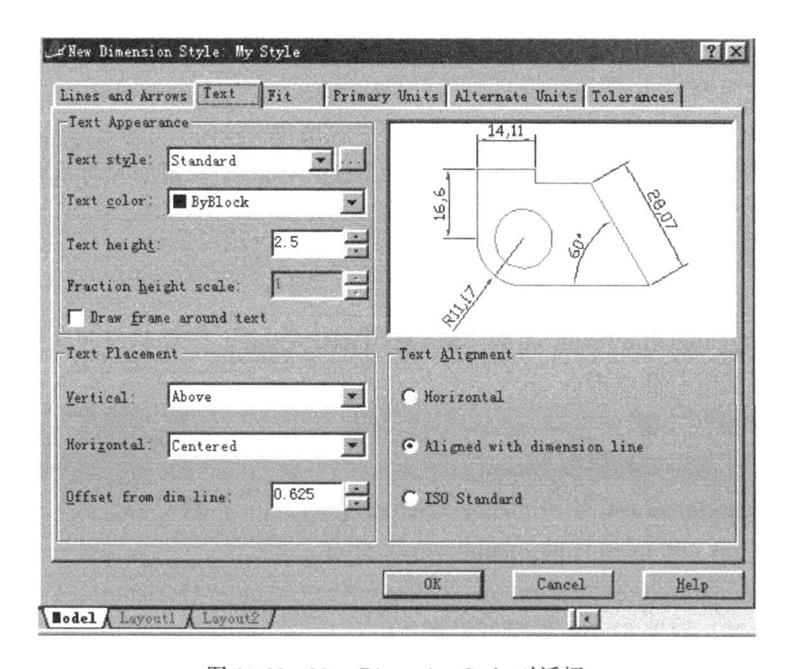

图 10-28 New Dimension Style 对话框

Style，单击 Continue 后进入“New Dimension Style”对话框，如图 10-28 所示。对话框中有六个选项，从左至右分别是 Lines and Arrows 直线和箭头、Text 文字、Fit 调整、Primary Units 主单位、Alternate Units 换算单位、Tolerances 公差。点击 Lines and Arrows，出现如图 10-29 所示的设置框，在 Arrowheads 箭头框里点击“1st 第一个”三角按钮，选择 Oblique 斜线作尺寸线箭头，“2nd 第二个”框里也跟随改变成 Oblique，所设置的效果将立即显示在右上部的预览框中。点击 OK→点击 Close。图 10-26 的标注样式改变成了图 10-30 My Style 蹬标注样式。

三、修改标注样式

1. **整体修改** 欲将图 10-30 中的尺寸界线离图形线的偏移量改大，可按下面步骤修改。开

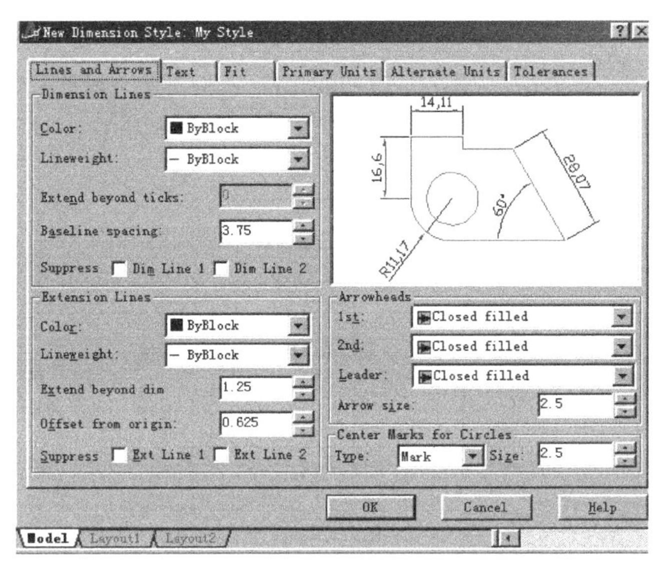

图 10-29　Lines and Arrows 标注样式设置框

启“Dimension Style Manager”对话框→选中 Styles 框里 My Style→点击 Modify 按钮→点击 Lines and Arrows 选项→在 Offset from origin 框里键入 3→OK。预显栏立即显示结果。如图 10-31。

用 Modify 功能修改标注样式是一种整体修改。即图中所有的尺寸界线都离图形线 3mm。

2. 个别修改　如果只需对图中的个别尺寸标注样式进行修改就不能选择 Modify，要选择 Override。如图 10-30 中圆和弧的尺寸箭头想改回成图 10-26 原样，可按下面步骤进行：开启“Dimension Style Manager”对话框→选中 Styles 框里 My Style→点击 Override 按钮→点击 Lines and Arrows 选项→点击“1st 第一个”三角按钮→选择 Closed filled→OK→仅删除图 10-30 中圆和弧的标注→重新标注圆和弧。如图 10-32。

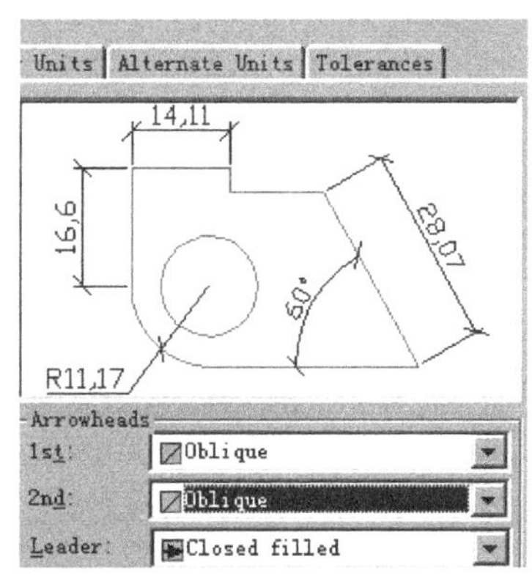

图 10-30　My Style 标注样式

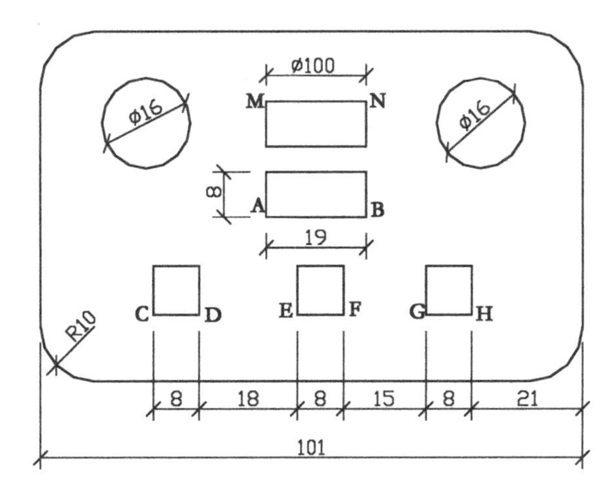

图 10-31　Modify 整体修改后的样式

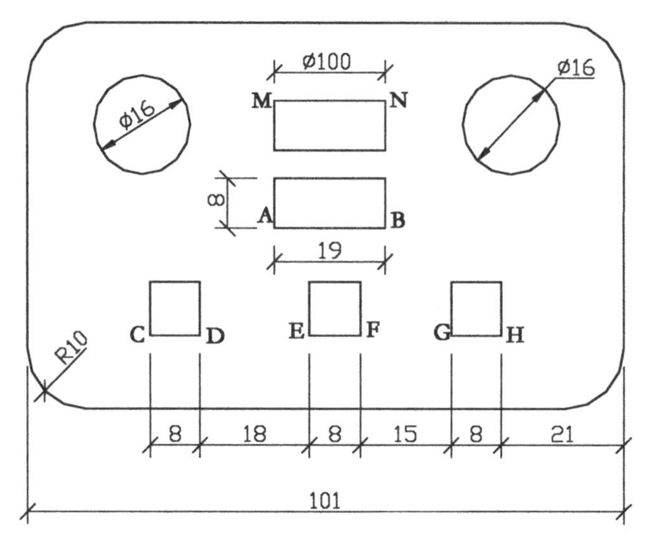

图 10-32　Override 个别修改后的样式

第七节　打印操作简介

由于 AutoCAD2000 让打印操作变得更多元化，所以打印的流程就变的稍微复杂了。对于打印的许多功能介绍，读者可参看相关书籍。这里对打印操作只作基本了解。以打印图 10-32 为例，参看下列步骤。

1. 点击标准工具栏中的“打印”图标，弹出图 10-33Plot 打印对话框。

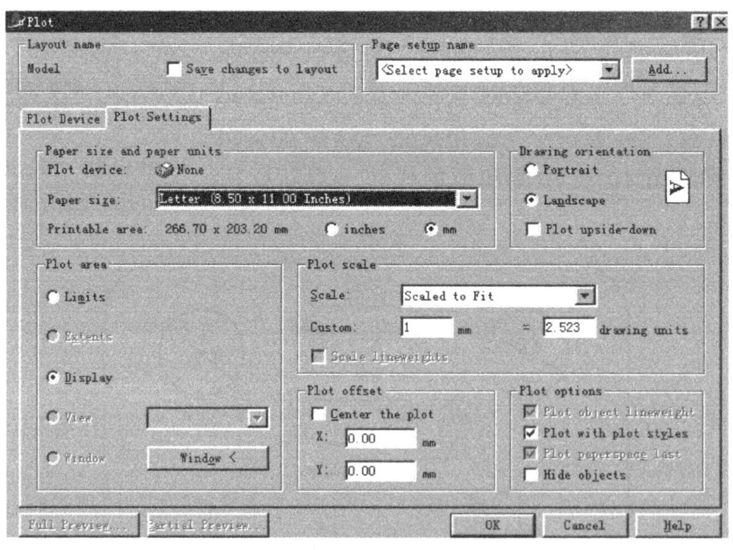

图 10-33　Plot 打印对话框

2. 点击 Plot Device 打印设备选项，在打印机名称框里键入当前正在使用的打印机名称。
3. Plot style table 打印样式表的 Name 里键入 None。如图 10-34 所示。
4. Printable area 可打印区域里选择 mm。
5. 单击 Plot Settings 打印设置选项，在 Paper size 中键入 A4 210×297mm。

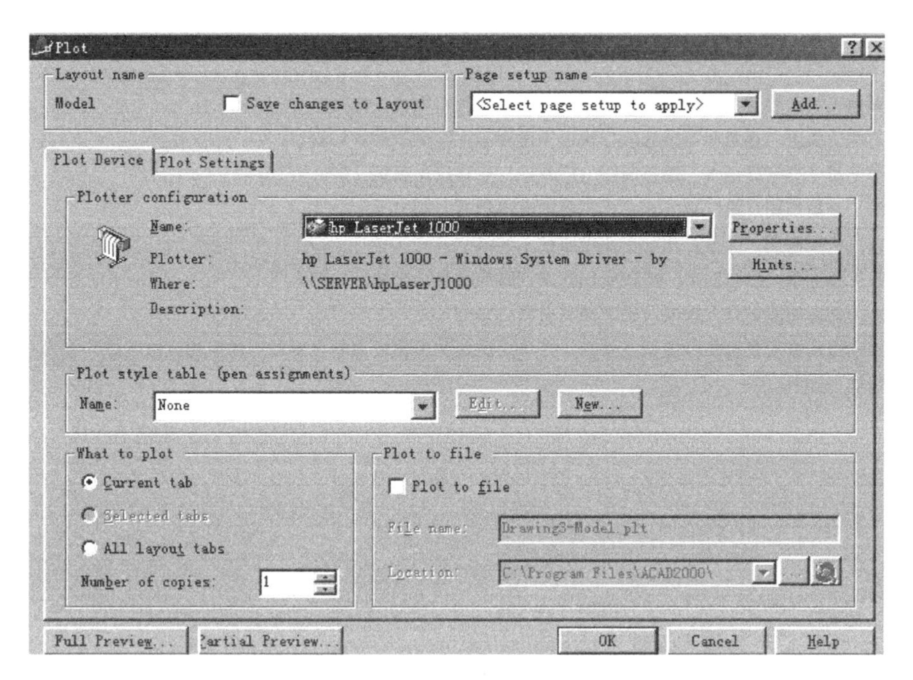

图 10-34　选择打印机

6. Scale 里选择 Scaled to Fit。如图 10-35 所示。

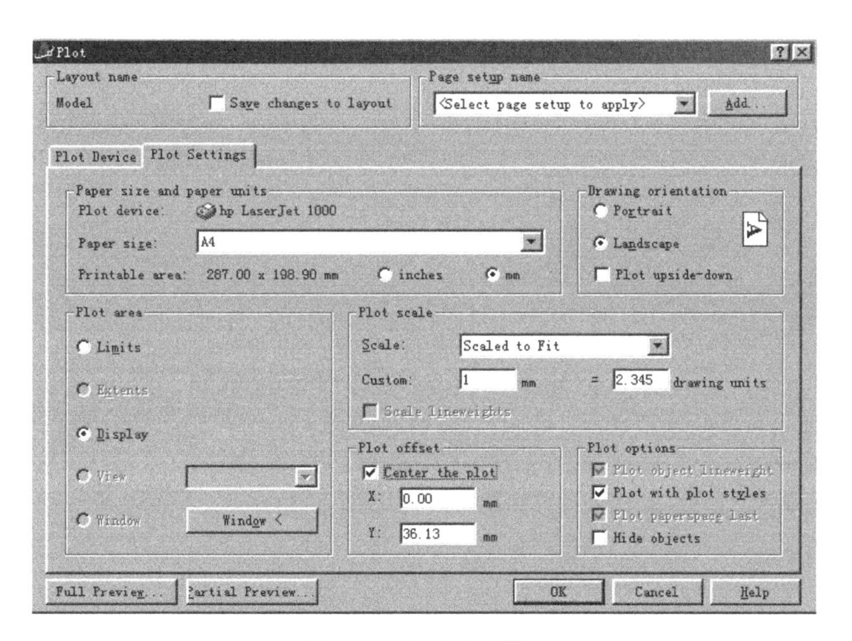

图 10-35　打印选项设置

7. 单击 Window 窗口按钮，用十字光标框选整个图形并回车。

8. 单击 Full Preview…整体预览按钮，观察效果。

9. 选中 Center the plot。

10. 单击 OK。

参 考 文 献

1 何斌，陈锦昌主编. 建筑制图. 第四版. 北京：高等教育出版社，2001

2 李国生，黄水生编著. 建筑阴影透视. 广州：华南理工大学出版社，2001

3 陈炽坤，邓学雄，李诚湣编著. 建筑制图. 广州：广东科技出版社，1996

4 何铭新主编. 建筑制图. 第二版. 北京：高等教育出版社，2001

5 钱可强主编. 机械制图. 北京：化学工业出版社，2001

6 何铭新，钱可强主编. 机械制图. 第四版. 北京：高等教育出版社，1997

7 陈占森编著. 创新图案设计. 香港：香港得利书局，1982

8 中华人民共和国国家质量监督检验检疫总局，中华人民共和国建设部联合发布. 房屋建筑制图统一标准等. 北京：中国计划出版社，2001